中国科学院中国孢子植物志编辑委员会　编辑

中国真菌志

第五十六卷

柔膜菌科

庄文颖　主编

中国科学院知识创新工程重大项目
国家自然科学基金重大项目
(国家自然科学基金委员会　中国科学院　科学技术部　资助)

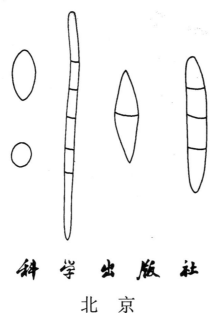

科学出版社
北京

内 容 简 介

本卷对我国子囊菌门真菌中的柔膜菌科进行了全面的形态学和系统分类研究，记录34属136种；对科和属的国内外分类研究概况进行了评述，提供了每个种的形态描述、图示和必要的讨论，以及中国已知种的分属、分种检索表。上述类群主要为潮湿的林区中植物残体、腐殖质层、土壤、粪便等基物上的腐生真菌，少数引起植物病害，极少数种类与高等植物共生形成菌根，部分具有分解木质纤维素的能力。

本书可供生物学、菌物学、自然资源开发等方面的工作者和大专院校有关专业的师生参考。

图书在版编目(CIP)数据

中国真菌志. 第五十六卷, 柔膜菌科 / 庄文颖主编. —北京：科学出版社, 2018.7

(中国孢子植物志)

ISBN 978-7-03-057738-2

Ⅰ. ①中… Ⅱ. ①庄… Ⅲ. ①真菌志-中国 ②柔膜菌目-真菌志-中国 Ⅳ. ①Q949.32

中国版本图书馆 CIP 数据核字(2018)第 115763 号

责任编辑：韩学哲　孙　青 / 责任校对：郑金红
责任印制：肖　兴 / 封面设计：刘新新

科学出版社 出版
北京东黄城根北街16号
邮政编码：100717
http://www.sciencep.com

中国科学院印刷厂 印刷

科学出版社发行　各地新华书店经销

*

2018年7月第　一　版　开本：787×1092　1/16
2018年7月第一次印刷　印张：16 1/4
字数：385 000

定价：180.00元
(如有印装质量问题，我社负责调换)

CONSILIO FLORARUM CRYPTOGAMARUM SINICARUM
ACADEMIAE SINICAE EDITA

FLORA FUNGORUM SINICORUM

VOL. LVI

HELOTIACEAE

REDACTOR PRINCIPALIS

Zhuang Wen-Ying

**A Major Project of the Knowledge Innovation Program of
the Chinese Academy of Sciences
A Major Project of the National Natural Science Foundation of China**
(Supported by the National Natural Science Foundation of China,
the Chinese Academy of Sciences, and the Ministry of Science and Technology of China)

Science Press
Beijing

柔 膜 菌 科

本 卷 著 者

庄文颖　郑焕娣　任　菲　宋　霞

（中国科学院微生物研究所）

HELOTIACEAE

AUCTORES

Zhuang Wen-Ying　　Zheng Huan-Di　　Ren Fei　　Song Xia

(*Instituti Microbiologici, Academiae Sinicae*)

中国孢子植物志第五届编委名单

(2007年5月)

主　　编　魏江春

副 主 编　庄文颖　夏邦美　吴鹏程　胡征宇

　　　　　阿不都拉·阿巴斯

委　　员　（以姓氏笔划为序）

　　　　　丁兰平　王全喜　王幼芳　王旭雷　吕国忠
　　　　　庄剑云　刘小勇　刘国祥　李仁辉　李增智
　　　　　杨祝良　张天宇　陈健斌　胡鸿钧　姚一建
　　　　　贾　渝　高亚辉　郭　林　谢树莲　蔡　磊
　　　　　戴玉成　魏印心

序

中国孢子植物志是非维管束孢子植物志,分《中国海藻志》、《中国淡水藻志》、《中国真菌志》、《中国地衣志》及《中国苔藓志》五部分。中国孢子植物志是在系统生物学原理与方法的指导下对中国孢子植物进行考察、收集和分类的研究成果;是生物物种多样性研究的主要内容;是物种保护的重要依据,对人类活动与环境甚至全球变化都有不可分割的联系。

中国孢子植物志是我国孢子植物物种数量、形态特征、生理生化性状、地理分布及其与人类关系等方面的综合信息库;是我国生物资源开发利用、科学研究与教学的重要参考文献。

我国气候条件复杂,山河纵横,湖泊星布,海域辽阔,陆生和水生孢子植物资源极其丰富。中国孢子植物分类工作的发展和中国孢子植物志的陆续出版,必将为我国开发利用孢子植物资源和促进学科发展发挥积极作用。

随着科学技术的进步,我国孢子植物分类工作在广度和深度方面将有更大的发展,对于这部著作也将不断补充、修订和提高。

中国科学院中国孢子植物志编辑委员会
1984 年 10 月·北京

中国孢子植物志总序

中国孢子植物志是由《中国海藻志》、《中国淡水藻志》、《中国真菌志》、《中国地衣志》及《中国苔藓志》所组成。至于维管束孢子植物蕨类未被包括在中国孢子植物志之内,是因为它早先已被纳入《中国植物志》计划之内。为了将上述未被纳入《中国植物志》计划之内的藻类、真菌、地衣及苔藓植物纳入中国生物志计划之内,出席 1972 年中国科学院计划工作会议的孢子植物学工作者提出筹建"中国孢子植物志编辑委员会"的倡议。该倡议经中国科学院领导批准后,"中国孢子植物志编辑委员会"的筹建工作随之启动,并于 1973 年在广州召开的《中国植物志》、《中国动物志》和中国孢子植物志工作会议上正式成立。自那时起,中国孢子植物志一直在"中国孢子植物志编辑委员会"统一主持下编辑出版。

孢子植物在系统演化上虽然并非单一的自然类群,但是,这并不妨碍在全国统一组织和协调下进行孢子植物志的编写和出版。

随着科学技术的飞速发展,人们关于真菌的知识日益深入的今天,黏菌与卵菌已被从真菌界中分出,分别归隶于原生动物界和管毛生物界。但是,长期以来,由于它们一直被当作真菌由国内外真菌学家进行研究;而且,在"中国孢子植物志编辑委员会"成立时已将黏菌与卵菌纳入中国孢子植物志之一的《中国真菌志》计划之内并陆续出版,因此,沿用包括黏菌与卵菌在内的《中国真菌志》广义名称是必要的。

自"中国孢子植物志编辑委员会"于 1973 年成立以后,作为"三志"的组成部分,中国孢子植物志的编研工作由中国科学院资助;自 1982 年起,国家自然科学基金委员会参与部分资助;自 1993 年以来,作为国家自然科学基金委员会重大项目,在国家基金委资助下,中国科学院及科技部参与部分资助,中国孢子植物志的编辑出版工作不断取得重要进展。

中国孢子植物志是记述我国孢子植物物种的形态、解剖、生态、地理分布及其与人类关系等方面的大型系列著作,是我国孢子植物物种多样性的重要研究成果,是我国孢子植物资源的综合信息库,是我国生物资源开发利用、科学研究与教学的重要参考文献。

我国气候条件复杂,山河纵横,湖泊星布,海域辽阔,陆生与水生孢子植物物种多样性极其丰富。中国孢子植物志的陆续出版,必将为我国孢子植物资源的开发利用,为我国孢子植物科学的发展发挥积极作用。

中国科学院中国孢子植物志编辑委员会

主编 曾呈奎

2000 年 3 月 北京

Foreword of the Cryptogamic Flora of China

Cryptogamic Flora of China is composed of *Flora Algarum Marinarum Sinicarum*, *Flora Algarum Sinicarum Aquae Dulcis*, *Flora Fungorum Sinicorum*, *Flora Lichenum Sinicorum*, and *Flora Bryophytorum Sinicorum*, edited and published under the direction of the Editorial Committee of the Cryptogamic Flora of China, Chinese Academy of Sciences(CAS). It also serves as a comprehensive information bank of Chinese cryptogamic resources.

Cryptogams are not a single natural group from a phylogenetic point of view which, however, does not present an obstacle to the editing and publication of the Cryptogamic Flora of China by a coordinated, nationwide organization. The Cryptogamic Flora of China is restricted to non-vascular cryptogams including the bryophytes, algae, fungi, and lichens. The ferns, a group of vascular cryptogams, were earlier included in the plan of *Flora of China*, and are not taken into consideration here. In order to bring the above groups into the plan of Fauna and Flora of China, some leading scientists on cryptogams, who were attending a working meeting of CAS in Beijing in July 1972, proposed to establish the Editorial Committee of the Cryptogamic Flora of China. The proposal was approved later by the CAS. The committee was formally established in the working conference of Fauna and Flora of China, including cryptogams, held by CAS in Guangzhou in March 1973.

Although myxomycetes and oomycetes do not belong to the Kingdom of Fungi in modern treatments, they have long been studied by mycologists. *Flora Fungorum Sinicorum* volumes including myxomycetes and oomycetes have been published, retaining for *Flora Fungorum Sinicorum* the traditional meaning of the term fungi.

Since the establishment of the editorial committee in 1973, compilation of Cryptogamic Flora of China and related studies have been supported financially by the CAS. The National Natural Science Foundation of China has taken an important part of the financial support since 1982. Under the direction of the committee, progress has been made in compilation and study of Cryptogamic Flora of China by organizing and coordinating the main research institutions and universities all over the country. Since 1993, study and compilation of the Chinese fauna, flora, and cryptogamic flora have become one of the key state projects of the National Natural Science Foundation with the combined support of the CAS and the National Science and Technology Ministry.

Cryptogamic Flora of China derives its results from the investigations, collections, and classification of Chinese cryptogams by using theories and methods of systematic and evolutionary biology as its guide. It is the summary of study on species diversity of cryptogams and provides important data for species protection. It is closely connected with human activities, environmental changes and even global changes. Cryptogamic Flora of

China is a comprehensive information bank concerning morphology, anatomy, physiology, biochemistry, ecology, and phytogeographical distribution. It includes a series of special monographs for using the biological resources in China, for scientific research, and for teaching.

China has complicated weather conditions, with a crisscross network of mountains and rivers, lakes of all sizes, and an extensive sea area. China is rich in terrestrial and aquatic cryptogamic resources. The development of taxonomic studies of cryptogams and the publication of Cryptogamic Flora of China in concert will play an active role in exploration and utilization of the cryptogamic resources of China and in promoting the development of cryptogamic studies in China.

C.K. Tseng
Editor-in-Chief
The Editorial Committee of the Cryptogamic Flora of China
Chinese Academy of Sciences
March, 2000 in Beijing

《中国真菌志》序

《中国真菌志》是在系统生物学原理和方法指导下，对中国真菌，即真菌界的子囊菌、担子菌、壶菌及接合菌四个门以及不属于真菌界的卵菌等三个门和黏菌及其类似的菌类生物进行搜集、考察和研究的成果。本志所谓"真菌"系广义概念，涵盖上述三大菌类生物（地衣型真菌除外），即当今所称"菌物"。

中国先民认识并利用真菌作为生活、生产资料，历史悠久，经验丰富，诸如酒、醋、酱、红曲、豆豉、豆腐乳、豆瓣酱等的酿制，蘑菇、木耳、茭白作食用，茯苓、虫草、灵芝等作药用，在制革、纺织、造纸工业中应用真菌进行发酵，以及利用具有抗癌作用和促进碳素循环的真菌，充分显示其经济价值和生态效益。此外，真菌又是多种植物和人畜病害的病原菌，危害甚大。因此，对真菌物种的形态特征、多样性、生理生化、亲缘关系、区系组成、地理分布、生态环境以及经济价值等进行研究和描述，非常必要。这是一项重要的基础科学研究，也是利用益菌、控制害菌、化害为利、变废为宝的应用科学的源泉和先导。

中国是具有悠久历史的文明古国，从远古到明代的4500年间，科学技术一直处于世界前沿，真菌学也不例外。酒是真菌的代谢产物，中国酒文化博大精深、源远流长，有六七千年历史。约在公元300年的晋代，江统在其《酒诰》诗中说："酒之所兴，肇自上皇。或云仪狄，又曰杜康。有饭不尽，委之空桑。郁结成味，久蓄气芳。本出于此，不由奇方。"作者精辟地总结了我国酿酒历史和自然发酵方法，比之意大利学者雷蒂（Radi，1860）提出微生物自然发酵法的学说约早1500年。在仰韶文化时期（5000~3000 B.C.），我国先民已懂得采食蘑菇。中国历代古籍中均有食用菇蕈的记载，如宋代陈仁玉在其《菌谱》（1245年）中记述浙江台州产鹅膏菌、松蕈等11种，并对其形态、生态、品级和食用方法等作了论述和分类，是中国第一部地方性食用蕈菌志。先民用真菌作药材也是一大创造，中国最早的药典《神农本草经》（成书于102~200 A.D.）所载365种药物中，有茯苓、雷丸、桑耳等10余种药用真菌的形态、色泽、性味和疗效的叙述。明代李时珍在《本草纲目》（1578）中，记载"三菌"、"五蕈"、"六芝"、"七耳"以及羊肚菜、桑黄、鸡𩷶、雪蚕等30多种药用真菌。李氏将菌、蕈、芝、耳集为一类论述，在当时尚无显微镜帮助的情况下，其认识颇为精深。该籍的真菌学知识，足可代表中国古代真菌学水平，堪与同时代欧洲人（如 C. Clusius，1529~1609）的水平比拟而无逊色。

15世纪以后，居世界领先地位的中国科学技术，逐渐落后。从18世纪中叶到20世纪40年代，外国传教士、旅行家、科学工作者、外交官、军官、教师以及负有特殊任务者，纷纷来华考察，搜集资料，采集标本，研究鉴定，发表论文或专辑。如法国传教士西博特（P.M. Cibot）1759年首先来到中国，一住就是25年，对中国的植物（含真菌）写过不少文章，1775年他发表的五棱散尾菌（*Lysurus mokusin*），是用现代科学方法研究发表的第一个中国真菌。继而，俄国的波塔宁（G.N. Potanin，1876）、意大利的吉拉迪（P. Giraldii，1890）、奥地利的汉德尔-马泽蒂（H. Handel Mazzetti，1913）、美国的梅里尔（E.D. Merrill，1916）、瑞典的史密斯（H. Smith，1921）等共27人次来我国采集标本。

研究发表中国真菌论著114篇册，作者多达60余人次，报道中国真菌2040种，其中含10新属、361新种。东邻日本自1894年以来，特别是1937年以后，大批人员涌到中国，调查真菌资源及植物病害，采集标本，鉴定发表。据初步统计，发表论著172篇册，作者67人次以上，共报道中国真菌约6000种(有重复)，其中含17新属、1130新种。其代表人物在华北有三宅市郎(1908)，东北有三浦道哉(1918)，台湾有泽田兼吉(1912)；此外，还有斋藤贤道、伊藤诚哉、平冢直秀、山本和太郎、逸见武雄等数十人。

国人用现代科学方法研究中国真菌始于20世纪初，最初工作多侧重于植物病害和工业发酵，纯真菌学研究较少。在一二十年代便有不少研究报告和学术论文发表在中外各种刊物上，如胡先骕1915年的"菌类鉴别法"，章祖纯1916年的"北京附近发生最盛之植物病害调查表"以及钱穟孙(1918)、邹钟琳(1919)、戴芳澜(1920)、李寅恭(1921)、朱凤美(1924)、孙豫寿(1925)、俞大绂(1926)、魏喦寿(1928)等的论文。三四十年代有陈鸿康、邓叔群、魏景超、凌立、周宗璜、欧世璜、方心芳、王云章、裘维蕃等发表的论文，为数甚多。他们中有的人终生或大半生都从事中国真菌学的科教工作，如戴芳澜(1893~1973)著"江苏真菌名录"(1927)、"中国真菌杂记"(1932~1946)、《中国已知真菌名录》(1936，1937)、《中国真菌总汇》(1979)和《真菌的形态和分类》(1987)等，他发表的"三角枫上白粉菌一新种"(1930)，是国人用现代科学方法研究、发表的第一个中国真菌新种。邓叔群(1902~1970)著"南京真菌记载"(1932~1933)、"中国真菌续志"(1936~1938)、《中国高等真菌志》(1939)和《中国的真菌》(1963，1996)等，堪称《中国真菌志》的先导。上述学者以及其他许多真菌学工作者，为《中国真菌志》研编的起步奠定了基础。

在20世纪后半叶，特别是改革开放以来的20多年，中国真菌学有了迅猛的发展，如各类真菌学课程的开设，各级学位研究生的招收和培养，专业机构和学会的建立，专业刊物的创办和出版，地区真菌志的问世等，使真菌学人才辈出，为《中国真菌志》的研编输送了新鲜血液。1973年中国科学院广州"三志"会议决定，《中国真菌志》的研编正式启动，1987年由郑儒永、余永年等编辑出版了《中国真菌志》第1卷《白粉菌目》，至2000年已出版14卷。自第2卷开始实行主编负责制，2.《银耳目和花耳目》(刘波主编，1992)；3.《多孔菌科》(赵继鼎，1998)；4.《小煤炱目Ⅰ》(胡炎兴，1996)；5.《曲霉属及其相关有性型》(齐祖同，1997)；6.《霜霉目》(余永年，1998)；7.《层腹菌目》(刘波，1998)；8.《核盘菌科和地舌菌科》(庄文颖，1998)；9.《假尾孢属》(刘锡琎、郭英兰，1998)；10.《锈菌目Ⅰ》(王云章、庄剑云，1998)；11.《小煤炱目Ⅱ》(胡炎兴，1999)；12.《黑粉菌科》(郭林，2000)；13.《虫霉目》(李增智，2000)；14.《灵芝科》(赵继鼎、张小青，2000)。盛世出巨著，在国家"科教兴国"英明政策的指引下，《中国真菌志》的研编和出版，定将为中华灿烂文化做出新贡献。

余永年
庄文颖 谨识

中国科学院微生物研究所
中国·北京·中关村
公元2002年09月15日

Foreword of Flora Fungorum Sinicorum

Flora Fungorum Sinicorum summarizes the achievements of Chinese mycologists based on principles and methods of systematic biology in intensive studies on the organisms studied by mycologists, which include non-lichenized fungi of the Kingdom Fungi, some organisms of the Chromista, such as oomycetes etc., and some of the Protozoa, such as slime molds.In this series of volumes, results from extensive collections, field investigations, and taxonomic treatments reveal the fungal diversity of China.

Our Chinese ancestors were very experienced in the application of fungi in their daily life and production.Fungi have long been used in China as food, such as edible mushrooms, including jelly fungi, and the hypertrophic stems of water bamboo infected with *Ustilago esculenta*; as medicines, like *Cordyceps sinensis* (caterpillar fungus), *Poria cocos* (China root), and *Ganoderma* spp. (lingzhi); and in the fermentation industry, for example, manufacturing liquors, vinegar, soy-sauce, *Monascus*, fermented soya beans, fermented bean curd, and thick broad-bean sauce.Fungal fermentation is also applied in the tannery, paperma-king, and textile industries.The anti-cancer compounds produced by fungi and functions of saprophytic fungi in accelerating the carbon-cycle in nature are of economic value and ecological benefits to human beings.On the other hand, fungal pathogens of plants, animals and human cause a huge amount of damage each year. In order to utilize the beneficial fungi and to control the harmful ones, to turn the harmfulness into advantage, and to convert wastes into valuables, it is necessary to understand the morphology, diversity, physiology, biochemistry, relationship, geographical distribution, ecological environment, and economic value of different groups of fungi. *Flora Fungorum Sinicorum* plays an important role from precursor to fountainhead for the applied sciences.

China is a country with an ancient civilization of long standing.In the 4500 years from remote antiquity to the Ming Dynasty, her science and technology as well as knowledge of fungi stood in the leading position of the world.Wine is a metabolite of fungi.The Wine Culture history in China goes back 6000 to 7000 years ago, which has a distant source and a long stream of extensive knowledge and profound scholarship.In the Jin Dynasty (*ca.* 300 A.D.), JIANG Tong, the famous writer, gave a vivid account of the Chinese fermentation history and methods of wine processing in one of his poems entitled *Drinking Games* (Jiu Gao), 1500 years earlier than the theory of microbial fermentation in natural conditions raised by the Italian scholar, Radi (1860). During the period of the Yangshao Culture (5000—3000 B. C.), our Chinese ancestors knew how to eat mushrooms. There were a great number of records of edible mushrooms in Chinese ancient books. For example, back to the Song Dynasty, CHEN Ren-Yu (1245) published the *Mushroom Menu* (Jun Pu) in which he listed 11 species of edible fungi including *Amanita* sp.and *Tricholoma matsutake* from

Taizhou, Zhejiang Province, and described in detail their morphology, habitats, taxonomy, taste, and way of cooking. This was the first local flora of the Chinese edible mushrooms.Fungi used as medicines originated in ancient China. The earliest Chinese pharmacopocia, *Shen-Nong Materia Medica* (Shen Nong Ben Cao Jing), was published in 102—200 A. D. Among the 365 medicines recorded, more than 10 fungi, such as *Poria cocos* and *Polyporus mylittae*, were included. Their fruitbody shape, color, taste, and medical functions were provided.The great pharmacist of Ming Dynasty, LI Shi-Zhen (1578) published his eminent work *Compendium Materia Medica* (Ben Cao Gang Mu) in which more than thirty fungal species were accepted as medicines, including *Aecidium mori*, *Cordyceps sinensis*, *Morchella* spp., *Termitomyces* sp., etc.Before the invention of microscope, he managed to bring fungi of different classes together, which demonstrated his intelligence and profound knowledge of biology.

After the 15th century, development of science and technology in China slowed down. From middle of the 18th century to the 1940's, foreign missionaries, tourists, scientists, diplomats, officers, and other professional workers visited China. They collected specimens of plants and fungi, carried out taxonomic studies, and published papers, exsi ccatae, and monographs based on Chinese materials.The French missionary, P.M. Cibot, came to China in 1759 and stayed for 25 years to investigate plants including fungi in different regions of China.Many papers were written by him. *Lysurus mokusin*, identified with modern techniques and published in 1775, was probably the first Chinese fungal record by these visitors. Subsequently, around 27 man-times of foreigners attended field excursions in China, such as G.N. Potanin from Russia in 1876, P. Giraldii from Italy in 1890, H. Handel-Mazzetti from Austria in 1913, E.D. Merrill from the United States in 1916, and H. Smith from Sweden in 1921. Based on examinations of the Chinese collections obtained, 2040 species including 10 new genera and 361 new species were reported or described in 114 papers and books.Since 1894, especially after 1937, many Japanese entered China.They investigated the fungal resources and plant diseases, collected specimens, and published their identification results.According to incomplete information, some 6000 fungal names (with synonyms) including 17 new genera and 1130 new species appeared in 172 publications.The main workers were I. Miyake in the Northern China, M. Miura in the Northeast, K. Sawada in Taiwan, as well as K. Saito, S. Ito, N. Hiratsuka, W. Yamamoto, T. Hemmi, etc.

Research by Chinese mycologists started at the turn of the 20th century when plant diseases and fungal fermentation were emphasized with very little systematic work. Scientific papers or experimental reports were published in domestic and international journals during the 1910's to 1920's. The best-known are "Identification of the fungi" by H.H. Hu in 1915, "Plant disease report from Peking and the adjacent regions" by C.S. Chang in 1916, and papers by S.S. Chian (1918), C.L. Chou (1919), F.L. Tai (1920), Y.G. Li (1921), V.M. Chu (1924), Y.S. Sun (1925), T.F. Yu (1926), and N.S. Wei (1928). Mycologists who were active at the 1930's to 1940's are H.K. Chen, S.C. Teng, C.T. Wei, L. Ling, C.H. Chow,

S.H. Ou, S.F. Fang, Y.C. Wang, W.F. Chiu, and others.Some of them dedicated their lifetime to research and teaching in mycology. Prof. F.L. Tai (1893—1973) is one of them, whose representative works were "List of fungi from Jiangsu"(1927), "Notes on Chinese fungi"(1932—1946), *A List of Fungi Hitherto Known from China* (1936, 1937), *Sylloge Fungorum Sinicorum* (1979), *Morphology and Taxonomy of the Fungi* (1987), etc.His paper entitled "A new species of *Uncinula* on *Acer trifidum* Hook.& Arn."was the first new species described by a Chinese mycologist. Prof. S.C. Teng (1902—1970) is also an eminent teacher.He published "Notes on fungi from Nanking" in 1932—1933, "Notes on Chinese fungi" in 1936—1938, *A Contribution to Our Knowledge of the Higher Fungi of China* in 1939, and *Fungi of China* in 1963 and 1996.Work done by the above-mentioned scholars lays a foundation for our current project on *Flora Fungorum Sinicorum*.

In 1973, an important meeting organized by the Chinese Academy of Sciences was held in Guangzhou (Canton) and a decision was made, uniting the related scientists from all over China to initiate the long term project "Fauna, Flora, and Cryptogamic Flora of China".Work on *Flora Fungorum Sinicorum* thus started. Significant progress has been made in development of Chinese mycology since 1978. Many mycological institutions were founded in different areas of the country.The Mycological Society of China was established, the journals *Acta Mycological Sinica* and *Mycosystema* were published as well as local floras of the economically important fungi.A young generation in field of mycology grew up through postgraduate training programs in the graduate schools.The first volume of Chinese Mycoflora on the Erysiphales (edited by R.Y. Zheng & Y.N. Yu, 1987) appeared.Up to now, 14 volumes have been published: Tremellales and Dacrymycetales edited by B. Liu (1992), Polyporaceae by J.D. Zhao (1998), Meliolales Part I (Y.X. Hu, 1996), *Aspergillus* and its related teleomorphs (Z.T. Qi, 1997), Peronosporales (Y.N. Yu, 1998), Sclerotiniaceae and Geoglossaceae (W.Y. Zhuang, 1998), *Pseudocercospora* (X.J. Liu & Y.L. Guo, 1998), Uredinales Part I (Y.C. Wang & J. Y. Zhuang, 1998), Meliolales Part II (Y.X. Hu, 1999), Ustilaginaceae (L. Guo, 2000), Entomophthorales (Z.Z. Li, 2000), and Ganodermataceae (J.D. Zhao & X.Q. Zhang, 2000). We eagerly await the coming volumes and expect the completion of Flora *Fungorum Sinicorum* which will reflect the flourishing of Chinese culture.

Y.N. Yu and W.Y. Zhuang
Institute of Microbiology, CAS, Beijing
September 15, 2002

致　谢

在本卷编研过程中，曾与美国康奈尔大学 R.P. Korf 教授就系统分类和命名问题进行过广泛探讨，他还曾审阅与本卷有关的部分文章的文稿并修改英文，采集了部分标本，并提供部分文献资料。承蒙南京师范大学陈双林教授和中国科学院微生物研究所庄剑云研究员审阅书稿，并提出宝贵的意见和建议。诺维信中国投资有限公司吴文平博士，南京师范大学陈双林教授、闫淑珍副教授，中国科学院昆明植物研究所臧穆研究员、杨祝良研究员、刘培贵研究员、彭华研究员、王立松先生、陈可可先生，台湾省自然科学博物馆王也珍博士、陈秀珍博士，广东省微生物研究所李泰辉研究员、宋斌先生、沈亚恒先生，华南农业大学姜子德教授，吉林农业大学图力古尔教授，中国科学院植物研究所张宪春研究员，北京师范大学刘全儒教授，长江大学余知和教授，新疆大学阿不都拉·阿巴斯教授，云南大学张克勤教授，吉林省长白山科学院王柏工程师，东北林业大学池玉杰教授，中国科学院微生物研究所刘杏忠研究员、庄剑云研究员、田金秀高级工程师、郭良栋研究员、张小青副研究员、卯晓岚副研究员、文华安研究员、姚一建研究员、张艳辉博士、张向民博士、刘超洋博士、刘斌博士(现广西大学教授)、罗晶博士、李文英博士、农业先生、黄满荣博士、王征博士、王龙博士、曾昭清博士、朱兆香博士、秦文韬博士、陈凯博士等在野外考察工作中给予热情帮助，协助采集标本，参与部分种的鉴定工作，慷慨提供或借用标本或图片，提供或协助查找文献资料，协助鉴定植物标本，修改拉丁文特征集要，或就有关分类学和命名问题进行讨论等。中国科学院微生物研究所菌物标本馆姚一建研究员、吕红梅女士、魏铁铮副研究员、杨柳女士、闫秋荣女士协助借调馆藏标本或提供标本信息。中国科学院微生物研究所图书馆阳世青馆长、周淑敏和刘淑敏女士在图书借阅和查询方面给予协助。没有上述科技工作者热情、无私的帮助，本卷的完成是不可能的。

本研究是在中国科学院真菌学国家重点实验室完成的。

目 录

序
中国孢子植物志总序
《中国真菌志》序
致谢
绪论···1
　引言···1
　材料和方法···1
　形态特征···2
　分类研究进展···4
　中国柔膜菌科研究简史··5
　柔膜菌科分子系统学研究简况··6
专论···7
　柔膜菌科 HELOTIACEAE··7
　　异型盘菌属 *Allophylaria* (P. Karst.) P. Karst.··9
　　　果荚生异型盘菌 *Allophylaria atherospermatis* G.W. Beaton·····································9
　　　小孢异型盘菌 *Allophylaria minispora* H.D. Zheng & W.Y. Zhuang·························10
　　卷边盘菌属 *Ascocalyx* Naumov···12
　　　卷边盘菌 *Ascocalyx abietis* Naumov···12
　　紫胶盘菌属 *Ascocoryne* J.W. Groves & D.E. Wilson···14
　　　杯紫胶盘菌 *Ascocoryne cylichnium* (Tul.) Korf··14
　　　肉质紫胶盘菌 *Ascocoryne sarcoides* (Jacq.) J.W. Groves & D.E. Wilson···················16
　　胶盘菌属 *Ascotremella* Seaver··18
　　　山毛榉胶盘菌 *Ascotremella faginea* (Peck) Seaver···19
　　小双孢盘菌属 *Bisporella* Sacc.···19
　　　橘色小双孢盘菌 *Bisporella citrina* (Batsch) Korf & S.E. Carp.····························20
　　　黄小双孢盘菌 *Bisporella claroflava* (Grev.) Lizoň & Korf···································22
　　　线孢小双孢盘菌 *Bisporella filiformis* W.Y. Zhuang & F. Ren·······························24
　　　湖北小双孢盘菌 *Bisporella hubeiensis* H.D. Zheng & W.Y. Zhuang·······················25
　　　碘蓝小双孢盘菌 *Bisporella iodocyanescens* Korf & Bujak.···································27
　　　大孢小双孢盘菌 *Bisporella magnispora* W.Y. Zhuang & H.D. Zheng····················28
　　　山地小双孢盘菌 *Bisporella montana* W.Y. Zhuang & H.D. Zheng·······················29
　　　蕨生小双孢盘菌 *Bisporella pteridicola* F. Ren & W.Y. Zhuang·····························30
　　　香地小双孢盘菌 *Bisporella shangrilana* W.Y. Zhuang & H.D. Zheng····················31
　　　中国小双孢盘菌 *Bisporella sinica* W.Y. Zhuang···33

四孢小双孢盘菌 *Bisporella tetraspora* (Feltgen) S.E. Carp. ················· 34
　　三隔小双孢盘菌 *Bisporella triseptata* (Dennis) S.E. Carp. & Dumont ················· 35
　　小双孢盘菌属一未定名种 *Bisporella* sp. 3999 ················· 36
　　笔者未观察的种 ················· 38
　　近白小双孢盘菌 *Bisporella subpallida* (Rehm) Dennis ················· 38
拟黄杯菌属 *Calycellinopsis* W.Y. Zhuang ················· 38
　　拟黄杯菌 *Calycellinopsis xishuangbanna* W.Y. Zhuang ················· 38
半杯菌属 *Calycina* Nees ex Gray ················· 40
　　半杯菌 *Calycina herbarum* (Pers.) Gray ················· 40
　　半杯菌属一未定名种 *Calycina* sp. 3931 ················· 41
拟薄盘菌属 *Cenangiopsis* Rehm ················· 42
　　青海拟薄盘菌 *Cenangiopsis qinghaiensis* F. Ren & W.Y. Zhuang ················· 43
　　悬钩子生拟薄盘菌 *Cenangiopsis rubicola* Gremmen ················· 44
薄盘菌属 *Cenangium* Fr. ················· 45
　　薄盘菌 *Cenangium ferruginosum* Fr. ················· 45
　　笔者未观察的种 ················· 47
　　日本薄盘菌 *Cenangium japonicum* (Henn.) Miura ················· 47
绿散胞盘菌属 *Chlorencoelia* J.R. Dixon ················· 47
　　大孢绿散胞盘菌 *Chlorencoelia macrospora* F. Ren & W.Y. Zhuang ················· 48
　　扭曲绿散胞盘菌 *Chlorencoelia torta* (Schwein.) J.R. Dixon ················· 50
　　绿散胞盘菌 *Chlorencoelia versiformis* (Pers.) J.R. Dixon ················· 51
　　绿散胞盘菌属一未定名种 *Chlorencoelia* sp. ZXQ8357 ················· 53
绿杯菌属 *Chlorociboria* Seaver ex C.S. Ramamurthi, Korf & L.R. Batra ················· 54
　　小孢绿杯菌 *Chlorociboria aeruginascens* (Nyl.) Kanouse ex C.S. Ramamurthi, Korf
　　　& L.R. Batra ················· 54
　　绿杯菌 *Chlorociboria aeruginosa* (Oeder) Seaver ex C.S. Ramamurthi, Korf & L.R. Batra ···· 57
　　波托绿杯菌 *Chlorociboria poutouensis* P.R. Johnst. ················· 59
绿胶杯菌属 *Chloroscypha* Seaver ················· 60
　　西沃绿胶杯菌 *Chloroscypha seaveri* Rehm ex Seaver ················· 60
　　新疆绿胶杯菌 *Chloroscypha xinjiangensis* F. Ren & W.Y. Zhuang ················· 62
　　笔者未观察的种 ················· 63
　　侧柏绿胶杯菌 *Chloroscypha platycladus* Y.S. Dai ················· 63
小胶盘菌属 *Claussenomyces* Kirschst. ················· 64
　　花耳状小胶盘菌(参照) *Claussenomyces* cf. *dacrymycetoideus* Ouell. & Korf ················· 64
复柄盘菌属 *Cordierites* Mont. ················· 65
　　斯氏复柄盘菌 *Cordierites sprucei* Berk. ················· 65
胶被盘菌属 *Crocicreas* Fr. ················· 67
　　白胶被盘菌 *Crocicreas albidum* Raitv. & H.D. Shin ················· 69
　　华北胶被盘菌 *Crocicreas boreosinae* H.D. Zheng & W.Y. Zhuang ················· 70

冠胶被盘菌 *Crocicreas coronatum* (Bull.) S.E. Carp. ··· 71
杯状胶被盘菌 *Crocicreas cyathoideum* (Bull.) S.E. Carp. ································· 75
螺旋胶被盘菌 *Crocicreas helios* (Penz. & Sacc.) S.E. Carp. ····························· 77
柯夫胶被盘菌 *Crocicreas korfii* H.D. Zheng & W.Y. Zhuang ···························· 78
黄色胶被盘菌 *Crocicreas luteolum* H.D. Zheng & W.Y. Zhuang ······················· 79
小孢胶被盘菌 *Crocicreas minisporum* H.D. Zheng & W.Y. Zhuang ··················· 81
假竹生胶被盘菌 *Crocicreas pseudobambusae* H.D. Zheng & W.Y. Zhuang ········ 82
新疆胶被盘菌 *Crocicreas xinjiangensis* H.D. Zheng & W.Y. Zhuang ················ 83
笔者未观察的种 ··· 84
雪白胶被盘菌 *Crocicreas nivale* (Rehm) S.E. Carp. ·· 84
暗被盘菌属 *Crumenulopsis* J.W. Groves ··· 85
泪滴暗被盘菌 *Crumenulopsis lacrimiformia* A. Funk ······································· 85
成堆暗被盘菌 *Crumenulopsis sororia* (P. Karst.) J.W. Groves ··························· 86
小地锤菌属 *Cudoniella* Sacc. ··· 88
灯芯草小地锤菌(参照) *Cudoniella* cf. *junciseda* (Velen.) Dennis ··················· 88
散胞盘菌属 *Encoelia* (Fr.) P. Karst. ··· 89
古巴散胞盘菌 *Encoelia cubensis* (Berk. & M.A. Curtis) Iturr. ··························· 90
大龙山散胞盘菌 *Encoelia dalongshanica* W.Y. Zhuang ···································· 91
簇生散胞盘菌 *Encoelia fascicularis* (Alb. & Schwein.) P. Karst. ······················· 92
糠麸散胞盘菌 *Encoelia furfuracea* (Roth) P. Karst. ·· 94
黄散胞盘菌 *Encoelia helvola* (Jungh.) Overeem ·· 95
拟散胞盘菌属 *Encoeliopsis* Nannf. ··· 96
多隔拟散胞盘菌 *Encoeliopsis multiseptata* F. Ren & W.Y. Zhuang ···················· 96
长孢盘菌属 *Godronia* Moug. & Lév. ·· 98
壶形长孢盘菌 *Godronia urceolus* (Alb. & Schwein.) P. Karst. ·························· 98
假地舌菌属 *Hemiglossum* Pat. ·· 99
假地舌菌 *Hemiglossum yunnanense* Pat. ··· 99
霍氏盘菌属 *Holwaya* Sacc. ··· 100
霍氏盘菌日本亚种 *Holwaya mucida* subsp. *nipponica* Korf & Abawi ············ 101
膜盘菌属 *Hymenoscyphus* Gray ·· 102
拟白膜盘菌 *Hymenoscyphus albidoides* H.D. Zheng & W.Y. Zhuang ··············· 105
橙黄膜盘菌 *Hymenoscyphus aurantiacus* H.D. Zheng & W.Y. Zhuang ············ 107
短胞膜盘菌 *Hymenoscyphus brevicellulosus* H.D. Zheng & W.Y. Zhuang ········ 108
小膜盘菌 *Hymenoscyphus calyculus* (Sowerby) W. Phillips ····························· 110
尾膜盘菌 *Hymenoscyphus caudatus* (P. Karst.) Dennis ···································· 112
山楂膜盘菌(参照) *Hymenoscyphus* cf. *crataegi* Baral & R. Galán ················ 114
德氏膜盘菌 *Hymenoscyphus dehlii* M.P. Sharma ··· 116
象牙膜盘菌 *Hymenoscyphus eburneus* (Roberge) W. Phillips ·························· 117
椭孢膜盘菌 *Hymenoscyphus ellipsoideus* H.D. Zheng & W.Y. Zhuang ············ 118

叶生膜盘菌 *Hymenoscyphus epiphyllus* (Pers.) Rehm ex Kauffman ·················· 120
白蜡树膜盘菌 *Hymenoscyphus fraxineus* (T. Kowalski) Baral ························ 121
栎果膜盘菌 *Hymenoscyphus fructigenus* (Bull.) Gray ································· 123
双极毛膜盘菌 *Hymenoscyphus fucatus* (W. Phillips) Baral & Hengstm. ··········· 124
球胞膜盘菌 *Hymenoscyphus globus* W.Y. Zhuang & Yan H. Zhang ················· 126
海南膜盘菌 *Hymenoscyphus hainanensis* Xiao X. Liu & W.Y. Zhuang ············· 128
喜马拉雅膜盘菌(参照) *Hymenoscyphus* cf. *himalayensis* (K.S. Thind & H. Singh)
　K.S. Thind & M.P. Sharma ·· 129
晶被膜盘菌 *Hymenoscyphus hyaloexcipulus* H.D. Zheng & W.Y. Zhuang ········ 130
无须膜盘菌 *Hymenoscyphus imberbis* (Bull.) Dennis ·································· 132
难变膜盘菌 *Hymenoscyphus immutabilis* (Fuckel) Dennis ···························· 133
井冈膜盘菌 *Hymenoscyphus jinggangensis* Yan H. Zhang & W.Y. Zhuang ······· 135
毛柄膜盘菌 *Hymenoscyphus lasiopodius* (Pat.) Dennis ································ 136
土黄膜盘菌(参照) *Hymenoscyphus* cf. *lutescens* (Hedw.) W. Phillips ············· 138
大膜盘菌 *Hymenoscyphus macrodiscus* H.D. Zheng & W.Y. Zhuang ············· 139
油滴膜盘菌 *Hymenoscyphus macroguttatus* Baral, Declercq & Hengstm. ·········· 141
大胞膜盘菌 *Hymenoscyphus magnicellulosus* H.D. Zheng & W.Y. Zhuang ······· 143
小尾膜盘菌 *Hymenoscyphus microcaudatus* H.D. Zheng & W.Y. Zhuang ········· 144
小晚膜盘菌 *Hymenoscyphus microserotinus* (W.Y. Zhuang) W.Y. Zhuang ······· 145
叶产膜盘菌 *Hymenoscyphus phyllogenus* (Rehm) Kuntze ···························· 148
喜叶膜盘菌 *Hymenoscyphus phyllophilus* (Desm.) Kuntze ··························· 149
青海膜盘菌 *Hymenoscyphus qinghaiensis* H.D. Zheng & W.Y. Zhuang ············ 150
硬膜盘菌 *Hymenoscyphus sclerogenus* (Berk. & M.A. Curtis) Dennis ··············· 151
盾膜盘菌 *Hymenoscyphus scutula* (Pers.) W. Phillips ································· 152
拟盾膜盘菌 *Hymenoscyphus scutuloides* Hengstm. ····································· 154
晚生膜盘菌 *Hymenoscyphus serotinus* (Pers.) W. Phillips ····························· 155
中华膜盘菌 *Hymenoscyphus sinicus* W.Y. Zhuang & Yan H. Zhang ················· 157
苍白膜盘菌 *Hymenoscyphus subpallescens* Dennis ····································· 159
对称膜盘菌 *Hymenoscyphus subsymmetricus* H.D. Zheng & W.Y. Zhuang ······· 161
四孢膜盘菌 *Hymenoscyphus tetrasporus* H.D. Zheng & W.Y. Zhuang ············· 162
单隔膜盘菌 *Hymenoscyphus uniseptatus* H.D. Zheng & W.Y. Zhuang ············· 164
变色膜盘菌 *Hymenoscyphus varicosporoides* Tubaki ································· 165
余氏膜盘菌 *Hymenoscyphus yui* H.D. Zheng & W.Y. Zhuang ······················· 166
云南膜盘菌 *Hymenoscyphus yunnanicus* H.D. Zheng & W.Y. Zhuang ············· 168
笔者未观察的种 ··· 169
雪松膜盘菌 *Hymenoscyphus deodarum* (K.S. Thind & Saini) K.S. Thind & M.P. Sharma ···· 169
波状膜盘菌 *Hymenoscyphus repandus* (W. Phillips) Dennis ·························· 169
弗里斯膜盘菌 *Hymenoscyphus friesii* (Weinm.) Arendh. ····························· 170
应排除的种 ··· 170

  Hymenoscyphus lividofuscus (K.S. Thind & Saini) K.S. Thind & M.P. Sharma ·········· 170
  Hymenoscyphus menthae (W. Phillips) Baral ·········· 170
  Hymenoscyphus scutula var. *solani* (P. Karst.) S. Ahmad ·········· 171
  Hymenoscyphus subserotinus (Henn. & E. Nyman) Dennis ·········· 171
  Hymenoscyphus vernus (Boud.) Dennis ·········· 171
聚盘菌属 *Ionomidotis* E.J. Durand ex Thaxt. ·········· 171
  复聚盘菌 *Ionomidotis frondosa* (Kobayasi) Kobayasi & Korf ·········· 172
新胶鼓菌属 *Neobulgaria* Petr. ·········· 173
  新胶鼓菌 *Neobulgaria pura* (Pers.) Petr. ·········· 174
  河南新胶鼓菌 *Neobulgaria henanensis* F. Ren & W.Y. Zhuang ·········· 175
暗柔膜菌属 *Phaeohelotium* Kanouse ·········· 177
  肉色暗柔膜菌 *Phaeohelotium carneum* (Fr.) Hengstm. ·········· 177
  山地暗柔膜菌 *Phaeohelotium monticola* (Berk.) Dennis ·········· 179
  山地暗柔膜菌(参照) *Phaeohelotium* cf. *monticola* (Berk.) Dennis ·········· 180
  有疑问的种 ·········· 181
  Phaeohelotium vernum (Boud.) Declercq ·········· 181
玫红盘菌属 *Roseodiscus* Baral ·········· 181
  中华玫红盘菌 *Roseodiscus sinicus* H.D. Zheng & W.Y. Zhuang ·········· 182
  应排除的种 ·········· 183
  Roseodiscus rhodoleucus (Fr.) Baral ·········· 183
华胶垫菌属 *Sinocalloriopsis* F. Ren & W.Y. Zhuang ·········· 183
  华胶垫菌 *Sinocalloriopsis guttulata* F. Ren & W.Y. Zhuang ·········· 184
  华胶垫菌属一未定名种 *Sinocalloriopsis* sp. 1132 ·········· 185
华蜂巢菌属 *Sinofavus* W.Y. Zhuang ·········· 187
  华蜂巢菌 *Sinofavus allantosporus* W.Y. Zhuang & Tolgor Bau ·········· 187
斯特罗盘菌属 *Strossmayeria* Schulzer ·········· 189
  贝克斯特罗盘菌 *Strossmayeria bakeriana* (Henn.) Iturr. ·········· 189
  斯特罗盘菌属一未定名种 *Strossmayeria* sp. 1683 ·········· 190
芽孢盘菌属 *Tympanis* Tode ·········· 192
  落叶松芽孢盘菌小囊变种 *Tympanis laricina* var. *parviascigera* F. Ren & W.Y. Zhuang ···· 193
  松芽孢盘菌 *Tympanis pithya* (Fr.) Sacc. ·········· 194
  性孢芽孢盘菌 *Tympanis spermatiospora* (Nyl.) Nyl. ·········· 195
  笔者未观察的种 ·········· 196
  冷杉芽孢盘菌 *Tympanis abietina* J.W. Groves ·········· 196
  桤芽孢盘菌原变种 *Tympanis alnea* (Pers.) Fr. ·········· 197
  桤芽孢盘菌缝裂变种 *Tympanis alnea* var. *hysterioides* (Pers.) Rehm ·········· 197
  混杂芽孢盘菌 *Tympanis confusa* Nyl. ·········· 197
  海南芽孢盘菌 *Tympanis hainanensis* S.H. Ou ·········· 197
  云杉芽孢盘菌 *Tympanis piceina* J.W. Groves ·········· 198

木荷芽孢盘菌 *Tympanis schimis* R.Q. Song & C.T. Xiang ·················· 198
椴芽孢盘菌 *Tympanis tiliae* C.T. Xiang & R.Q. Song ····················· 198
拟爪毛盘菌属 *Unguiculariopsis* Rehm ······································· 198
 长白山拟爪毛盘菌 *Unguiculariopsis changbaiensis* W.Y. Zhuang ············ 199
 大明山拟爪毛盘菌 *Unguiculariopsis damingshanica* W.Y. Zhuang ············ 200
 皱裂拟爪毛盘菌 *Unguiculariopsis hysterigena* (Berk. & Broome) Korf ········ 201
 拉氏拟爪毛盘菌钩亚种 *Unguiculariopsis ravenelii* subsp. *hamata* (Chenant.) W.Y. Zhuang ·· 203
丝绒盘菌属 *Velutarina* Korf ex Korf ·· 204
 丝绒盘菌 *Velutarina rufo-olivacea* (Alb. & Schwein.) Korf ··············· 204
 丝绒盘菌属一未定名种 *Velutarina* sp. 4115 ····························· 206
干髓盘菌属 *Xeromedulla* Korf & W.Y. Zhuang ································ 207
 栎干髓盘菌 *Xeromedulla quercicola* W.Y. Zhuang & Korf ················ 207

参考文献 ··· 209
索引 ··· 223
 真菌汉名索引 ·· 223
 真菌学名索引 ·· 226

绪 论

引 言

本卷涉及子囊菌门(Ascomycota)盘菌亚门(Pezizomycotina)锤舌菌纲(Leotiomycetes)柔膜菌目(Helotiales)柔膜菌科(Helotiaceae)34属真菌的中国已知物种。该科真菌的子实体从外观到解剖结构都表现出极为丰富的多样性,子囊盘单生或者聚生,多为盘状、杯状、陀螺状、平展或者上突等,个别种为不规则的勺形或裂片状,子囊盘通过一个发育良好的柄与基物接触或者基部直接着生于基物上;颜色因种类而异,丰富多彩,由白色、黄色、绿色、玫红色等鲜艳颜色至褐色、暗褐色以至近黑色;个体微小者子囊盘直径不足 0.5 mm,群体存在时才能被发现,小型的种类直径达 5 mm,中型子实体直径或宽度可达 40 mm。子实体的质地可为富含水分的嫩肉质、肉质、胶质或半革质。

它们多为森林和潮湿环境下的腐生真菌,主要发生在阴湿林地的植物残体上、土表或衰弱的植物上;少数类群具有寄生性,可引起植物病害,如薄盘菌属(*Cenangium* Fr.)和散胞盘菌属 [*Encoelia* (Fr.) P. Karst.] 的部分种;个别种与植物形成菌根,如根盘菌属(*Rhizoscyphus* W.Y. Zhuang & Korf)。在自然界物质与能量循环过程中,它们起着不可或缺的作用。多数种类尚未进行人工培养,少数可在人工培养基上生长,并产生无性阶段。

据报道,该科中的绿杯菌属(*Chlorociboria* Seaver ex C.S. Ramamurthi, Korf & L.R. Batra)能产生盘菌木素(xylindein),致使木质部被染为绿色(Donner et al. 2012);*Cenangium* 属可能参与一些污染物的降解(Helander 1995);从膜盘菌属(*Hymenoscyphus* Gray)部分种中分离得到了具有降解纤维素和木聚糖酶活性的胞外酶类以及有抗菌和细胞毒活性的化合物(Thines et al. 1997;Abdel-Raheem and Sherer 2002;Kowalski 2006;Queloz et al. 2010)。

材料和方法

本卷所涉及的盘菌形态和解剖结构的描述除特别指出外,都是根据对我国材料的观察,描述所用的真菌组织名称遵照 Korf(1973)的定义,数据多来自子囊盘中部纵切面的测量结果。对子囊孔口碘反应的观察是在 Melzer 试剂中进行的,对颜色的记载则以水为浮载剂,大小的测量在棉蓝乳酚油中进行。

书中仅提供每个种的正确名称、基原异名以及我国文献中曾出现的异名,其他异名则视需要并根据对有关分类单元的了解予以列出。真菌学名的使用遵循现行的《国际真菌、藻类、植物命名法规》(*International Code of Nomenclature for Fungi, Algae and Plants*)(McNeill et al. 2012)。定名人的拼写则根据 Kirk 和 Ansell(1992)真菌名称定名人的标准缩写。中文名称主要依据《真菌名词及名称》（无名氏 1976）和《孢子植物名词及名称》（郑儒永等 1990）。属名则根据 Johnston 等（2014）对锤舌菌纲属名使用的建议。

本卷提供了我国柔膜菌科已知属的分属检索表。凡我国发现两种或两种以上的属，都提供了属的分种检索表。检索表中包含的种绝大部分是笔者观察过的，个别种因无法借到模式标本或相关材料，而确实为可靠的分类单元，则根据文献记载或其他作者对权威材料的描述予以承认，其种名同样包括在检索表中，笔者没有观察过的种放在每个属的后面。

标本馆名称缩写遵照 Holmgren 等（1990）所著《标本馆索引》（*Index Herbariorum*）的标准方式，该书中没有列出的标本馆(室)则由笔者予以缩写。本卷出现的标本馆及其缩写如下：中国科学院微生物研究所菌物标本馆，HMAS；中国科学院昆明植物研究所隐花植物标本馆，HKAS；台湾省自然科学博物馆真菌标本馆，TNM；美国康奈尔大学植物病理标本馆，CUP。

我国已知的属和种都提供了中文名称和拉丁学名，我国未发现的分类单元一般只用拉丁学名。在同一部分，真菌科及科以上名称第一次出现时用拉、汉对照，省略定名人，再次出现时仅用中文名称。属和种的拉丁学名第一次出现时用拉、汉对照，并提供定名人；再次出现时，属名和种名均仅用拉丁学名，一般省略定名人。

每一个种在国内分布的排列顺序依据 2006 年版《中国地图集》（杜秀英和唐建军 2006），省内地名按汉语拼音字母顺序排列；各个种在世界分布的排列顺序为亚洲、欧洲、非洲、北美洲、南美洲、大洋洲，洲以下按照国家英文名称的字母顺序排列。

形 态 特 征

子囊盘表观特征 柔膜菌科的子实体单生或者聚生于基物表面，多为盘状、杯状、耳状、陀螺状、勺形或平展，子囊盘通过一个发育良好的柄与基物接触，或者无柄，基部与基物接触；颜色因种类而异，子实层表面颜色因种类而异，由鲜艳至暗淡，白色、污白色、米黄色、淡黄色、橙黄色、玫红色、紫红色、紫褐色、绿色、橄榄绿色、铜绿色、褐色、暗褐色至近黑色等；子层托表面平滑或者略粗糙，除个别属外，一般没有特征性的毛状物。

囊盘被组织结构 该科真菌中绝大多数属的外囊盘被为角胞组织、矩胞组织或球胞组织，少数属为交错丝组织，它们在细胞排列方式的细节上表现出多样性。例如，拟爪毛盘菌属（*Unguiculariopsis* Rehm）的外囊盘被细胞为角胞组织至球胞组织，最外层细胞延伸成为基部膨大、顶端变细的钩状毛状物，干髓盘菌属的外囊盘被细胞厚壁并胶化，子层托表面有短小而十分纤细的无色毛状延伸物；又如，胶被盘菌属（*Crocicreas* Fr.）的外囊盘被组织高度胶化，菌丝交错并埋生于胶化的基质中；而膜盘菌属（*Hymenoscyphus* Gray）典型的外囊盘被为矩胞组织，一般不胶化。该科真菌的盘下层多为交错丝组织，有时混杂角胞组织。子实下层或有或无，因种而异，种内相对稳定。外囊盘被的结构、细胞的排列方式、组织胶化程度、表面覆盖层和附属物的特征在属和种的区分上具有重要参考价值。

子囊 该科真菌部分种的子囊由产囊丝钩产生，部分源自特化菌丝的简单分隔。子囊由顶孔释放子囊孢子，多为柱棒状、棒状至近圆柱形，基部略窄，子囊的形状与大小在种内相对稳定。子囊顶孔在 Melzer 试剂中变蓝色或者不变色，碘反应部位的形状因种而异，在种内相对稳定。

子囊孢子 该科真菌的子囊孢子为椭圆形、近椭圆形、纺锤形、长纺锤形、球形、卵圆形、泪滴状至线形，两端对称或者不对称，单细胞或者具分隔，大多无色，暗柔膜菌属 (*Phaeohelotium* Kanouse) 的孢子成熟后略带褐色，而斯特罗盘菌属 (*Strossmayeria* Schulzer) 的孢子在 Melzer 试剂中呈淡蓝色，孢子表面一般平滑，内含油滴或无油滴。紫胶盘菌属 (*Ascocoryne* J.W. Groves & D.E. Wilson) 和芽孢盘菌属 (*Tympanis* Tode) 等少数属的子囊孢子成熟后可以产生子囊分生孢子。

侧丝 该科真菌的侧丝为线形，一般顶端有不同程度的膨大。例如，拟薄盘菌属 (*Cenangiopsis* Rehm) 和 *Ionomidotis irregularis* (Schwein.) E.J. Durand 的侧丝顶端细胞为披针形，华胶垫菌属 (*Sinocalloriopsis* F. Ren & W.Y. Zhuang) 和其他少数属个别种的侧丝顶端膨大呈头状。侧丝的形状和宽度在种内相对稳定。

无性阶段 该科绝大多数种的无性阶段未知。由于部分多型真菌 (pleomorphic fungi) 没有建立一一对应的有性阶段与无性阶段的关联，同一个无性阶段的属对应多个有性阶段类型，而同一个有性阶段的属可能对应着形态不同的无性阶段类型。根据现行的命名法规（墨尔本法规，McNeill et al. 2012），一个真菌一个名称，同一物种只有一个合法名称。我国已知属有性阶段所对应的无性阶段详见表 1，其中有性阶段的属名为正确名称 (Johnston et al. 2014)。

表1 我国柔膜菌科已知属及其对应的无性阶段

有性阶段(建议属名)	无性阶段(废弃属名)
Ascocalyx Naumov	*Bothrodiscus* Shear
Ascocoryne J.W. Groves & D.E. Wilson	*Coryne* Nees
Bisporella Sacc.	*Bloxamia* Berk. & Broome
Chlorociboria Seaver ex C.S. Ramamurthi	*Dothiorina* Höhn.
Claussenomyces Kirschst.	*Dendrostilbella* Höhn.
Crumenulopsis J.W. Groves	*Digitosporium* Gremmen
Cudoniella Sacc.	*Tricladium* Ingold
Encoelia (Fr.) P. Karst.	*Myrioconium* Syd. & P. Syd.
Godronia Moug. & Lév.	*Sporonema* Desm., *Topospora* Fr.
Holwaya Sacc.	*Crinula* Sacc.
Strossmayeria Schulzer	*Pseudospiropes* M.B. Ellis
Tympanis Tode	*Sirodothis* Clem.
Unguiculariopsis Rehm	*Deltosperma* W.Y. Zhuang

营养方式 该科真菌的绝大多数种营腐生生活，生长在潮湿环境下的植物残体上或地表土上；少数营寄生生活，引起植物病害，如薄盘菌属 (*Cenangium* Fr.) 引起松树病害 (Fink 1911)；少数以其他真菌为宿主，表现为重寄生，如拟爪毛盘菌属 (*Unguiculariopsis*

Rehm)通常以担子菌和子囊菌的子实体或菌丝层为基物(Zhuang 1988a)，在人工培养基上难以培养；个别属可与植物共生形成内生菌根，如 *Rhizoscyphus* 属与杜鹃花科植物形成菌根(Kernan and Finocchio 1983；Egger and Sigler 1993；Zhang and Zhuang 2004)。

分类研究进展

柔膜菌科是柔膜菌目中物种多样性最丰富的一个科，该科的子囊盘形态、大小和颜色各异，囊盘被由矩胞组织、角胞组织或球胞组织构成，不产生菌核或者基物子座，子层托表面一般缺少晶杯菌科(Hyaloscyphaceae)中常见的毛状附属物(Nannfeldt 1932；Dennis 1968；Korf 1973)。

Rehm(1892)建立柔膜菌科时，将其分为 Euhelotieae 和 Trichopezizeae 两个亚类群(族)，这两个族中分别包含 4 个和 2 个小类群。

Nannfeldt(1932)系统地对非地衣型无囊盖盘菌进行了分类研究，将柔膜菌科分为 9 个亚科 24 属，并建立了散胞盘菌亚科(Encoelioideae)，包括 7 个属：*Cenangiopsis* Rehm、*Encoelia* (Fr.) P. Karst.、*Encoeliella* Höhn.、*Encoeliopsis* Nannf.、*Holwaya* Sacc.、*Midotiopsis* Henn. 和 *Velutaria* Fuckel (= *Velutarina* Korf ex Korf)。

Dennis(1956)对保存在英国皇家植物园的英国柔膜菌科标本以及欧洲部分类群进行了深入研究，根据寄生性、子囊盘的宏观特征、解剖结构、组织胶化程度、毛状附属物的有无、子囊及侧丝的形态等特征，他将该科划分为 9 个亚科：Ciborioideae、Durelloideae、Eencoelioideae、Helotioideae、Heterosphaerioideae、Ombrophiloideae、Phialeoideae、Scleroderidoideae 和 Trichoscyphelloideae。在对英国的子囊菌进行全面研究时，Dennis(1968)将柔膜菌科真菌纳入 7 个亚科 39 个属；他接受了 Nannfeldt(1932)的分类观点，但将其中的 Trichoscyphelloideae、Phialeoideae 和 Ciborioideae 3 个亚科排除在外，增补了 Polydesmioideae 亚科。

Korf(1973)在对具有盘状子实体和单囊壁子囊的属及属以上分类等级的概念进行了全面的分类和命名方面的清理，将柔膜菌科 [记录为"锤舌菌科"(Leotiaceae)] 的典型特征归纳如下：子囊盘肉质至软骨质，除个别属外无显著的毛状附属物，外囊盘被由长形细胞或矩胞组织至角胞组织构成，囊盘被组织胶化或不胶化，不形成菌核或子座化的结构；他清晰地阐明了柔膜菌科 7 个亚科 58 个属的概念，其分类观点被许多学者采纳(Funk 1975；Torkelsen and Eckblad 1977；Carpenter 1981；Dumont 1981a, 1981b；Dumont and Carpenter 1982；Zhuang 1988c；Sharma 1991；Iturriaga 1994)。

Zhuang(1988a, 1988b, 1988c)曾对柔膜菌科中部分属进行了分类研究，观察了来自世界不同地区的 *Ameghiniella* Speg.、复柄盘菌属(*Cordierites* Mont.)、复聚盘菌属(*Ionomidotis* E.J. Durand ex Thaxt.)、*Parencoelia* Petr.、*Unguiculariopsis* 等材料，阐明了上述属的概念，提供了物种形态特征的详细描述和图示；从形态学角度对散胞盘菌亚科的分类学特征进行了概括,将 19 个属纳入该亚科(Zhuang 1988d)；其后 Zhuang 等(2000)基于 18S rDNA 序列分析的结果，指出散胞盘菌亚科并非一个单系群。Gamundí(1991)也曾对 *Ameghiniella australis* Speg. 和 *Ionomidotis chilensis* E.J. Durand 进行了形态学和组织化学研究，认为此两个种互为同物异名，因此将 *Ionomidotis* 处理为 *Ameghiniella*

的同物异名，这一处理被其后的序列分析结果否定。

Verkley（1992，1993，1995）利用透射电子显微镜观察研究了柔膜菌科部分属种的子囊顶端结构，他发现 *Ombrophila violacea* (Hedw.) Fr. 和新胶鼓菌 *Neobulgaria pura* (Pers.) Petr. 结构相似，提示它们之间的亲缘关系较近；薄盘菌 *Cenangium ferruginosum* Fr. 子囊顶孔很小，呈环状加厚，子囊释放孢子并不是通过顶孔而依赖于不规则开裂；*Encoelia fimbriata* Spooner & Trigaux 的子囊顶端发育良好，该种通过顶端加厚的圆柱形通道释放子囊孢子。

随着对柔膜菌科认识的逐步深入，一些鲜为人知的属种陆续加入该科，新的分类单元不断增加（Baral 1987；Zhuang 1990；Iturriaga 1991，1994；Spooner and Yao 1995；Verkley 1999；Baral and Marson 2000；Diederich and Etayo 2000；Fröhlich and Hyde 2000；Raitviir and Shin 2003；Zhang and Zhuang 2004；Johnston and Park 2005；Gramundí and Messutiv 2006；Halici et al. 2007；Huhtinen et al. 2008；Etayo and Triebel 2010；Johnston et al. 2010；von Brackel 2011；Zheng and Zhuang 2011，2013a，2013b，2013c，2013d，2014，2015a，2015b，2015c 2016a，2016b；Baral et al. 2013a；Ren and Zhuang 2014a，2016a，2016b，2016c）。其中 *Hymenoscyphus* 属包含 160 余种，是该科物种数量最多的一个属；有些属在建立后始终保持单种属或者寡种属的状态，如胶盘菌属（*Ascotremella* Seaver）和假地舌菌属（*Hemiglossum* Pat.）等。据第十版 *Dictionary of the Fungi*（Kirk et al. 2008）记载，柔膜菌科包含 117 个属 826 个种，本卷编研过程中，笔者为该科增添了近 40 个种。

中国柔膜菌科研究简史

中国柔膜菌科的记录可追溯到 19 世纪 90 年代，Patouillard（1890）以我国云南材料为模式发表了 *Hemiglossum* 属。其后，三浦道哉（1930）在辽宁松属植物的枯枝上发现日本薄盘菌 [*Cenangium japonicum* (Henn.) Miura]。国人对柔膜菌科进行分类研究始于 20 世纪 30 年代，早期报道包括 1934 年贺峻峰和王明德在河北发现冷杉薄盘菌 [*C. abietis* (Pers.) Rehm]（戴芳澜 1979），邓叔群（Teng 1934）对 *Chlorosplenium* Fr. 和 *Helotium* Pers. 两个属 6 个种的报道（根据现代分类学观点，多数种已转属），以及欧世璜（Ou 1936）对 *Cenangium*、*Tympanis*、*Helotium*、*Phialea* (Pers.) Gillet 以及 *Humaria* Seaver 等属的少量记载。《中国的真菌》（邓叔群 1963）报道了 *Chlorosplenium* 和 *Helotium* 两属的 12 个种，《中国真菌总汇》（戴芳澜 1979）收录了该科 9 个属 30 个种。截至 2003 年，中国盘菌目录中（Zhuang 1998a，2001，2003）收录柔膜菌科 22 个属 86 个种。近年来，又陆续增添了 2 个属 19 个种（Zhang and Zhuang 2004；Zheng and Zhuang 2011，2013a，2013b，2013c，2013d，2014；Ren and Zhuang 2014a，2014b），并以我国材料为模式建立了拟黄杯菌属 *Calycellinopsis* W.Y. Zhuang、华蜂巢菌属 *Sinofavus* W.Y. Zhuang（Zhuang 1990；Zhuang and Bau Tolgor 2008）和华胶垫菌属 *Sinocalloriopsis* F. Ren & W.Y. Zhuang（Ren and Zhuang 2016c）。目前我国已知柔膜菌科真菌 34 个属 136 个种。

柔膜菌科分子系统学研究简况

采用分子生物学技术辅助解决真菌系统发育问题始于20世纪80年代(Walker and Doolittle 1982；White et al. 1990；Bruns et al. 1991；Hibbett 1992)。Walker 和 Doolittle(1982)率先将5S rDNA 基因序列分析的方法引入真菌分子系统学，探讨了卵菌的部分类群之间的系统发育关系。随着参与序列分析的 DNA 片段不断增加，分子系统学为基于形态学的分类系统的修订和完善提供了有价值的科学依据(O'Donnell et al. 1997，2001；Liu et al. 1999；Berbee and Taylor 2001；Kullnig-Gradinger et al. 2002；Raja et al. 2011)。

目前，国内外尚缺少专门针对柔膜菌科真菌的分子系统学研究。Holst-Jensen 等(1997a，1997b)在探讨核盘菌科属间系统发育关系时，涉及柔膜菌科的 *Encoelia* 属，认为该属应纳入核盘菌科。庄文颖等(Zhuang et al. 2000)基于18S rDNA 序列分析，对过去称之为"散胞盘菌亚科"的6个属之间的关系进行了初步探讨，结果表明散胞盘菌亚科并非单系群。Wang 等(2006a，2006b)和 Tedersoo 等(2009)分别通过 LSU、SSU 和 5.8S rDNA 以及 ITS 和 28S rDNA 片段的序列分析对锤舌菌纲进行了分子系统学研究，将锤舌菌纲划分为不同支系(clade)，对柔膜菌科部分属的分类地位进行了调整。例如，由于绿散胞盘菌属(*Chlorencoelia* J.R. Dixon)与贫盘菌科(Hemiphacidiaceae)的成员聚类在一起，便将该属移入贫盘菌科。Johnston 等(2010)、Lantz 等(2011)的研究也曾涉及柔膜菌科部分属。上述研究结果部分与基于形态特征的分类系统一致，部分则存在矛盾和问题。最近，任菲和庄文颖(2017)对柔膜菌科部分属的系统发育分析表明，该科并非单系群。受实验材料、类群覆盖度、不同基因片段造成的差异、GenBank 数据库(http://www.ncbi.nlm.nih.gov)中柔膜菌科序列的局限性等因素的制约，已有的分子系统学研究结果尚不能全面、客观地反映柔膜菌科各个属之间以及同一个属的种间系统发育关系，建立一个单系的柔膜菌科有待更加深入的工作。

本卷中科的概念遵循 Kirk 等(2008)并参考 Korf(1973)的系统，在没有充足证据前，暂且不采用仅依据序列分析确定的属的分类地位。属的概念主要以形态学为基础(Korf 1973)，并吸纳了近年来分子系统学与经典生物学相一致的分类学处理。

专 论

柔膜菌科 HELOTIACEAE Rehm in Winter, Rabenh. Krypt.-Fl., Edn 2, 1,3(lief. 37), 1892

子囊盘单生或者聚生，多为盘状、杯状、陀螺状，个别种为不规则的勺形、耳状或裂片状，具柄、近无柄或无柄，一般小型，少数中型；子实层表面新鲜时白色、黄色、绿色、玫红色等鲜艳颜色至褐色、暗褐色以至近黑色；子层托表面与子实层同色、稍淡或暗色，平滑、粗糙、糠皮状、微绒毛状或具小突起；外囊盘被为矩胞组织、角胞组织、球胞组织或交错丝组织，不胶化或胶化；盘下层为交错丝组织；子实下层分化明显或不分化；子囊棒状、柱棒状或近圆柱形，多具 8 个子囊孢子，顶孔在 Melzer 试剂中呈蓝色或不变色；子囊孢子形态多样，单细胞或具分隔，通常无色，少数种类淡褐色，部分种可形成子囊分生孢子；侧丝线性，顶端形状因种而异。

模式属：*Helotium* Pers.。

中国柔膜菌科分属检索表

1. 子囊盘胶化，部分组织胶化，或存在胶质层 ·· 2
1. 子囊盘不胶化，不存在胶质层 ··· 16
  2. 子囊盘陀螺状至不规则银耳状 ··· 3
  2. 子囊盘其他形状 ··· 4
3. 外囊盘被两层，外层埋生于胶质中，内层不胶化；子囊孢子表面平滑 ·······新胶鼓菌属 *Neobulgaria*
3. 外囊盘被外层细胞不埋生于胶质中；子囊孢子表面具纵条纹 ······················胶盘菌属 *Ascotremella*
  4. 在子囊中形成子囊分生孢子 ··· 5
  4. 在子囊中不形成子囊分生孢子 ··· 7
5. 子囊盘紫红色至紫色 ··紫胶盘菌属 *Ascocoryne*
5. 子囊盘绿色、橄榄绿色至近黑色 ·· 6
  6. 子实层表面近黑色；形成囊层被 ···芽孢盘菌属 *Tympanis*
  6. 子实层表面绿色、橄榄绿色至近黑色；不形成囊层被 ·························小胶盘菌属 *Claussenomyces*
7. 子层托表面部分被胶质层覆盖，具棒状细胞延伸物；囊盘被组织不胶化 ···
   ···拟黄杯菌属 *Calycellinopsis*
7. 子层托表面不存在胶质覆盖层；囊盘被组织显著胶化至胶化 ··· 8
  8. 子实体扁平呈不规则分枝状；外囊盘被由一层短棒状的大型细胞构成 ···假地舌菌属 *Hemiglossum*
  8. 子实体其他形状；外囊盘被为其他结构 ··· 9
9. 外囊盘被略胶化，为角胞组织、矩胞组织或交错丝组织 ··· 10
9. 外囊盘被明显胶化，为厚壁丝组织或由厚壁菌丝形成的交错丝组织和矩胞组织 ····························· 14
  10. 子囊盘聚生形成半球形的复合子实体 ···华蜂巢菌属 *Sinofavus*
  10. 子囊盘单生至聚生，不形成复合子实体 ··· 11
11. 子层托表面有短小毛状附属物 ··干髓盘菌属 *Xeromedulla*

11. 子层托表面缺乏短小毛状附属物·· 12
    12. 子实层表面绿色至墨绿色；针叶树上生························· 绿胶杯菌属 *Chloroscypha*
    12. 子实层表面其他颜色；其他植物上生··· 13
13. 子囊盘多为淡色，叶生；侧丝顶端膨大呈头状····················· 华胶垫菌属 *Sinocalloriopsis*
13. 子囊盘多为暗色，木生；侧丝顶端不膨大呈头状························ 聚盘菌属 *Ionomidotis*
    14. 外囊盘被由致密且平行排列的菌丝构成；盘下层不发达·········· 异型盘菌属 *Allophylaria*
    14. 外囊盘被由交错丝组织至矩胞组织构成；盘下层发达······························· 15
15. 外囊盘被菌丝埋生于胶质中，排列较疏松······························· 胶被盘菌属 *Crocicreas*
15. 外囊盘被菌丝壁胶化但不埋生于胶质中，排列较紧密················· 小双孢盘菌属 *Bisporella*
    16. 子囊盘边缘明显高于子实层··· 17
    16. 子囊盘边缘与子实层表面基部平齐·· 18
17. 子囊孔口在 Melzer 试剂中变蓝色····································· 长孢盘菌属 *Godronia*
17. 子囊孔口在 Melzer 试剂中不变蓝色··································· 卷边盘菌属 *Ascocalyx*
    18. 外囊盘被表层细胞松散结合，致使子层托表面略呈糠皮状·························· 19
    18. 外囊盘被表层细胞结合不松散，子层托表面近平滑·································· 28
19. 子层托表面被特征性的毛状附属物或菌丝延伸物····································· 20
19. 子层托表面无特征性的毛状附属物或菌丝延伸物····································· 23
    20. 子层托表面被菌丝延伸物······································· 复柄盘菌属 *Cordierites*
    20. 子层托表面被特征性的毛状附属物·· 21
21. 毛状附属物基部膨大，顶端变细而弯曲；子囊盘真菌上生········ 拟爪毛盘菌属 *Unguiculariopsis*
21. 毛状附属物细小或不规则弯曲；子囊盘其他基物上生······························· 22
    22. 子实层表面铜绿色，通常使基物染色····························· 绿杯菌属 *Chlorociboria*
    22. 子实层表面污黄色、橄榄绿色至墨绿色，基物不着色················ 绿散胞菌属 *Chlorencoelia*
23. 外囊盘被夹杂大型泡状细胞；子囊孢子阔椭圆形至椭圆形，初无色，成熟后变为淡褐色··········
    ·· 丝绒盘菌属 *Velutarina*
23. 外囊盘被无大型泡状细胞；子囊孢子其他形状······································ 24
    24. 侧丝披针形·· 拟薄盘菌属 *Cenangiopsis*
    24. 侧丝非披针形·· 25
25. 子囊孢子具多分隔··· 26
25. 子囊孢子单细胞··· 27
    26. 子囊孢子梭形至梭棒状······································· 拟散胞盘菌属 *Encoeliopsis*
    26. 子囊孢子线形·· 霍氏盘菌属 *Holwaya*
27. 子囊盘多突破寄主组织；子实层表面暗色······························· 薄盘菌属 *Cenangium*
27. 子囊盘不突破寄主组织；子实层表面色较淡······························ 散胞盘菌属 *Encoelia*
    28. 外囊盘被为角胞组织·· 29
    28. 外囊盘被为矩胞组织·· 30
29. 子囊孢子成熟后变褐色································· 暗柔膜菌属 *Phaeohelotium*
29. 子囊孢子成熟后无色···································· 暗被盘菌属 *Crumenulopsis*
    30. 外囊盘被细胞的长轴与外表面呈锐角······························· 半杯菌属 *Calycina*
    30. 外囊盘被细胞的长轴与外表面不呈锐角··· 31
31. 子囊孢子在 Melzer 试剂中呈淡蓝色；子囊盘陀螺形，无柄············ 斯特罗盘菌属 *Strossmayeria*
31. 子囊孢子在 Melzer 试剂中不变色；子囊盘其他形状，多具柄··························· 32
    32. 子囊盘具柄，盘面中部明显向上隆起······························· 小地锤菌属 *Cudoniella*
    32. 子囊盘的盘面中部不隆起或稍隆起··· 33
33. 子囊盘带粉色色调，侧面外囊盘被含大细胞构成的角胞组织··········· 玫红盘菌属 *Roseodiscus*

33. 子囊盘无粉色色调，侧面外囊盘被不含大细胞构成的角胞组织············ 膜盘菌属 *Hymenoscyphus*

异型盘菌属 Allophylaria (P. Karst.) P. Karst.
Not. Sällsk. Fauna Fl. Fenn. Förh. 11: 243, 1870

Peziza sect. *Allophylaria* P. Karst., Not. Sällsk. Fauna Fl. Fenn. Förh. 10: 103, 1869
Helotidium Sacc., Botan. Zbl. 18: 217, 1884

子囊盘散生，盘状，边缘平滑，具柄、短柄至无柄，子实层表面透明的黄色至淡褐色，子层托表面光滑、绒毛状至纤毛状；外囊盘被为厚壁丝组织，胶化，菌丝与子层托表面近平行，无色，厚壁，不分枝或少分枝，盘下层为薄壁丝组织，一般发育不良，菌丝无色，不胶化；子囊棒状至近圆柱形，具8个子囊孢子，孔口在 Melzer 试剂中呈蓝色或不变色；子囊孢子椭圆形、梭形至线形，平滑，大多无色，无隔至多隔；侧丝线形，顶端略膨大或不膨大，与子囊顶部近等高或略高。

选模式种：*Allophylaria subliciformis* (P. Karst.) P. Karst.。

讨论：Karsten (1870) 建立 *Allophylaria* 属时没有指定模式种，Nannfeldt (1932) 将 *A. subliciformis* 处理为该属的选模式种。该属曾被列为 *Pezizella* Fuckel、*Cyathicula* De Not.、*Pezicula* Tul. & C. Tul. 的异名，Arendholz (1989) 对其分类和命名问题进行了较详细的概括。由于它与相近属的区别显著，将其处理为独立的属 (Beaton and Weste 1977；Graddon 1977；Carpenter 1981；Arendholz 1989)。

该属的主要鉴别特征是外囊盘被由无色且不易着色、厚壁、少分枝的菌丝构成，菌丝与子层托表面平行或呈小角度，盘下层发育不良。该属目前已知约 6 个种 (Kirk et al. 2008)，我国发现 2 个种 (Zheng and Zhuang 2016a)。子囊的大小以及子囊孢子大小和分隔数目是该属区分种的主要依据。

中国异型盘菌属分种检索表

1. 子囊孢子长度大于 20 μm ·· 果荚生异型盘菌 *A. atherospermatis*
1. 子囊孢子长度小于 20 μm ·· 小孢异型盘菌 *A. minispora*

果荚生异型盘菌　图 1

Allophylaria atherospermatis G.W. Beaton, Trans. Br. Mycol. Soc. 70: 76, 1978. Zheng & Zhuang, Mycosystema 35: 804, 2016.

子囊盘散生至少数几个簇生，平展至上凸，干后下凹，直径 0.4–0.8 mm，具柄，子实层表面污白色，干后红褐色，回水后半透明，子层托与子实层同色，柄与子层托同色或略淡，长 0.5–0.8 mm；外囊盘被为厚壁丝组织，厚 16.5–71.5 μm，胶化，菌丝与表面平行排列或呈小角度，无色，宽 4–6 μm；盘下层为薄壁丝组织，厚 80–110 μm，菌丝无色，宽 2–4 μm；子实下层不分化；子实层厚 190–205 μm；子囊生于产囊丝钩，柱棒状，顶端圆，具长柄，具 8 个子囊孢子，孔口在 Melzer 试剂中呈蓝色，为两条上宽下窄的蓝线，165–192 × 9.5–12.5 μm；子囊孢子梭形，无色，具 3 个分隔，多油滴，在子囊中呈不规则单列或不规则双列排列，22–35 × 4.2–5.8 μm；侧丝线形，顶端略膨大，顶部宽 2.5–3.5 μm，基部宽 1–2 μm，与子囊顶部近等高。

基物：腐木。

标本：云南景洪昆景公路 710 km 路标处，海拔 1000 m，1999 X 20，腐木上生，庄文颖、余知和 3169，HMAS 273774。

世界分布：中国、澳大利亚。

讨论：*Allophylaria atherospermatis* 原产于澳大利亚，生于 *Atherosperma moschatum* Labill. 的果荚上，与中国材料相比，模式标本子囊略宽 (150–170 × 12–15 μm)，子囊孢子也宽些 (23–30 × 5.5–7.5 μm) (Beaton and Weste 1978)。

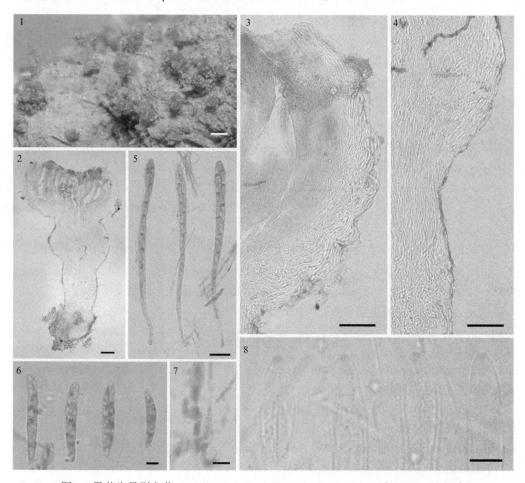

图 1　果荚生异型盘菌 *Allophylaria atherospermatis* G.W. Beaton (HMAS 273774)
1. 自然基物上的子囊盘(干标本)；2. 子囊盘解剖结构；3. 囊盘被结构(子囊盘边缘和子层托中部)；4. 柄的结构；
5. 子囊；6. 子囊孢子；7. 产囊丝钩；8. 子囊孔口碘反应。比例尺：1 = 0.5 mm；2 = 100 μm；3、4 = 50 μm；5 = 20 μm；
6、7 = 5 μm；8 = 10 μm

小孢异型盘菌　图 2

Allophylaria minispora H.D. Zheng & W.Y. Zhuang, Mycosystema 35: 803, 2016.

子囊盘散生，盘状，边缘平滑，直径 0.5–0.9 mm，短柄，子实层表面类白色，干后奶油色至略带橙色调，子层托与子实层同色，光滑至被短绒毛，柄与子层托同色，被短绒毛，基部不黑，长 0.3–0.4 mm；外囊盘被为厚壁丝组织，胶化，表面有结晶，与子层托表面近平行或成小角度，厚 20–82 μm，内部菌丝无色，略微厚壁，反射性强，宽 1–4 μm，表面 1–2 层菌丝淡褐色，末端不胶化，边缘菌丝的末端细胞略膨大；盘下层为薄壁丝组织，发育不良，厚 10–55 μm，菌丝无色，宽 1–1.5 μm；子实下层未分化；子实层厚 38–40 μm；子囊产生于产囊丝钩，柱棒状，顶端圆，长柄，具 8 个子囊孢子，孔口在 Melzer 试剂中呈蓝色，为两条短粗的蓝线，36–45 × 3.8–4 μm；子囊孢子近梭形，单细胞，无油滴，在子囊中呈单列至不规则双列排列，4.3–5.5 × 1.5–2 μm；侧丝线形，宽 1.5–2 μm，与子囊顶部近等高。

基物：草本植物茎。

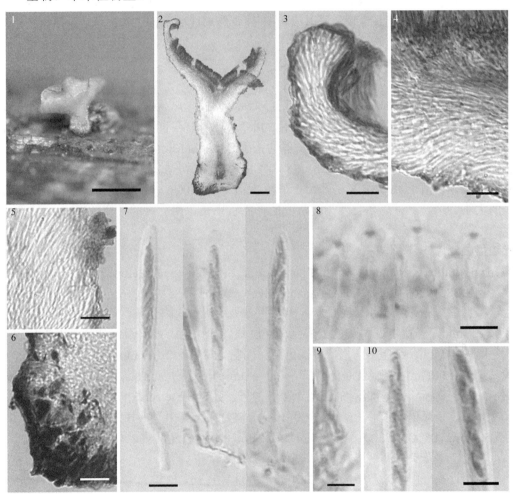

图 2　小孢异型盘菌 Allophylaria minispora H.D. Zheng & W.Y. Zhuang（HMAS 271409）
1. 自然基物上的子囊盘（干标本）；2. 子囊盘解剖结构；3. 囊盘被结构（子囊盘边缘）；4. 囊盘被结构（子层托中部）；5. 柄的结构（中部）；6. 柄的结构（基部）；7. 子囊；8. 子囊孔口碘反应；9. 产囊丝钩；10. 子囊孢子。
比例尺：1 = 0.5 mm；2 = 100 μm；3–6 = 20 μm；7 = 10 μm；8–10 = 5 μm

标本：云南西畴小桥沟，海拔 1400 m，1999 XI 11，草本植物茎上生，庄文颖、余知和 3413，3412，HMAS 271409（主模式），271410。

世界分布：中国。

讨论：该种的外囊盘被由近乎平行排列、厚壁、不易着色的菌丝构成，盘下层发育不良，符合 *Allophylaria* 属的基本特征。*Allophylaria minispora* 的子囊孢子近梭形、单细胞、无油滴，并且较小，易于与该属其他已知种相区分。

卷边盘菌属 Ascocalyx Naumov
Bolêz. Rast 14: 138, 1925

子囊盘浅杯状至陀螺状，单生至群生，黑色；外囊盘被多为角胞组织；子囊柱棒状，具8个子囊孢子，孔口在Melzer试剂中不变色；子囊孢子梭形至长柱状，在子囊中多为不规则双列排列；侧丝线形，具分隔。无性阶段形成分生孢子座，分生孢子无色，多分隔。

模式种：*Ascocalyx abietis* Naumov。

讨论：Naumov(1925)以 *Ascocalyx abietis* Naumov 为模式建立了 *Ascocalyx* 属。Groves(1936)通过对加拿大一份材料进行培养，确立了 *Ascocalyx abietis* 和 *Bothrodiscus pinicola* Shear 之间有性阶段与无性阶段的关联；根据现行的国际命名法规，一个真菌一个名称，建议将 *Ascocalyx* 作为该类群的正确名称(Johnston et al. 2014)。Groves(1968)描述了2个种，Müller 和 Dorworth(1983)将 *Gremmeniella juniperina* K. Holm & L. Holm 转入该属。目前，*Ascocalyx* 属已知6个种(Kirk et al. 2008)，我国发现1个种。子囊孢子的大小、形状、分隔数目及无性阶段的形态特征是该属分种的主要依据。

卷边盘菌　图3, 图4
Ascocalyx abietis Naumov, Morbi Plant. Script. Sect. Phytopath. Hort. Bot. Prince. USSR 14: 138, 1926 [1925]. Ren & Zhuang, Mycosystema 35: 519, 2016.

子囊盘突破寄主组织，陀螺状，多聚生，边缘整齐或略呈波状，革质，近无柄，直径0.5–1 mm，子实层表面灰色至黑色，子层托表面黑色，近平滑；外囊盘被为角胞组织，厚19–42 μm，细胞多角形，浅棕色至深棕色，3–11 × 2.5–8 μm；盘下层为交错丝组织，厚168–346 μm，菌丝无色、薄壁，宽2–4 μm；子实下层厚18–27 μm；子实层厚117–131 μm；子囊棒状，基部渐细，具8个子囊孢子，孔口在Melzer试剂中不变色，88–107 × 10–13 μm；子囊孢子梭形，壁平滑，0–1 个分隔，在子囊中呈不规则双列排列，14–20 × 3.5–5.5 μm；侧丝线形，具分隔，宽1.5–2.5 μm，不形成囊层被。

基物：多于针叶树树枝上生。

标本：新疆和静巩乃斯，海拔2170 m，2003 VIII 16，松枝上生，庄文颖、农业4983，HMAS 252885；和静巩乃斯，海拔2170 m，2003 VIII 16，松枝上生，庄文颖、农业4990，HMAS 266679。

世界分布：中国、芬兰、瑞典、美国、加拿大、澳大利亚。

讨论：在北欧和北美，该种常生于冷杉上(Dennis 1968)。中国标本的形态特征与Groves(1936)对该种的描述基本一致，子囊略宽 [88–107 × 10–13 μm vs. 60–100 (–125)× 9.5–11 μm，见 Naumov 1925]，但未见多分隔(1–5 分隔)子囊孢子，未发现无性阶段。

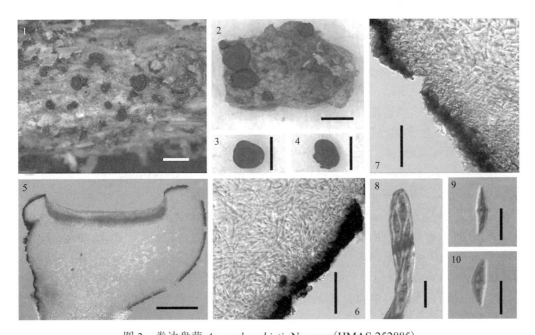

图 3　卷边盘菌 *Ascocalyx abietis* Naumov（HMAS 252885）

1、2. 自然基物上的子囊盘；3、4. 回水后的子囊盘；5. 子囊盘解剖结构；6、7. 囊盘被结构；8. 子囊的上部；9、10. 子囊孢子。比例尺：1–4 = 1 mm；5 = 200 μm；6 = 100 μm；7 = 50 μm；8–10 = 10 μm

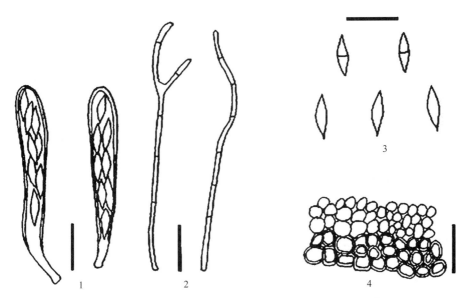

图 4　卷边盘菌 *Ascocalyx abietis* Naumov（HMAS 252885）

1. 子囊；2. 侧丝；3. 子囊孢子；4. 外囊盘被结构。比例尺：1–4 = 20 μm

紫胶盘菌属 Ascocoryne J.W. Groves & D.E. Wilson

Taxon 16: 40, 1967

Pseudocenangium A. Knapp, Schweiz. Z. Pilzk. 2: 52, 1924

子囊盘盘状，无柄至具短柄，胶质，子实层表面多为紫色至紫红色，子层托表面淡紫色、紫色、紫红色至紫褐色；外囊盘被为角胞组织至球胞组织；盘下层为交错丝组织，通常胶化；子囊柱棒状，具8个子囊孢子；子囊孢子椭圆形、长椭圆形至长梭形，具分隔，无色；侧丝线形。

模式种：*Ascocoryne sarcoides* (Jacq.) J.W. Groves & D.E. Wilson。

讨论：Groves和Wilson（1967）提出产生子囊盘的有性阶段用*Ascocoryne*取代*Coryne* Nees 并指定*Ascocoryne sarcoides*为模式种，建立了*Ascocoryne*属。其后，该属物种数量有所增加（Korf 1971; Kucera and Lizoň 2005），目前已知9个种（Kirk et al. 2008; Johnston et al. 2014）。根据现行的国际命名法规以及锤舌菌纲命名专家委员会的讨论，建议使用*Ascocoryne*作为该类群的属名。我国已知2个种（邓叔群 1963；戴芳澜 1979；Zhuang and Korf 1989）。囊盘被解剖结构、子囊大小及子囊孢子形状和大小是该属分种的主要依据。

中国紫胶盘菌属分种检索表

1. 子囊 152–223 × 8–11.5(–12.5) μm；子囊孢子长梭形，17–30 × 4.5–6(–6.5) μm ·· 杯紫胶盘菌 *A. cylichnium*
1. 子囊 115–182 × 7.5–11 μm；子囊孢子椭圆形至长椭圆形，15–22(–24) × 4–5 μm ·· 肉质紫胶盘菌 *A. sarcoides*

杯紫胶盘菌 图 5

Ascocoryne cylichnium (Tul.) Korf, Phytologia 21(4): 202, 1971. Zhuang & Korf, Mycotaxon 35: 309, 1989.

≡ *Peziza cylichnium* Tul., Annls Sci. Nat., Bot., Sér. 3, 19: 174, 1853.

= *Coryne urnalis* (Nyl.) Sacc., Mycotheca Veneti: no. 69, 1875. Teng, Fungi of China p. 251, 1963. Tai, Sylloge Fungorum Sinicorum p. 117, 1979.

子囊盘状至浅杯状，多聚生，无柄，胶质，直径 2–15 mm，子实层表面新鲜时紫红色至暗紫红色，子层托颜色稍暗，紫褐色，表面略呈糠皮状；外囊盘被为角胞组织至球胞组织，外表常具锥形突起物，厚 45–80(–100) μm（不计突起物高度），细胞多角形至近球形，近无色至略带淡褐色，4–20 × 5–13 μm；盘下层为交错丝组织，高度胶化，厚 75–500 μm，部分采集物组织中带有近无色至淡黄色结晶，菌丝无色至近无色，壁具有折射性，宽 2–3 μm；子实下层分化不显著或者不分化；子实层厚 180–240 μm；子囊由产囊丝钩产生，柱棒状至长柱棒状，具8个子囊孢子，在 Melzer 试剂中明显呈蓝色，152–223 × 8–11.5(–12.5) μm；子囊孢子梭形，壁平滑，无隔至5个分隔，在棉蓝中常见一暗蓝色染色区，具多个小油滴，部分标本可见大量子囊分生孢子，在子囊中呈不规则单列至不规则双列排列，17–30 × 4.5–6(–6.5) μm；侧丝线形，顶端略膨大，顶端宽 2–

2.5 μm，基部宽 1.5 μm。

基物：腐木上生。

标本：北京东灵山，海拔 1100 m，1998 VIII 19，腐木上生，王征 254，HMAS 74664；东灵山，海拔 1150 m，1998 VIII 20，腐木上生，王征 278，HMAS 74658；东灵山，海拔 1100 m，1998 VIII 21，腐木上生，王征 2288，HMAS 76047。黑龙江伊春带岭凉水林场，海拔 400–500 m，1996 VIII 27，腐木上生，庄文颖、王征 1283，HMAS 275611；伊春带岭凉水林场，海拔 400 m，1996 VIII 30，腐木上生，庄文颖、王征 1363，HMAS 275612；伊春带岭凉水林场，海拔 400 m，1996 VIII 31，腐木上生，庄文颖、王征 1376，HMAS 275613；伊春乌伊岭，海拔 270 m，2014 VIII 26，腐木上生，曾昭清、郑焕娣、秦文韬 9192，HMAS 271308。湖北神农架金猴岭，海拔 1800 m，2004 IX 16，腐木上生，庄文颖 5734-1，HMAS 275614；神农架金猴岭，海拔 2250 m，2014 IX 13，腐木上生，郑焕娣、曾昭清、秦文韬、陈凯 9488，HMAS 275615；神农架金猴岭，海拔 2500 m，2014 IX 14，腐木上生，郑焕娣、曾昭清、秦文韬、陈凯 9498，9500，9512，

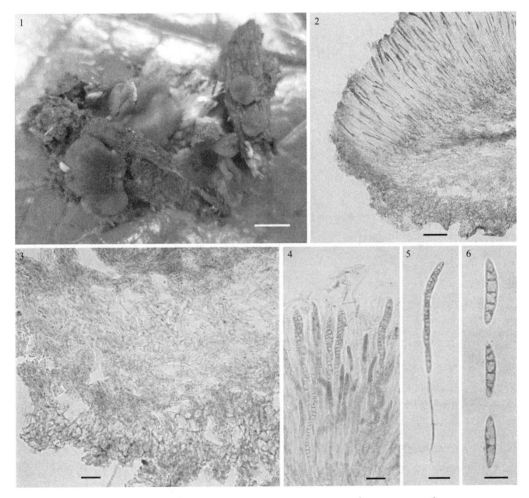

图 5　杯紫胶盘菌 *Ascocoryne cylichnium* (Tul.) Korf（HMAS 275616）

1. 自然基物上的新鲜子囊盘；2. 子囊盘边缘和侧面的解剖结构；3. 囊盘被结构；4. 子实层；5. 子囊；6. 子囊孢子。

比例尺：1 = 5 mm; 2 = 50 μm; 3–5 = 20 μm; 6 = 10 μm

HMAS 275616、275617、275618；神农架，海拔2000 m，2014 IX 16，腐木上生，郑焕娣、曾昭清、秦文韬、陈凯9690，HMAS 275619；神农架，海拔2000 m，2014 IX 16，腐木上生，郑焕娣、曾昭清、陈凯、秦文韬9694，HMAS 275620；神农架乔能沟，海拔1950 m，2014 IX 16，腐木上生，陈凯、曾昭清、秦文韬、郑焕娣9742，HMAS 275621。云南屏边大围山，海拔1900 m，1999 XI 4，腐木上生，庄文颖、余知和3250，HMAS 275622；西畴小桥沟，海拔1400 m，腐木上生，1999 XI 11，庄文颖、余知和3387，HMAS 275623；西双版纳，海拔600 m，1988 X 24，R.P. Korf，腐木上生，臧穆、陈可可、庄文颖299，HMAS 72158。西藏波密卓隆沟，海拔3000 m，2016 IX 18，腐木上生，郑焕娣、王新存、余知和、曾昭清、陈凯、张玉博10903，HMAS 275639；鲁朗，海拔3450 m，2016 IX 23，腐木上生，郑焕娣、王新存、余知和、曾昭清、陈凯、张玉博11185，11187，11189，HMAS 275643，275641，275642；墨脱德兴乡食用菌基地，海拔800 m，2016 IX 21，腐木上生，陈凯、郑焕娣、王新存、曾昭清、张玉博、余知和11068，HMAS 275640。青海互助北山，海拔2800–3000 m，2004 VIII 15，腐木上生，庄文颖、刘超洋5334，HMAS 275624。

世界分布：中国、日本、韩国、丹麦、英国、意大利、西班牙、瑞典、挪威、俄罗斯、阿根廷、美国、加拿大、新西兰。

讨论：该种为世界广布种。除了上述采集地外，据邓叔群(1963)和戴芳澜(1979)记载，它在四川、广西等地也有分布。

肉质紫胶盘菌　图6

Ascocoryne sarcoides (Jacq.) J.W. Groves & D.E. Wilson, Taxon 16: 40, 1967.

≡ *Coryne sarcoides* (Jacq.) Tul. & C. Tul., Select. Fung. Carpol. 3: 190, 1865. Teng, Fungi of China p. 251, 1963. Tai, Sylloge Fungorum Sinicorum p. 117, 1979.

子囊盘状至浅杯状，多聚生，无柄，胶质，直径1–15 mm，子实层表面新鲜时淡紫红色、紫红色至紫色，子层托与子实层一般同色；外囊盘被为角胞组织混合交错丝组织，外表有较低或者无明显突起物，厚20–90 μm（不计突起物高度），细胞多角形至近球形，近无色，5–20 × 5–15 μm；盘下层为交错丝组织，高度胶化，厚70–700 μm，菌丝无色至近无色，壁具有折射性，宽1.5–2.5 μm；子实下层不分化；子实层厚145–215 μm；子囊由产囊丝钩产生，长柱棒状，具8个子囊孢子，在 Melzer 试剂中明显呈蓝色，115–182 × 7.5–11 μm；子囊孢子近梭形，两端钝圆，壁平滑，初无隔，成熟时1–3个分隔，通常具2个大油滴，在子囊中呈单列至不规则双列排列，15–22(–24) × 4–5 μm；侧丝线形，顶端膨大呈头状或略膨大，顶端宽2–4 μm，基部宽1.5 μm。

基物：腐木上生。

标本：北京东灵山，海拔1200 m，1998 IX 16，腐木上生，王征2255，HMAS 74643。湖北神农架，海拔2000 m，2014 IX 13，腐木上生，郑焕娣、曾昭清、秦文韬、陈凯9438，HMAS 275625；神农架，海拔2500 m，2014 IX 14，腐木上生，曾昭清、郑焕娣、秦文韬、陈凯9522，HMAS 275626；神农架，海拔2250 m，2014 IX 15，腐木上生，曾昭清、郑焕娣、秦文韬、陈凯9622，HMAS 275627；神农架黄宝坪，海拔1750 m，2014 IX 16，腐木上生，郑焕娣、曾昭清、秦文韬、陈凯9646，HMAS 275628。云南屏边大围山，海拔1900 m，1999 XI 4，腐木及腐烂树皮上生，庄文颖、余知和3246，3272，3293，HMAS 275629，275630，275631；屏边大围山，海拔1900 m，1999 XI 5，腐木上生，庄文颖、余知和3327，HMAS 275632；西畴小桥沟，海拔1400 m，1999 XI 11，腐木上生，庄文颖、余知和3427，HMAS 275633；西畴小桥沟，海拔1450 m，1999 XI 12，腐木上生，庄文颖、余知和3443，HMAS 275634。西藏鲁朗，2016 IX 23，腐木上生，郑焕娣、余知和、曾昭清、张玉博、陈凯11247，HMAS 275638。青海互助北山，海拔2800–3000 m，2004 VIII 15，腐木上生，庄文颖、刘超洋5327，HMAS 275635。

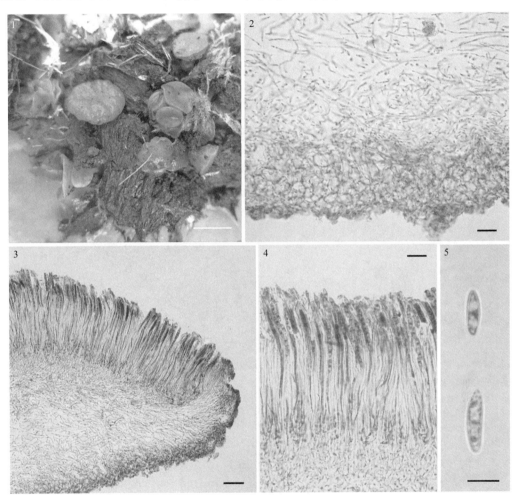

图6 肉质紫胶盘菌 *Ascocoryne sarcoides* (Jacq.) J.W. Groves & D.E. Wilson（HMAS 275626）
1. 自然基物上的子囊盘；2. 子囊盘解剖结构；3. 囊盘被结构；4. 子实层；5. 子囊及子囊孢子。
比例尺：1 = 5 mm； 2、4 = 20 μm；3 = 50 μm；5 = 10 μm

世界分布：中国、格鲁吉亚、丹麦、英国、芬兰、德国、意大利、西班牙、瑞典、圣多美和普林西比国、南非、巴西、美国、加拿大、新西兰。

讨论：该种在世界广泛分布，子囊和子囊孢子都较 *Ascocoryne cylichnium* 的短。据邓叔群（1963）和戴芳澜（1979）报道，它还在安徽、海南和广东分布。

胶盘菌属 Ascotremella Seaver

Mycologia 22: 53, 1930

子囊盘脑状至陀螺形，胶质，无柄至近无柄；外囊盘被外为角胞组织；盘下层为交错丝组织；子囊柱状，具8个子囊孢子，孔口在Melzer试剂中不变色；子囊孢子椭圆形，单细胞，无色；侧丝线形，分枝或不分枝。

模式种：*Ascotremella faginea* (Peck) Seaver。

讨论：在建立 *Ascotremella* 属时，Seaver(1930)描述了2个种。至今为止，该属种的数量没有增加，已知仍然为2个种(Kirk et al. 2008)。我国仅发现1个种(戴芳澜 1979)。子囊盘的形状、子囊孢子的大小和形状是该属区分种的主要依据。

邓叔群(1963)和戴芳澜(1979)曾报道 *Ascotremella turbinata* Seaver，按照 Korf(1973)的分类观点，其正确名称为 *Neobulgaria pura* (Pers.) Petr.。

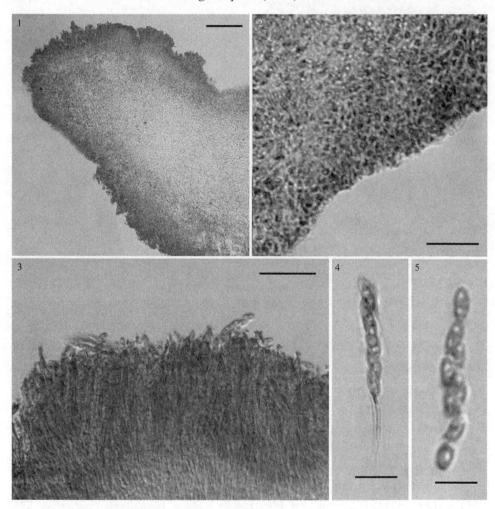

图7 山毛榉胶盘菌 *Ascotremella faginea* (Peck) Seaver (HMAS 33797)
1. 子囊盘解剖结构；2. 囊盘被结构；3. 子实层结构；4、5. 子囊孢子。比例尺：1 = 100 μm；2 = 20 μm；3 = 30 μm；4、5 = 10 μm

山毛榉胶盘菌　图 7

Ascotremella faginea (Peck) Seaver, Mycologia 22(2): 53, 1930. Tai, Sylloge Fungorum Sinicorum p. 71, 1979.

≡ *Haematomyces fagineus* Peck, Ann. Rep. Reg. N.Y. St. Mus. 43: 33, 1890.

子囊盘裂片状至脑状，多聚生，胶质，无柄，直径2–3.5 cm，子实层表面紫褐色至发污的红紫色，子层托表面色略暗，近平滑；外囊盘被为角胞组织，厚31–85 μm，细胞多角形，无色至褐色，5–11 × 3–8 μm；盘下层为交错丝组织，厚37–188 μm，菌丝无色，薄壁，宽2–4 μm；子实下层厚18–27 μm；子实层厚65–73 μm；子囊近柱状，基部渐细，具8个子囊孢子，孔口在 Melzer 试剂中不变色，49–60 × 10–13 μm；子囊孢子窄椭圆形，壁平滑，多具2个油滴，在子囊中呈不规则单列排列，6.5–8 × 3.5–4.3 μm；侧丝线形，宽1–2.5 μm。

基物：腐木上生。

标本：广西隆林金中山，海拔1720 m，1957 X 16，腐木上生，徐连旺331，HMAS 33797。

世界分布：中国、英国、挪威、西班牙、阿根廷、美国、新西兰。

讨论：该种的模式产地为美国纽约州，生长于美洲水青冈及椴树属树干上（Seaver 1930）。我国标本的形态特征与原始描述基本一致，子囊略长（49–60 μm vs. 50 μm），子囊孢子略大（6.5–8 × 3.5–4.3 μm vs. 6–7 × 3–4 μm）。

小双孢盘菌属 Bisporella Sacc.

Botan. Zbl. 18: 218, 1884

Calycella Quél., Enchir. Fung. p. 305, 1886

子囊盘盘状、杯状至平展，无柄至具柄，子实层表面鲜黄色、橘黄色、淡黄色、米色至米黄色，子层托表面与子实层同色或略淡，近平滑；外囊盘被为厚壁丝组织、矩胞组织至交错丝组织，偶见角胞组织，或为不同组织结构的混合体，胶化；盘下层为交错丝组织，通常不胶化，菌丝无色；子囊柱棒状，通常具8个子囊孢子，少数种具4个子囊孢子，孔口在 Melzer 试剂中变色或不变色；子囊孢子近梭形、梭椭圆形至长椭圆形、梭形两端钝圆或蠕虫状，单细胞、具一个分隔或多个分隔；侧丝线形。

模式种：*Bisporella monilifera* (Fuckel) Sacc.。

讨论：该属的子囊盘盘状，通常小型，具黄色色调，外囊盘被组织胶化，子囊孢子多具1个分隔,少数无隔或具多分隔。Korf 和 Carpenter（1974）的研究指出，*Bisporella* 是过去称之为 *Calycella* 的一类盘菌的正确名称，将 *Calycella* 属的 4 个种转至 *Bisporella*。随着属的概念不断清晰，该属在世界各地的种类随之增加（Dennis 1956，1978；Carpenter 1975，1981；Beaton and Weste 1978；Korf 1982；Sharma and Korf 1982；Arendholz and Sharma 1983；Korf and Bujakiewicz 1985；Seifert and Carpenter 1987；Lizoň and Korf 1995；Gamundí and Romero 1998），目前已知约 19 个种（Kirk et al. 2008）。本研究采纳了 Korf 和 Carpenter 的属、种概念和分类观点。我国曾报道 3 个种（邓叔群 1963；戴芳澜 1979；Korf and Zhuang 1985a）。对柔膜菌科真菌进行研究表明，我国该类群的物

种多样性丰富，已发现 14 个种，包括近期以我国材料为模式发表的 7 个新种和报道的 4 个中国新记录种（包括一个因材料有限，不足以作为模式而未加以命名的种）(Zhuang et al. 2017)。

关于 *Bisporella* 属在柔膜菌目中的分类地位以及其与其他属之间的关系，由于参与序列分析的类群过少，它在该目中的系统发育位置尚待确定（任菲和庄文颖 2017）。子囊盘的形状、颜色和大小，外囊盘被的结构，子囊孢子的形状和大小是该属区分种的主要依据。

中国小双孢盘菌属分种检索表

1. 子实下层在 Melzer 试剂中变淡蓝色···碘蓝小双孢盘菌 *B. iodocyanescens*
1. 子实下层在 Melzer 试剂中不变色·· 2
   2. 子囊盘生于蕨类组织上·· 蕨生小双孢盘菌 *B. pteridicola*
   2. 子囊盘生于种子植物残体上··· 3
3. 子囊具 4 个子囊孢子··· 四孢小双孢盘菌 *B. tetraspora*
3. 子囊具 4 个以上子囊孢子··· 4
   4. 子囊孢子线形至蠕虫状，具 6–10 个分隔··· 线孢小双孢盘菌 *B. filiformis*
   4. 子囊孢子其他形状，分隔较少··· 5
5. 子囊孢子具 3 个分隔··· 三隔小双孢盘菌 *B. triseptata*
5. 子囊孢子不具 0–1 个分隔·· 6
   6. 子囊孢子 28–37.5×4.5–6 µm·· 大孢小双孢盘菌 *B. magnispora*
   6. 子囊孢子长度小于 28 µm·· 7
7. 外囊盘被主要为矩胞组织至角胞组织·· 8
7. 外囊盘被主要为交错丝组织·· 9
   8. 子囊盘直径 0.3–0.9 mm；子囊孢子单细胞，4.6–6 × 2.2–2.8 µm··········· 湖北小双孢盘菌 *B. hubeiensis*
   8. 子囊盘直径 1.5–5 mm；子囊孢子具一个分隔，6–9.5 × 3–4 µm············ 中国小双孢盘菌 *B. sinica*
9. 外囊盘被与盘下界限不明显··· 黄小双孢盘菌 *B. claroflava*
9. 外囊盘被与盘下层界限分明··· 10
   10. 子囊 30–35×4.5–5 µm；子囊孢子 4.8–5.8 × 1.5–2.5 µm···
··· 小双孢盘菌属一未定名种 *Bisporella* sp. 3999
   10. 子囊长度大于 35 µm；子囊孢子长度大于 6 µm··· 11
11. 子囊 90–155 × 5–7.5(–8.5) µm，子囊孢子 9–13.5(–14) × 3–4(–4.5) µm··· 橘色小双孢盘菌 *B. citrina*
11. 子囊和子囊孢子较短·· 12
   12. 子囊 50–65 × 4–5 µm；子囊孢子单细胞·································· 近白小双孢盘菌 *B. subpallida*
   12. 子囊 88–114 × 4.5–5.5 µm；子囊孢子 0–1 分隔·· 13
13. 外囊盘被厚 15–25 µm··· 香地小双孢盘菌 *B. shangrilana*
13. 外囊盘被厚 38–84 µm··· 山地小双孢盘菌 *B. montana*

橘色小双孢盘菌　图 8

Bisporella citrina (Batsch) Korf & S.E. Carp., Mycotaxon 1: 58, 1974. Zhuang, Zheng & Ren, Mycosystema 36: 417, 2017.

  ≡ *Peziza citrina* Batsch, Elench. Fung., cont. sec. (Halle): 95, 1789.

= *Octospora citrina* Hedw., Descr. Micr.-anal. Musc. Frond. 2: 28, tab. 8B, figs. 1-7, 1789.

  ≡ *Helotium citrinum* (Hedw.) Fr., Summa Veg. Scand., Section Post. (Stockholm): 355,

1849. Teng, Fungi of China p. 266, 1963.

≡ *Calycella citrina* (Hedw.) Boud., Bull. Soc. Mycol. Fr. 1: 112, 1885. Tai, Sylloge Fungorum Sinicorum p. 92, 1979.

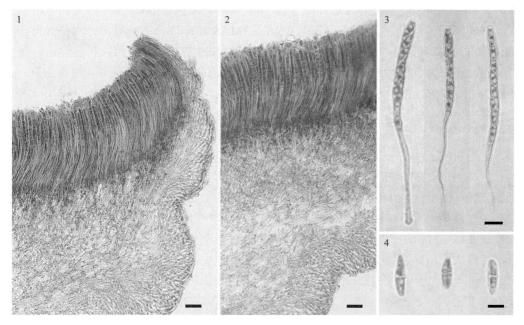

图 8　橘色小双孢盘菌 *Bisporella citrina* (Batsch) Korf & S.E. Carp.（HMAS 271313）
1、2. 子囊盘解剖结构；3. 子囊；4. 子囊孢子。比例尺：1、2 = 20 μm；3 = 10 μm；4 = 5 μm

子囊盘盘状，边缘整齐，具短柄，直径0.7-7 mm，子实层表面新鲜时鲜黄色、黄色至淡粉黄色，子层托与子实层同色或略浅，表面平滑；外囊盘被为交错丝组织，胶化，厚25-90 μm，边缘菌丝纵轴子层托表面呈锐角，侧面菌丝纵轴与子层托表面近垂直，无色，壁具折射性，宽2-5 μm；盘下层为交错丝组织，厚70-700 μm，菌丝无色，宽1-2 μm；子实下层分化不显著；子实层厚 102-152 μm；子囊由产囊丝钩产生，窄柱棒状，基部渐细，具8个子囊孢子，孔口在Melzer试剂中呈微弱的蓝色，90-155 × 5-7.5(-8.5) μm；子囊孢子椭圆梭形，无色，壁平滑，具1个分隔，常具2个大油滴，在子囊中不规则双列至不规则单列排列，9-13.5(-14) × 3-4(-4.5) μm；侧丝线形，宽 1.5-2 μm，多与子囊顶端平齐。

基物：腐木、腐枝和树皮上生。

标本：河北，被有苔藓的腐木上生，邓叔群 (489)，HMAS 33617。吉林敦化，海拔 800 m，2000 VIII 15，腐枝上生，庄文颖、余知和、张艳辉 3491，HMAS 271309；蛟河大顶子山，海拔 800 m，1991 VIII 26，腐木上生，庄文颖 764，HMAS 271310；蛟河林场石门岭，1991 VIII29，潮湿的腐木上生，庄文颖 772，HMAS 271311；蛟河二道河，海拔 700 m，1991 IX 1，潮湿的腐木上生，庄文颖 809，810，HMAS 271312，271313。黑龙江伊春带岭凉水林场，海拔 400-500 m，1996 VIII 28，腐木上生，庄文颖、王征 1291，HMAS 271314；伊春带岭凉水林场，海拔 400 m，1996 VIII 31，腐木上生，庄文颖、王征 1369，1370，1378，1379，HMAS 271315，271316，271317，271318；伊

春带岭凉水林场，海拔 400 m，1996 VIII 31，树皮上生，庄文颖、王征 1372，HMAS 271319。湖北神农架大龙潭，海拔 2000 m，2014 IX 13，曾昭清、秦文韬、陈凯 9428，HMAS 275636；神农架黄宝坪，海拔 1750 m，2014 IX 16，腐木上生，郑焕娣、曾昭清、陈凯、秦文韬 9636，HMAS 275571；神农架金猴岭，海拔 2500 m，2014 IX 14，腐木上生，郑焕娣、曾昭清、秦文韬、陈凯 9516，HMAS 275578；五峰后河，海拔 800 m，2004 IX 12，腐木上生，庄文颖、刘超洋 5510，HMAS 271320。广西隆林金钟山，海拔 1700 m，1957 X 20，竹林中腐枝上生，徐连旺 125，HMAS 33618；凌乐，海拔 1000 m，1957 X 11，枯枝上生，徐连旺 1153，HMAS 33619；凌乐老山，海拔 1300 m，1957 XII 15，腐木上生，徐连旺 368，HMAS 33717。四川贡嘎山，海拔 1900 m，1997 VIII 14，腐烂树皮上生，D. Hibbet、王征 2006，HMAS 72026；贡嘎山，海拔 1900 m，1997 VIII 14，腐烂树皮上生，王征 2014，HMAS 72029；贡嘎山，海拔 3300 m，1997 IX 8，腐木上生，王征 2237，HMAS 74611；贡嘎山海螺沟，海拔 1700–1900 m，1997 VIII 17，王征 2059，HMAS 72040；九寨沟，1992 IX 18，腐木上生，庄文颖 1048，HMAS 271321；理县米亚罗夹壁沟，海拔 2850 m，1960 IX 23，腐木桩上生，王春明、韩玉先、马启明 317，HMAS 30480；乡城，海拔 4200 m，1998 VII 24，腐木上生，王征 155，HMAS 76098。云南河口大围山，海拔 1900 m，1999 XI 5，树皮上生，庄文颖、余知和 3300，HMAS 275579；屏边大围山，海拔 1900 m，1999 XI 4，树皮上生，庄文颖、余知和 3245，3271，HMAS 275570，275580；屏边大围山，海拔 1900 m，1999 XI 5，枯枝上生，庄文颖、余知和 3318，HMAS 275581。陕西佛坪天华山，海拔 1300 m，1991 IX 23，潮湿的腐木上生，庄文颖 888，HMAS 271322；佛坪，海拔 1300 m，1991 IX 26，潮湿的腐木上生，庄文颖 892，HMAS 271323。甘肃迭部，海拔 2600 m，1992 IX 10，腐木上生，张小青、庄文颖 1010，HMAS 271324；舟曲沙滩林场，海拔 2430 m，1992 IX 3，潮湿的腐木上生，卯晓岚、庄文颖 942，HMAS 275586。青海互助北山，海拔 2800–3000 m，2004 VIII 15，腐木上生，庄文颖、刘超洋 5330，HMAS 271325。新疆阿尔泰山，海拔 1100 m，2003 VIII 7，腐木上生，庄文颖、农业 4798，4799，HMAS 271326，271327；阿尔泰山，海拔 1250 m，2003 VIII 9，腐枝上生，庄文颖、农业 4823，4824，HMAS 271328，271329；禾木乡，海拔 1100 m，2003 VIII 5，腐木上生，庄文颖、农业 4686，4691，4699，HMAS 271330，271331，271332；禾木乡，海拔 1100 m，2003 VIII 6，树皮上生，庄文颖、农业 4751，HMAS 271333；喀纳斯，海拔 1300 m，腐木上生，2003 VIII 8，庄文颖、农业 4806，HMAS 271334。

世界分布：中国、韩国、日本、欧洲、阿根廷、墨西哥、美国、加拿大、澳大利亚、新西兰。

讨论：邓叔群（1963）提供了该种的形态描述及图解，子囊盘盘状至平展，单生至聚生，柠檬黄色，直径 1–3.5 mm，子囊柱形至近棒形，75–140 × 7–10 μm，子囊孢子椭圆形，9–14 × 3–5 μm，侧丝宽 1.5 μm。据邓叔群（1963）和戴芳澜（1979）报道，该种还在河北、广西、云南等地分布。

黄小双孢盘菌　图 9

Bisporella claroflava (Grev.) Lizoň & Korf, Mycotaxon 54: 474, 1995. Zhuang, Mycotaxon

67: 367, 1998. Zhuang, Zheng & Ren, Mycosystema 36: 418, 2017.

= *Bisporella discedens* (P. Karst.) S.E. Carp., Mycotaxon 2: 124, 1975. Korf & Zhuang, Mycotaxon 22: 505, 1985.

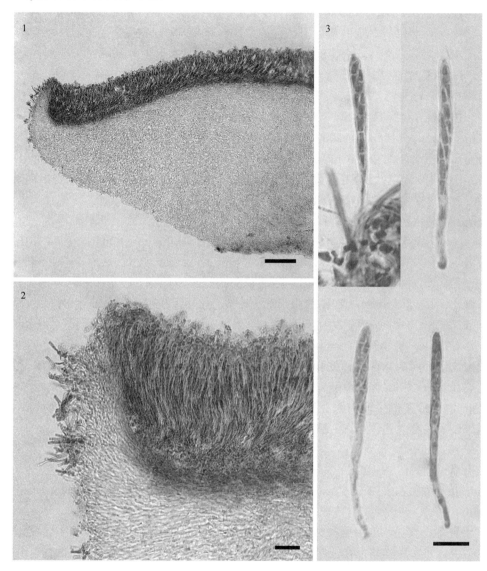

图 9 黄小双孢盘菌 *Bisporella claroflava* (Grev.) Lizoň & Korf (HMAS 72119)

1. 子囊盘解剖结构；2. 囊盘被结构及生长在子囊盘边缘的无性阶段的产孢结构；3. 子囊和子囊孢子。比例尺：1 = 100 μm；2 = 20 μm；3 = 10 μm

子囊盘盘状至杯状，边缘整齐或略呈波状，无柄至近无柄，直径 0.5–1.5 mm，子实层表面新鲜时白色、米色、淡粉黄色至污黄色，子层托与子实层同色或略浅，表面近平滑；外囊盘被为交错丝组织，与盘下层界限不明显，组织胶化，厚 22–50 μm，表面有时存在菌丝延伸物，菌丝纵轴与子层托表面呈锐角或近平行，无色，壁具折射性，菌丝宽 2–4 μm；盘下层为交错丝组织，与外囊盘被界限不明显，厚 27–160 μm，菌丝无色，宽 2.5–4 μm；子实下层分化不明显，若存在，厚 10–20 μm；子实层厚 60–100 μm；子囊由产囊丝钩产生，柱棒状，基部渐细，具 8 个子囊孢子，孔口在 Melzer 试剂中呈蓝色，50–67(–115) × 4–7 μm；子囊孢子短梭形，无色，壁平滑，具 1 个分隔，常具 2 个小油滴，在子囊中双列至不规则双列排列，7–10.5 × 2–3.5 μm；侧丝线形，宽 1.5–2 μm，与子囊顶端大致平齐。

基物：腐木和草本植物茎上生。

标本：北京东灵山，海拔800 m，2003 IX 15，腐木上生，刘斌、庄文颖、刘超洋5045，HMAS 271287。广东封开黑石顶，海拔300 m，1998 X 27，腐木上生，庄文颖、余知和2848，HMAS 271267。广西武鸣大明山，海拔1100 m，1997 XII 19，腐烂树皮上生，庄文颖 1822，HMAS 275582。海南，1993 IV，枯枝上生，林松028，HMAS 71990；陵水吊罗山，海拔1050 m，2000 XII 14余知和、庄文颖、张艳辉 3850，HMAS 275583。云南河口大围山，海拔900 m，1999 XI 5，枯枝上生，庄文颖、余知和 3305，HMAS 275584；景洪勐养自然保护区，海拔850 m，1999 X 21，枯枝上生，庄文颖、余知和 3189，HMAS 275585；西双版纳，1988 X 23，草本植物茎上生，R.P. Korf、臧穆、陈可可、庄文颖284，HMAS 72119。陕西留坝，海拔950 m，1991 IX 22，草本植物茎上生，张小青、庄文颖865，HMAS 271335。青海互助北山，海拔2800–3000 m，2004 VIII 15，腐木上生，庄文颖、刘超洋5331，HMAS 271336。

世界分布：中国、英国、法国、斯洛伐克、巴西、新西兰。

讨论：邓叔群(1963)曾在浙江报道了 *Orbilia sinuosa* Penz. & Sacc. 并对其形态特征进行了描述。该种的子囊盘近圆形，单生至聚生，柠檬黄色，边缘稍高起，波浪状，直径 0.4–1.5 mm，子囊圆柱形至棒形。Korf and Zhuang(1985a)在观察了保存在中国科学院微生物研究所菌物标本馆的相关标本后，认为所谓"*Orbilia sinuosa*"的正确名称为 *Bisporella discedens*。Lizoň 和 Korf(1995)，将 *B. discedens* 处理为 *B. claroflava* 的异名。Zhuang(1998a)采纳了他们的分类观点。该种在我国比较常见，在部分采集物中，可清晰地看到过去称之为"*Chalara*"的无性阶段伴生于子囊盘表面。

线孢小双孢盘菌 图10

Bisporella filiformis W.Y. Zhuang & F. Ren, in Zhuang, Zheng & Ren, Mycosystema 36: 403, 2017.

子囊盘浅盘状，单生至少数聚生，直径约 0.5 mm，无柄，干标本子实层表面黄色至淡橙色，回水后鲜黄色，子层托较子实层色淡，表面平滑；外囊盘被为角胞组织至矩胞组织，厚 25–43 μm，组织胶化，细胞轴与囊盘被外表面呈锐角或者接近直角，细胞无色，5–13 × 2–5 μm；盘下层为交错丝组织，厚 35–55 μm，菌丝无色，宽 2–4 μm；子实层厚 60–75 μm；子囊棒状，顶端渐窄，具 8 个子囊孢子，孔口在 Melzer 试剂中呈蓝色，49–61 × 5.5–7.5 μm；子囊孢子线形至蠕虫状，两端略窄，无色，壁平滑，具 6–10 个分隔，在子囊中成束排列，30–42 × 1.8–2 μm；侧丝线形，顶端多分枝，顶部宽 1.5–2.5 μm，基部宽 1.2 –1.5 μm。

基物：枯枝上生。

标本：海南乐东尖峰岭，海拔1100 m， 2000 XII 9，枯枝上生，庄文颖、余知和3732，HMAS 271290。

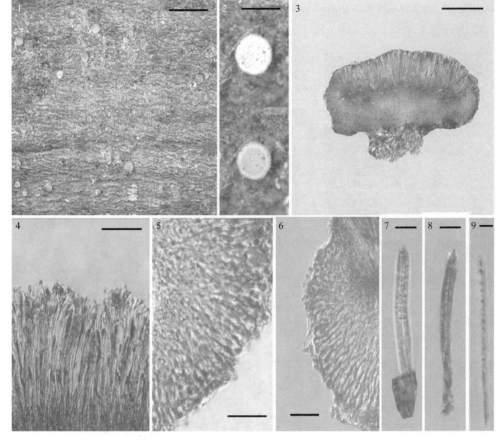

图 10 线孢小双孢盘菌 *Bisporella filiformis* W.Y. Zhuang & F. Ren（HMAS 271290）
1. 自然基物上的子囊盘（干标本）；2. 回水后的子囊盘；3. 子囊盘结构；4. 子实层；5、6. 囊盘被解剖结构；7、8. 子囊；9. 子囊孢子。比例尺：1 = 2 mm；2 = 0.5 mm；3 = 100 μm；4 = 20 μm；5–8 = 10 μm；9 = 3 μm

世界分布：中国。

讨论：该种囊盘被具有 *Bisporella* 属的基本特征，属于具有小型、子囊盘无柄的类型，它区别于属内其他种的显著特征是具有线形至蠕虫状并多分隔的子囊孢子（Zhuang et al. 2017）。

湖北小双孢盘菌　图 11

Bisporella hubeiensis H.D. Zheng & W.Y. Zhuang, in Zhuang, Zheng & Ren, Mycosystema 36: 404, 2017.

子囊盘盘状，直径 0.3–0.9 mm，具柄，子实层表面新鲜时白色，干后淡黄色，子层托颜色稍淡，干后黄白色，柄与子层托同色；外囊盘被为矩胞组织，厚 38–82 μm，组织胶化，菌丝轴与子层托表面呈锐角，细胞无色，10–20 × 2.5–5 μm，靠近边缘的细胞略向外延伸；盘下层为交错丝组织，厚 30–70 μm，菌丝无色，宽 2–3 μm；子实下层分化不明显，若存在厚 8–15 μm；子实层厚 70–80 μm；子囊由产囊丝钩产生，柱棒状，顶端圆，具 8 个子囊孢子，孔口在 Melzer 试剂中呈蓝色，为两条上宽下窄的蓝线，50–60 × 3.5–4.4 μm；子囊孢子椭圆形，两端略尖，无色，单细胞，具 2 个大油滴，在子囊中呈单列排列，4.6–6 × 2.2–2.8 μm；侧丝线形，宽 1–1.5 μm，与子囊顶部近等高。

基物：腐木上生。

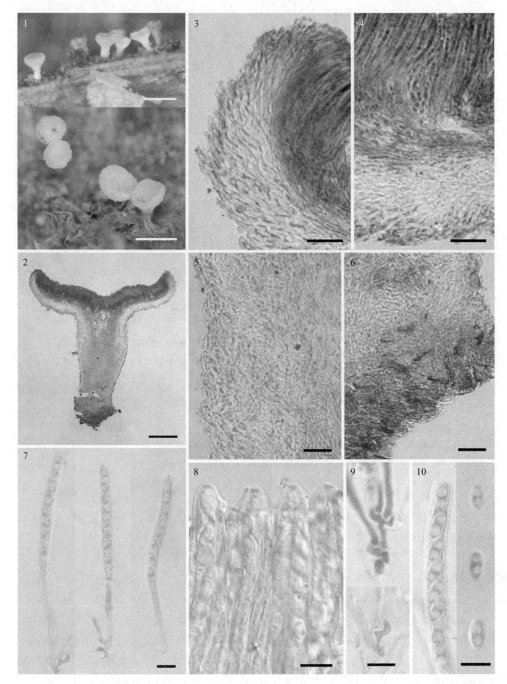

图 11　湖北小双孢盘菌 Bisporella hubeiensis H.D. Zheng & W.Y. Zhuang（HMAS 271402）
1. 自然基物上的子囊盘(干标本)；2. 子囊盘解剖结构；3. 囊盘被结构(子囊盘边缘)；4. 囊盘被结构(子层托中部)；5. 柄的结构(中部)；6. 柄的结构(基部)；7. 子囊；8.子囊孔口碘反应；9. 产囊丝钩；10. 子囊中的子囊孢子。
比例尺：1 = 0.5 mm；2 = 200 μm；3–6 = 20 μm；7 = 10 μm；8–10 = 5 μm

标本：湖北神农架金猴岭，海拔1800 m，2004 IX 16，无皮腐木上生，庄文颖5735，HMAS 271402（主模式）。

世界分布：中国。

讨论：该种囊盘被具有 *Bisporella* 属的基本特征，囊盘被组织明显胶化。它与属内已定名的种中具有小型子囊盘和单细胞子囊孢子的 *B. iodocyanescens* 和 *B. pteridicola* 比较，后两者的子实层表面新鲜时带有黄色色调，并非白色；外囊盘被为角胞组织，而不是胶化的矩胞组织；并且子实下层在 Melzer 试剂中不发生颜色改变。与子囊盘稍大并且子实层表面白色至黄色的 *B. subpallida* 比较，子囊和子囊孢子均较小。而与子囊盘较大、外囊盘被为矩胞组织的 *B. confluens* (Sacc.) Korf & Bujak. 和 *B. sinia* 相比，除了外囊盘被结构相似外，其他特征均有显著差异（Korf and Bujakievicz 1985；Zhuang et al. 2017）。

碘蓝小双孢盘菌 图12

Bisporella iodocyanescens Korf & Bujak., Agarica 6(12): 304, 1985. Zhuang, Zheng & Ren, Mycosystema 36: 413, 2017.

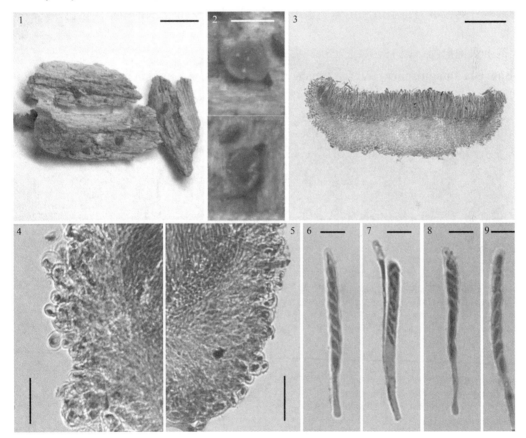

图12 碘蓝小双孢盘菌 *Bisporella iodocyanescens* Korf & Bujak. (HMAS 271265)
1. 自然基物上的子囊盘（干标本）；2. 回水后的子囊盘；3. 子囊盘解剖结构；4、5. 囊盘被结构；6–9. 子囊含子囊孢子。
比例尺：1 = 4 mm；2 = 1 mm；3 = 100 μm；4、5 = 20 μm；6–9 = 10 μm

子囊盘盘状至平展，无柄，直径约 1 mm，子实层表面新鲜时黄色至橘黄色，子层托与子实层同色，表面近平滑；外囊盘被为角胞组织至球胞组织，略胶化，厚 27–41 μm，细胞无色，壁略加厚并具折射性，直径 4–11 μm；盘下层为交错丝组织，厚 27–75 μm，菌丝无色，宽 3–4.5 μm；子实下层厚 11–15 μm，在 Melzer 试剂中呈蓝色；子实层厚 60–80 μm；子囊由产囊丝钩产生，柱棒状，基部渐细，具 8 个子囊孢子，经 KOH 水溶液预处理后孔口在 Melzer 试剂中呈蓝色，57–71 × 4.5–6.5 μm；子囊孢子近椭圆形，无色，壁平滑，无分隔，在子囊中呈单列排列，4.8–7 × 2–3.5 μm；侧丝线形，宽 1–2 μm，与子囊顶端大致平齐。

基物：腐木上生。

标本：新疆新源那拉提，海拔 2200 m，2003 VIII 15，腐木上生，庄文颖、农业 4959，HMAS 271265。

世界分布：中国、美国。

讨论：该种比较罕见，模式产地为美国纽约州。我国材料的形态特征与 Korf 和 Bujakiewicz（1985）对该种的描述基本一致，子囊略大（57–71 × 4.5–6.5 μm vs. 55–66 × 3.6–4 μm），子囊孢子也稍大（4.8–7 × 2–3.5 μm vs. 4.5–6.3 × 1.5–2 μm）。该种的鉴别性特征是外囊盘被为角胞组织至球胞组织，子实下层在 Melzer 试剂中呈淡蓝色。

大孢小双孢盘菌 图 13

Bisporella magnispora W.Y. Zhuang & H.D. Zheng, in Zhuang, Zheng & Ren, Mycosystema 36: 406, 2017.

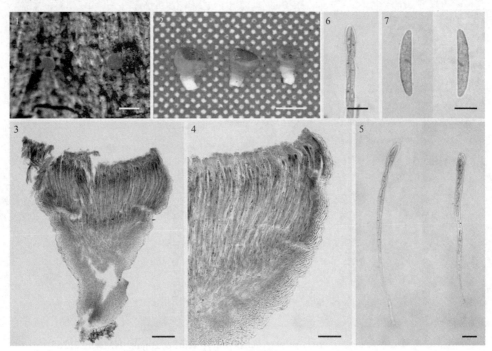

图 13 大孢小双孢盘菌 Bisporella magnispora W.Y. Zhuang & H.D. Zheng（HMAS 275575）
1、2. 自然基物上的子囊盘（干标本）；3. 子囊盘解剖结构；4. 囊盘被结构；5. 子囊；6. 子囊孢子在子囊中的排列方式；7. 子囊孢子。比例尺：1、2 = 0.5 mm；3 = 100 μm；4 = 50 μm；5、6 = 20 μm；7 = 10 μm

子囊盘盘状，边缘整齐，具柄，直径 0.4–0.9 mm，子实层表面新鲜时白色，子层托表面同色，平滑；外囊盘被为厚壁丝组织，厚 20–50 μm，组织胶化，菌丝无色，平行排列，与子层托表面呈小角度，宽 4–6.5 μm；盘下层为交错丝组织，厚 25–130 μm，菌丝无色，宽约 2 μm；子实下层分化不明显；子实层厚 240–250 μm；子囊由产囊丝钩产生，长棒状至窄棒状，具 4–8 个子囊孢子，孔口在 Melzer 试剂中明显呈蓝色，229–254 × 9–11 μm；子囊孢子长梭形，两端钝圆，无色，单细胞，在棉蓝中显示一个暗蓝色的染色区，不规则双列排列，26–37.5 × 4.5–6 μm；侧丝线形，宽 2–2.5 μm。

基物：腐木上生。

标本：湖北五峰后河自然保护区，海拔 800 m，2004 IX 13，庄文颖、刘超洋 5601，HMAS 275575（主模式）。

世界分布：中国。

讨论：该种的子囊盘解剖结构与 *Bisporella tetraspora* 的相似，但成熟的子囊通常含有 4–8 个子囊孢子，而非 4 个子囊孢子，并且孢子很大，远大于 9–13 × 3.5–4 μm。这是目前该属已知种中子囊孢子最大的一个种。

山地小双孢盘菌　图 14

Bisporella montana W.Y. Zhuang & H.D. Zheng, in Zhuang, Zheng & Ren, Mycosystema 36: 407, 2017.

子囊盘盘状，具柄，直径 1–3 mm，子实层表面新鲜时黄色，子层托颜色略淡，表面平滑；外囊盘被为交错丝组织，有时边缘混杂厚壁丝组织，高度胶化，厚 38–84 μm，菌丝具折射性，宽 2.5–4.5 μm；盘下层为交错丝组织，组织不胶化，厚 38–460 μm，菌丝无色，宽 1.5–2.5 μm；子实下层不分化或发育不良，厚 0–13 μm；子实层厚 100–115 μm；子囊由产囊丝钩产生，上部近圆柱形，基部渐窄，具 8 个子囊孢子，孔口在 Melzer 试剂中呈蓝色，孔口在 Melzer 试剂中不变色或碘反应难以分辨，88–114 × 4.5–5.5 μm；子囊孢子椭圆形至椭圆形两端略窄，无色，平滑，具 0–1 个分隔，两端各具 1 个小油滴，在子囊中单列排列，5.5–6.5(–8.5) × 2.5–3(–3.3) μm；侧丝线形，宽约 1.5 μm。

基物：腐木或硬木上生。

标本：云南屏边大围山，海拔 1900 m，1999 IX 5，腐木上生，庄文颖、余知和 3325，HMAS 275566（主模式）；云南屏边大围山，海拔 1900 m，1999 IX 5，硬木上生，庄文颖、余知和 3319，HMAS 275567。

世界分布：中国。

讨论：该种与 *Bisporella citrina* 在囊盘被解剖结构上相似，但是它们在子囊盘、子囊和子囊孢子的大小上存在显著差异；后者的子囊盘直径 0.7–7 mm，子囊 90–155 × 5–7.5(–8.5) μm，子囊孢子 9–13.5(–14) × 3–4(–4.5) μm；子囊孢子的形状也不同，*B. citrina* 的孢子为椭圆梭形并具 2 个大油滴，而非椭圆形、两端各具 1 个小油滴。上述两个种在 ITS rDNA 序列上的差别也支持了形态学观察，它们之间存在 18–21 bp 的碱基差异。因此，有充分的理由将大围山材料处理为一个独立的种 (Zhuang et al. 2017)。

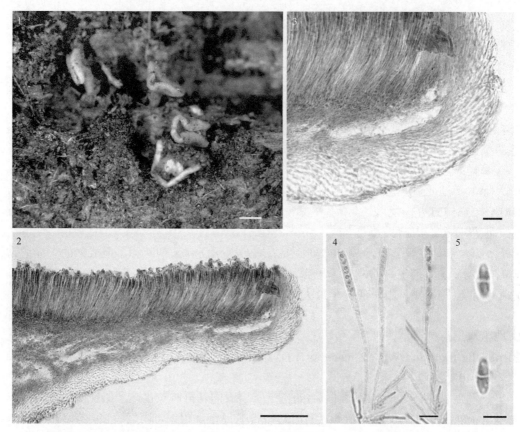

图 14　山地小双孢盘菌 Bisporella montana W.Y. Zhuang & H.D. Zheng (HMAS 275566)
1. 自然基物上的子囊盘(干标本)；2. 子囊盘解剖结构；3. 囊盘被结构；4. 子囊及子囊孢子；5. 子囊孢子。
比例尺：1 = 0.5 mm；2 = 20 μm；3 = 100 μm；4 = 10 μm；5 = 5 μm

蕨生小双孢盘菌　图 15

Bisporella pteridicola F. Ren & W.Y. Zhuang, in Zhuang, Zheng & Ren, Mycosystema 36: 408, 2017.

子囊盘盘状至平展，无柄，直径 0.1–0.9 mm，子实层表面米色、米黄色至黄色，子层托表面与子实层同色或略淡，近平滑；外囊盘被为角胞组织，厚 18–46 μm，组织略胶化，细胞近平行排列，并与子层托表面呈较小的锐角，无色，宽 2–6 μm，侧面的表面有短小的菌丝延伸物；盘下层为交错丝组织，厚 27–45 μm，菌丝无色，宽 2.5–4 μm；子实下层厚 9–12 μm；子实层厚 45–55 μm；子囊由产囊丝钩产生，柱棒状，基部渐细，具8个子囊孢子，孔口在 Melzer 试剂中不变色，36–46 × 5–6.5 μm；子囊孢子长椭圆形，无色，壁平滑，无分隔，具 2 个大油滴，在子囊中呈双列排列，7–9 × 2–3.5 μm；侧丝线形，宽 1.2–1.5 μm，与子囊顶端基本平齐。

基物：蕨类植物的茎上生。

标本：广东封开黑石顶，海拔300 m，1998 X 27，蕨类植物的茎上生，庄文颖、余知和2852，HMAS 271270；肇庆鼎湖山，海拔150 m，1998 X 10，蕨类植物的茎上生，庄文颖、陈双林2682，HMAS 271269（主模式）。

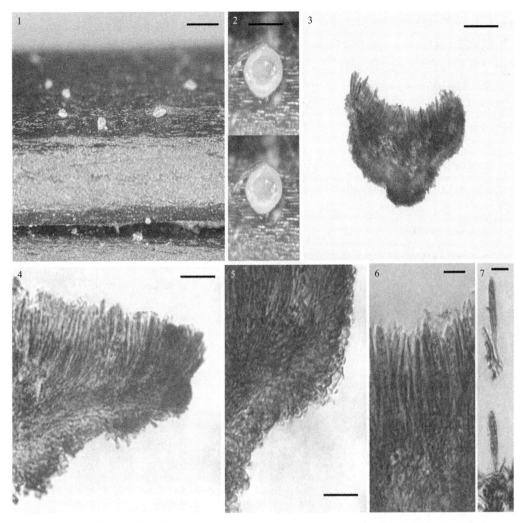

图 15 蕨生小双孢盘菌 *Bisporella pteridicola* F. Ren & W.Y. Zhuang (HMAS 271269)
1. 自然基物上的子囊盘(干标本); 2. 回水后的子囊盘; 3. 子囊盘解剖结构; 4、5. 囊盘被结构, 表面具有短小的菌丝延伸物; 6. 子实层结构; 7. 子囊及子囊孢子。比例尺: 1 = 1 mm; 2 = 0.5 mm; 3 = 50 μm; 4、5 = 20 μm; 6、7 = 10 μm

世界分布: 中国。

讨论: *Bisporella pteridicola* 生长在蕨类植物的茎上, 而该属的其他种以种子植物的残体为基物。它的子囊盘解剖结构符合 *Bisporella* 的属征, 外囊盘被为角胞组织, 子囊较小, 子囊孢子为较窄的长椭圆形。该种与 *B. iodocyanescens* 的外囊盘被都为角胞组织, 但区别显著, 后者的子囊较大 (57–71 × 4.5–6.5 μm), 子囊孢子略短 (4.8–7 × 2–3.5 μm), 子实下层在 Melzer 试剂中变为淡蓝色。

香地小双孢盘菌 图 16

Bisporella shangrilana W.Y. Zhuang & H.D. Zheng, in Zhuang, Zheng & Ren, Mycosystema 36: 409, 2017.

子囊盘盘状, 具柄, 直径 1–3 mm, 子实层表面新鲜时橙黄色, 子层托较子实层略淡, 表面平滑; 外囊盘被在子囊盘边缘为厚壁丝组织, 侧面为交错丝组织, 厚 15–25 μm,

组织胶化，菌丝无色，宽 2–4 μm；盘下层为交错丝组织，厚 50–560 μm 或者更厚，组织不胶化；菌丝无色，宽 1.5–3 μm；子实下层分化不明显；子实层厚 110–125 μm；子囊由产囊丝钩产生，上部近圆柱形，基部渐细，具 8 个子囊孢子，孔口在 Melzer 试剂中变蓝，88–105 × 4.5–5.5 μm；子囊孢子椭圆形，两端钝圆或者变窄，无色，表面平滑，0–1 分隔，两端各具一个小油滴，在子囊中单列排列，5–7.2(–8) × (2.2–)2.5–3.3 μm；侧丝线形，宽约 1.5 μm。

基物：腐木、枯枝上生。

标本：云南香格里拉碧塔海，海拔 3800 m, 2008 VIII 12，腐木上生，张小青、任大中 7345，HMAS 275568（主模式）；香格里拉碧塔海，海拔 3800 m, 2008 VIII 12，腐木上生，张小青、任大中 7322，HMAS 275569。

世界分布：中国。

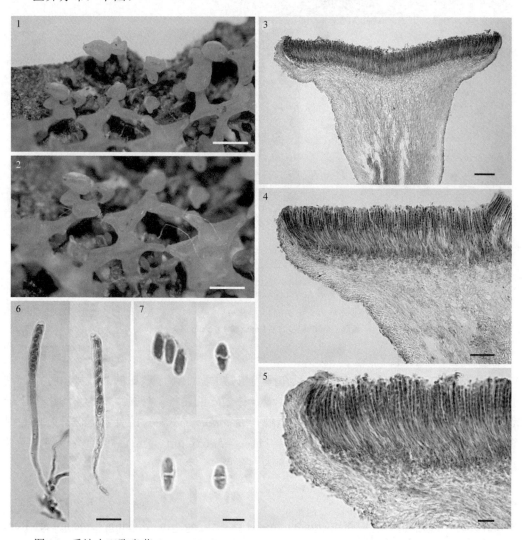

图 16　香地小双孢盘菌 *Bisporella shangrilana* W.Y. Zhuang & H.D. Zheng（HMAS 275568）
1、2. 自然基物上的子囊盘(干标本)；3. 子囊盘解剖结构；4、5. 囊盘被结构；6. 子囊及子囊孢子；7. 子囊孢子。
比例尺：1、2 = 0.5 mm；3 = 100 μm；4、5 = 50 μm；6 = 20 μm；7 = 10 μm

讨论：*Bisporella shangrilana* 与 *B. montana* 在子囊盘、子囊和子囊孢子的大小方面相似，但它们的囊盘被结构显著不同，*B. montana* 的高度胶化，菌丝壁具很强折射性，厚度为 38–84 μm，而 *B. shangrilana* 的囊盘被明显较薄，菌丝壁的折射性较弱。子囊顶端碘反应也不相同，*B. montana* 的子囊顶孔不变色，*B. shangrilana* 变为暗蓝色。两个种的 ITS rDNA 序列相差 11 个碱基(Zhuang et al. 2017)。

中国小双孢盘菌 图 17

Bisporella sinica W.Y. Zhuang, in Zhuang, Zheng & Ren, Mycosystema 36: 410, 2017.

子囊盘常聚生并且子囊盘之间有时粘连，盘状至中心略向上突起，具柄，直径 1.5–5 mm，子实层表面新鲜时鲜黄色至艳橙黄色，子层托与子实层同色或略淡，表面近平滑；外囊盘被边缘和靠近边缘的侧面为矩胞组织至角胞组织，侧面靠近基部为交错丝组织，厚 23–38(–45) μm，组织胶化，细胞和菌丝无色，3–15 × 4–6 μm，菌丝宽 2–4 μm；盘下层为交错丝组织，厚 38–360 μm，菌丝无色，宽 1.5–3(–4) μm；子实下层大多分化不显著；子实层厚 94–115 μm；子囊柱棒状，基部渐细，具 8 个子囊孢子，孔口在 Melzer 试剂中变淡蓝色，82–110 (–115) × 5–6.5(–7) μm；子囊孢子椭圆梭形，无色，壁平滑，成熟时多具 1 个分隔，两端各具 1 小油滴或多油滴，在子囊中单列或少有不规则单列排列，6–9.5(–10) × 3–4 μm；侧丝线形，具分隔，宽 1.5–2 μm。

基物：腐木上生。

标本：吉林蛟河，海拔 450 m，1991 VIII 27，腐木上生，白逢彦、庄文颖 740，HMAS 271337（主模式）；蛟河，海拔 450 m，1991 VIII 27，腐木上生，庄文颖、陈建斌 743，HMAS 271338；蛟河三河，海拔 550 m，1991 VIII 31，潮湿的腐木上生，庄文颖 793，HMAS 271339；蛟河石门岭，1991 VIII 29，腐木上生，庄文颖 775，HMAS 271340。四川道孚，海拔 3780 m，1997 VIII 27，腐木上生，王征 2171，HMAS 72810；道孚，海拔 3600 m，1997 VIII 30，腐木上生，王征 2192，HMAS 74617；贡嘎山，海拔 1900 m，1997 VIII 14，腐木上生，王征 2009，HMAS 72028；贡嘎山，海拔 1900 m，1997 VIII 16，腐木上生，王征 2013，HMAS 72049，乡城东旺，海拔 3800 m，1997 VII 26，腐木上生，王征 200，HMAS 76077。陕西佛坪天华山，海拔 1300 m，1991 IX 26，腐木上生，庄文颖 882，HMAS 271341。甘肃迭部白云林场，海拔 2300 m，1992 X 12，腐木上生，庄文颖 1028，HMAS 271342。新疆布尔津禾木乡，海拔 1100 m，2003 VIII 6，腐木上生，庄文颖、农业 4750，HMAS 275572。

世界分布：中国。

讨论：该种为我国常见种，它的子囊盘之间稍有粘连，在子囊盘的边缘以及靠近边缘的侧面，外囊盘被为矩胞组织至角胞组织，其菌丝或细胞的纵轴与外表面呈锐角，这与分布在北美洲的 *Bisporella confluens* (Sacc.) Korf & Bujak. 有些相似。但这两个种在子囊和子囊孢子大小上差异显著，后者的子囊为 125–135 × 7.5–8.8 μm，子囊孢子为 11.3–14.2 (–16.5) × 3.3–4.4 (–4.7) μm，并且子囊盘的直径偶尔可达 3 cm(Zhuang et al. 2017)。我国部分材料曾被误定为 *Bisporella citrina* 或者 *B. sulfurina* (Quél.) S.E. Carp.。

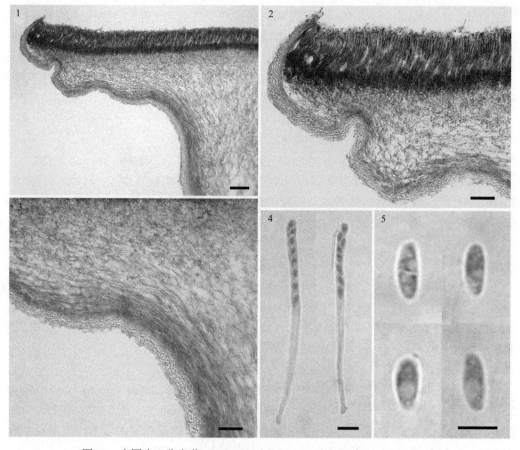

图17 中国小双孢盘菌 *Bisporella sinica* W.Y. Zhuang（HMAS 271337）
1. 子囊盘解剖结构；2. 子囊盘边缘和侧面的囊盘被结构；3. 子囊盘侧面靠近柄处的囊盘被结构；4. 子囊及子囊孢子；5. 子囊孢子。比例尺：1 = 100 μm；2、3 = 50 μm；4 = 10 μm；5 = 5 μm

四孢小双孢盘菌　图 18

Bisporella tetraspora (Feltgen) S.E. Carp., Mem. N.Y. Bot. Gdn. 33: 262, 1981. Zhuang, Zheng & Ren, Mycosystema 36: 414, 2017.

≡ *Phialea tetraspora* Feltgen, Vorstud Pilzfl. Luxemb., Nachtr. 2: 51, 1901.

　　子囊盘盘状至平展，无柄至近有柄，直径 0.2–0.8 mm，子实层表面污白色至黄色，子层托与子实层同色或略浅，表面近平滑；外囊盘被为厚壁丝组织至交错丝组织，胶化，厚 25–50 μm，菌丝无色，宽 2–4 μm；盘下层为交错丝组织，厚 36–115 μm，菌丝无色，宽 2.5–4 μm；子实下层分化不明显；子实层厚 70–80 μm；子囊由产囊丝钩产生，柱棒状，基部渐细，具 4 个成熟的子囊孢子，孔口在 Melzer 试剂中呈蓝色，60–78 × 5.5–8.5 μm；子囊孢子梭椭圆形，无色，壁平滑，单细胞，具 2 个大油滴，在子囊中呈单列排列，9–13 × 3.5–4.5 μm；侧丝线形，具分隔，宽 1.2–2 μm。

　　基物：枯枝上生。

　　标本：四川马尔康，海拔 2939 m，2013 VII 30，枯枝上生，曾昭清、朱兆香、任菲 8482，8487，HMAS 271285，271286。甘肃迭部洛大林场，海拔 2100 m，1998 VII 31，枯枝上生，陈双林 125b，HMAS 275573。

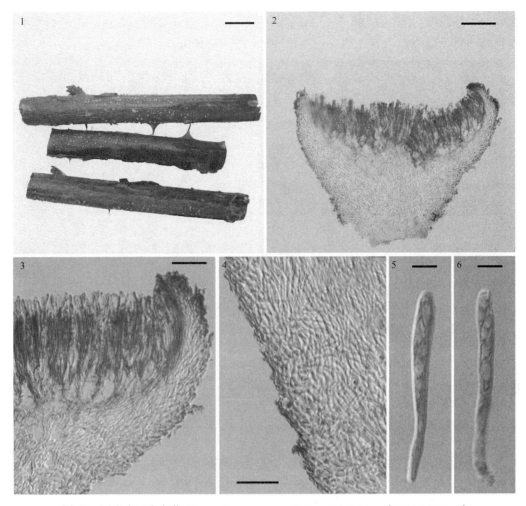

图18 四孢小双孢盘菌 *Bisporella tetraspora* (Feltgen) S.E. Carp. (HMAS 271285)
1. 自然基物上的子囊盘(干标本); 2. 子囊盘解剖结构; 3. 子实层结构; 4. 囊盘被结构; 5、6. 子囊。比例尺: 1 = 5 mm;
2 = 100 μm; 3 = 30 μm; 4 = 20 μm; 5、6 = 10 μm

世界分布：中国、土耳其、哥伦比亚、墨西哥、美国、加拿大。

讨论：该种以子囊仅含 4 个成熟子囊孢子与属内的其他种相区别。主要分布于北美洲，最近在我国发现(Zhuang et al. 2017)。

三隔小双孢盘菌　图 19

Bisporella triseptata (Dennis) S.E. Carp. & Dumont, Caldasia 12 (no. 58): 344, 1978. Zhuang, Zheng & Ren, Mycosystema 36: 415, 2017.

≡ *Calycella sulfurina* var. *triseptata* Dennis, Kew Bull. 14: 431, 1960.

子囊盘盘状，边缘整齐，近有柄，直径 0.3–0.8 mm，子实层表面新鲜时淡黄色，子层托与子实层同色，表面平滑；外囊盘被为厚壁丝组织至交错丝组织，厚 40–150 μm，组织高度胶化，菌丝无色，近乎平行排列，宽 3–5 μm；盘下层为交错丝组织，分为两层，外层胶化并与内层界限分明，厚 50–60 μm，内层不胶化，厚 35–100 μm，菌丝无色，宽 2–3 μm；子囊基部未见产囊丝钩，棒状，具 8 个子囊孢子，孔口在 Melzer 试剂中不变色，78–90 × 6.6–8 μm；子囊孢子梭形，大多具 3 分隔，无色，在子囊中不规则双列排列，12–17 × 2.5–3.5 μm；侧丝线形，宽 2–2.5 μm。

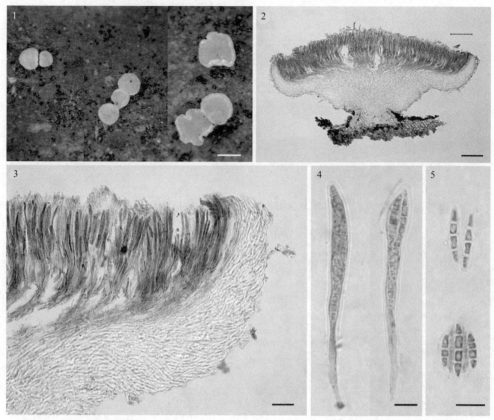

图 19 三隔小双孢盘菌 Bisporella triseptata (Dennis) S.E. Carp. & Dumont (HMAS 275574)
1. 自然基物上的子囊盘(干标本)；2. 子囊盘解剖结构；3. 子囊盘边缘及侧面的囊盘被结构；4. 子囊及子囊孢子；5. 子囊孢子。比例尺：1 = 0.5 mm；2 = 100 μm；3 = 20 μm；4、5 = 10 μm

基物：竹子的小茎秆上生。

标本：甘肃迭部腊子口林场，海拔 2200–2800 m，1998 VII 26，竹子的小茎秆上生，陈双林 98a，HMAS 275574。

世界分布：中国、哥伦比亚、委内瑞拉。

讨论：与南美洲的材料(Carpenter and Dumont 1978)相比，我国采集物的子囊盘稍小，子囊略宽，子囊孢子略短，在此视为种内差异。

小双孢盘菌属一未定名种 图 20

Bisporella sp. 3999

子囊盘盘状至平展，单生至聚生，无柄，直径 0.5–0.8 mm，子实层表面污白色至黄色，子层托比子实层色略淡，表面近平滑；外囊盘被为厚壁丝组织，厚 27–47 μm，组织胶化，细胞无色，6–11 × 1.5–3.7 μm；盘下层为交错丝组织，厚 25–60 μm，菌丝无色，宽 2–4 μm；子实下层厚 5–11 μm；子实层厚 39–47 μm；子囊近圆柱形，基部渐细，具 8 个子囊孢子，孔口在 Melzer 试剂中变淡蓝色，30–35 × 4.5–5 μm；子囊孢子梭椭圆形，无色，壁平滑，无分隔，在子囊中呈不规则单列排列，4.8–5.8 × 1.5–2.5 μm；侧丝线形，宽 1.2–1.8 μm，与子囊顶端基本平齐。

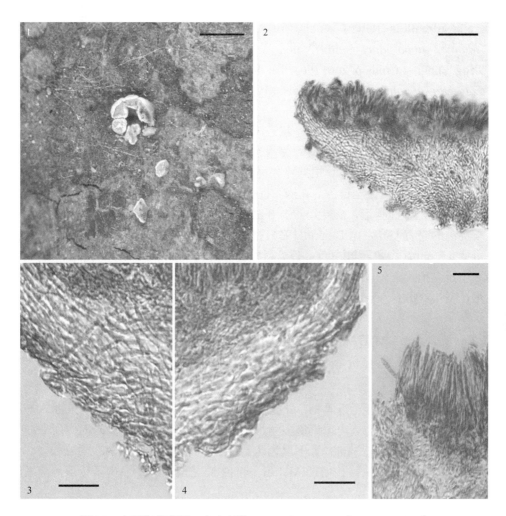

图 20 小双孢盘菌属一未定名种 *Bisporella* sp. 3999（HMAS 271268）
1. 自然基物上的子囊盘（干标本）；2. 子囊盘解剖结构；3、4. 子囊盘侧面的囊盘被结构；5. 子实层结构。
比例尺：1 = 2 mm；2 = 50 μm；3、4 = 10 μm；5 = 20 μm

基物：树皮上生。

标本：海南琼中黎母山，海拔 700 m，2000 XII 15，树皮上生，庄文颖、张艳辉、余知和 3999，HMAS 271268。

世界分布：中国。

讨论：与 *Bisporella* 属其他成员相比，*Bisporella* sp. 3999 的子囊和子囊孢子均很小，它可能代表一个未描述的种，由于标本材料十分有限，不足以作为模式，暂且处理为一个未定名种。

笔者未观察的种

近白小双孢盘菌
Bisporella subpallida (Rehm) Dennis, Brit. Ascom., Edn 2 (Vaduz) p. 132, 1978.

≡ *Helotium subpallidum* (Rehm) Velen., Monogr. Discom. Bohem. (Prague) p. 183, 1934. Teng, Fungi of China p. 266, 1963. Tai, Sylloge Fungorum Sinicorum p. 155, 1979.

≡ *Calycella subpallida* (Rehm) Dennis, Mycol. Pap. 62: 45, 1956.

基物：腐木上生。

国内报道：安徽（邓叔群 1963；戴芳澜 1979）。

世界分布：中国、英国、瑞典、美国、加拿大。

讨论：笔者未见馆藏标本。根据邓叔群(1963)对该种的形态描述，其子囊盘盘状至平展，单生至聚生，白色至黄色，具柄，直径 0.5–1.5 mm，子囊柱形至近棒状，68–85 × 5–7 μm，子囊孢子椭圆形，5.5–9 × 2.5–3 μm，侧丝宽 1.5–2 μm。我国材料在子囊的大小上与英国的略有差异，据 Dennis(1956)报道，英国材料的子囊盘无柄或具很短的柄，直径可达 1.5 mm，白色至乳白色；外囊盘被由平行排列的菌丝构成，菌丝宽 3 μm；子囊具 8 个子囊孢子，50–65 × 4–5 μm；子囊孢子椭圆形，单细胞，6–10 × 2.5–3 μm；侧丝线形，宽 1–2 μm。

拟黄杯菌属 Calycellinopsis W.Y. Zhuang
Mycotaxon 38: 121, 1990

子囊盘浅盘状，无柄至近具柄；外囊盘被为角胞组织，边缘及侧面的表面为一层平行排列的棒状细胞延伸物，内层细胞多角形至近球形，淡褐色至暗褐色，侧面靠近基部被一层无色的胶质层覆盖基部；盘下层为角胞组织至球胞组织，混有少量交错丝，内含物具折射性；子囊柱棒状，孔口在 Melzer 试剂中略呈蓝色；子囊孢子梭形，单细胞，无色。

模式种：*Calycellinopsis xishuangbanna* W.Y. Zhuang。

讨论：Zhuang(1990)基于 *Calycellinopsis xishuangbanna* 建立了单种属 *Calycellinopsis*，并将其纳入皮盘菌科 Dermateaceae；根据 18S rDNA 的序列分析结果，Zhuang 等(2010)表明，*Calycellinopsis* 属与柔膜菌科成员聚类在一起，因此将其移至柔膜菌科。该属目前已知 1 个种(Zhuang 1990; Kirk et al. 2008)，仅在我国发现。

拟黄杯菌　图 21
Calycellinopsis xishuangbanna W.Y. Zhuang, Mycotaxon 38: 121, 1990. Zhuang, Luo & Zhao, Phytotaxa 3: 56, 2010.

子囊盘浅盘状至平展，单生至群生，无柄，直径约 1 mm，子实层表面新鲜时米色，子层托表面较子实层略带灰色；外囊盘被为角胞组织，侧面靠近基部被无色的胶质层覆盖，厚 9–21 μm，细胞多角形至近球形，淡褐色至暗褐色，5–15 × 3.5–12 μm，外被一层圆锥形至杆状的细胞延伸物，无色，单细胞，8–15 × 4–6 μm；盘下层为角胞组织至球胞组织，混有少量交错丝，厚 45–214 μm，内含物具折射性，细胞无色，7–15 × 5–12 μm，菌丝宽 2–3.5 μm；子实下层厚 9–21 μm；子实层厚 57–75 μm；子囊由产囊丝钩产生，柱棒状，具 8 个子囊孢子，孔口在 Melzer 试剂中呈淡蓝色，55–60 × 3.5–4 μm；子囊孢子梭形，无色，壁平滑，具 2–5 个小油滴，在子囊中呈双列至不规则双列排列，8–11× 1.2–1.7 μm；侧丝柱状，宽约 2 μm，与子囊顶端平齐。

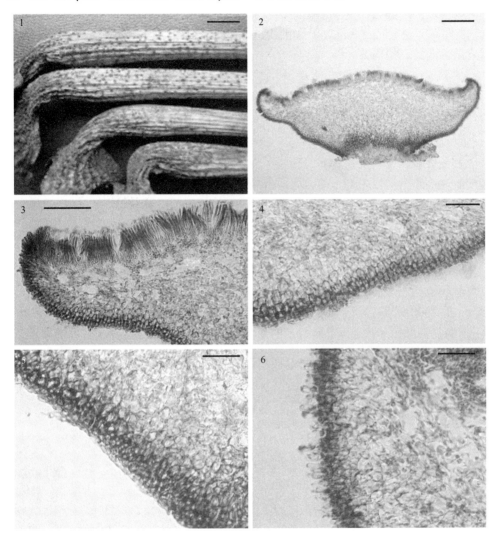

图 21 拟黄杯菌 Calycellinopsis xishuangbanna W.Y. Zhuang（HMAS 187063）
1. 自然基物上的子囊盘；2. 子囊盘解剖结构；3. 子实层结构和部分囊盘被结构；4、5. 囊盘被结构；6. 囊盘被表面短小的细胞延伸物。比例尺：1 = 10 mm；2、3 = 100 μm；4–6 = 20 μm

在 PDA 培养基上，菌落黄白色带粉色色调，放射状生长，有时可见同心轮纹；小孢子堆 Myrioconium-like，黏液状，玫瑰色，小孢子近球形至卵形，无色，直径约 1.8 μm；少量子囊盘在培养中产生。

基物：叶柄上生。

标本：湖南宜章县莽山自然保护区，海拔 1350 m，2002 IX 14，?楤木（Aralia

chinensis)的叶柄上生，庄文颖、吴文平、张向民 4241，HMAS 187063。云南西双版纳石灰山，海拔 650 m，1988 X 22，双子叶植物叶柄上生，Korf、臧穆、庄文颖 215，HMAS 58722（主模式）。

世界分布：中国。

讨论：该种子囊盘基部横切面的外围为暗色细胞，内部为淡色细胞，该特征与 *Calycellina* 属的子囊盘与基物的附着点具有褐色环相似，但它们在外囊盘被细胞的排列方式、走向及颜色，以及菌丝延伸物的走向和形状均不相同，并且外囊盘被靠近基部的表面被无色的胶质层覆盖。

半杯菌属 Calycina Nees ex Gray
Nat. Arr. Brit. Pl. 1: 669, 1821

子囊盘盘状、扁平至杯状，具短柄，子实层表面米色、淡黄色、黄色至略带粉色；外囊盘被为角胞组织至矩胞组织，外被短的细胞延伸物；盘下层为交错丝组织；子囊柱棒状，具 8 个子囊孢子，孔口在 Melzer 试剂中呈蓝色；子囊孢子梭形、梭椭圆形至椭圆形，具 0–1 个隔；侧丝线形。

模式种：*Calycina herbarum* (Pers.) Gray。

讨论：在柔膜菌科中，*Calycina* 属与 *Psilocistella* Svrček 较为相似，主要区别为后者的侧丝和囊盘被表面细胞延伸物中带有液泡。*Calycina* 属建立至今，已发现45个种（Kirk et al. 2008）。我国已知2个种（戴芳澜 1979；Zhuang 1998b），其中包括一个未定名种。子囊盘的颜色和大小，子囊孢子的形状、大小及分隔数是该属区分种的主要依据。

中国半杯菌属分种检索表

1. 子实层表面米色至浅黄色；子囊孢子梭形，具 1 个分隔 ·························· 半杯菌 *C. herbarum*
1. 子实层表面粉白色；子囊孢子梭椭圆形，无分隔 ············· 半杯菌属一未定名种 *Calycina* sp. 3931

半杯菌 图 22

Calycina herbarum (Pers.) Gray, Nat. Arr. Brit. Pl. 1: 67, 1821. Tai, Sylloge Fungorum Sinicorum p. 92, 1979.

≡ *Peziza herbarum* Pers., Tent. Disp. Meth. Fung. P. 30, 1797.

子囊盘盘状至扁平，具短柄，直径 1–3 mm，子实层表面米色至浅黄色，子层托白色至浅黄色；外囊盘被为角胞组织至矩胞组织，厚 26–37 μm，外被短的细胞延伸物，细胞多角形至矩形，无色，$5–9 \times 3–4$ μm，细胞延伸物柱棒状，壁平滑，$7–13 \times 3–4$ μm；盘下层为交错丝组织，厚 40–146 μm，菌丝无色，薄壁，宽 1.5–3 μm；子实下层厚 14–30 μm；子实层厚 85–102 μm；子囊由产囊丝钩产生，近圆柱形，具 8 个子囊孢子，孔口在 Melzer 试剂中呈蓝色，$79–92 \times 7–8$ μm；子囊孢子梭形，壁平滑，具 1 个分隔，在子囊中呈不规则双列排列，$13–17 \times 2–3.1$ μm；侧丝线形，具分隔，宽 1.2–2.8 μm，多与子囊顶端平齐。

基物：草本植物茎上生。

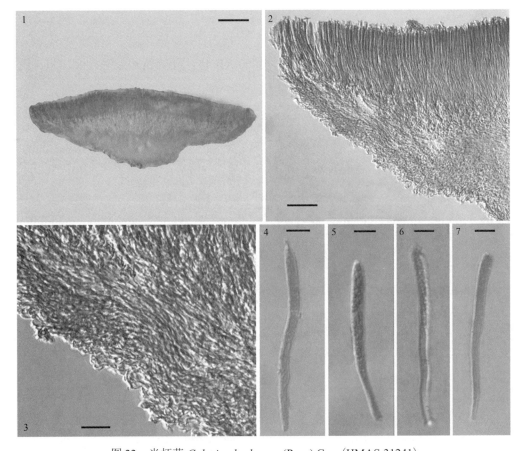

图 22 半杯菌 *Calycina herbarum* (Pers.) Gray (HMAS 31241)
1、2. 子囊盘解剖结构；3. 囊盘被结构；4-7. 子囊。比例尺：1 = 100 μm；2 = 30 μm；3-7 = 10 μm

标本：北京百花山，1995 IX 20，草本植物茎上生，庄文颖、王征1541，HMAS 71800。吉林安图长白山，1960 VIII 20，草本植物茎上生，杨玉川、原俊荣880，HMAS 30751。青海乐都引胜沟，海拔2600 m，1959 IX 9，草本植物茎上生，邢俊昌、马启明1541，HMAS 31241。

世界分布：中国、德国、英国、阿根廷、澳大利亚、新西兰。

讨论：该种为常见种，中国标本的形态特征与Raitviir (2004)的描述基本一致。

半杯菌属一未定名种 图 23
Calycina sp. 3931

子囊盘盘状，具短柄，直径 0.5-0.7 mm，新鲜时子实层表面为带粉色色调的白色，子层托淡粉色；外囊盘被为角胞组织至矩胞组织，厚 20-37 μm，外被短的细胞延伸物，细胞多角形至矩形，无色，5-15 × 3-8 μm，细胞延伸物短柱棒状，壁平滑，5-12 × 3-4 μm；盘下层为交错丝组织，厚 70-346 μm，菌丝无色，薄壁，宽 1.5-3 μm；子实下层厚 7-13 μm；子实层厚 90-112 μm；子囊由产囊丝钩产生，近圆柱形，具 8 个子囊孢子，孔口在 Melzer 试剂中呈蓝色，83-99 × 7.5-9.5 μm；子囊孢子梭椭圆形，壁平滑，无分隔，在子囊中呈不规则双列排列，12.5-15 × 3-4 μm；侧丝线形，具分隔，宽 1-2 μm，高于子囊顶端 0–12 μm。

基物：硬的腐木上生。

标本：海南通什五指山，海拔850 m，2000 XII 17，硬的腐木上生，余知和、庄文颖、张艳辉3931，HMAS 271271。

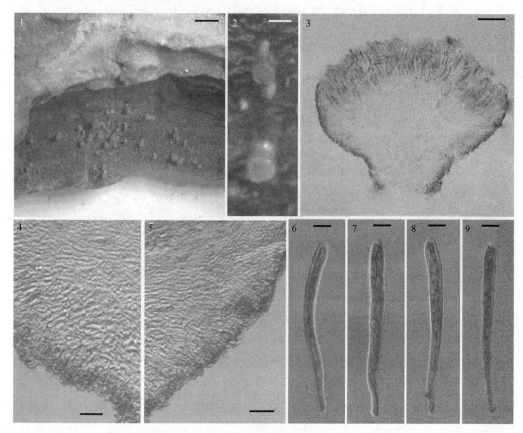

图 23　半杯菌属一未定名种 *Calycina* sp. 3931（HMAS 271271）
1. 自然基物上的子囊盘；2. 回水后的子囊盘；3. 子囊盘解剖结构；4、5. 囊盘被结构；6–9. 子囊。比例尺：1 = 5 mm；2 = 0.5 mm；3 = 100 μm；4、5 = 20 μm；6–9 = 10 μm

世界分布：中国。

讨论：该种的子囊盘解剖结构与半杯菌属的特征相似，但其子囊盘新鲜时为淡粉色，基物由于此种的生长而略带红色，它不同于 *Calycina* 属的任何已知种，暂且处理为 *Calycina* sp. 3931。

拟薄盘菌属 Cenangiopsis Rehm

Ber. Bayer. Bot. Ges. 13: 189, 1912. non *Cenangiopsis* Velen. 1947

子囊盘浅杯状至杯状，无柄，子实层表面黑色，子层托与子实层同色；外囊盘被为角胞组织，细胞排列疏松，多角形，褐色至暗褐色；盘下层为交错丝组织，菌丝无色至淡褐色；子囊柱棒状，具 8 个子囊孢子，孔口在 Melzer 试剂中呈蓝色；子囊孢子梭形至梭椭圆形，壁平滑，分隔有或无；侧丝披针形。

模式种：*Cenangiopsis quercicola* (Romell) Rehm。

讨论：拟薄盘菌属 *Cenangiopsis* Rehm 建立于 1912 年。Velenovský（1947）基于 *C. sambuci* Velen. 建立了第二个 *Cenangiopsis* Velen. 根据国际命名法规，后者为晚出同名因而不合法(McNeill et al. 2012）。Gremmen（1959）添加了一个种 *C. rubicola* Gremmen。Sharma（1983）建立新组合 *Cenangiopsis atrofuscata* (Schwein.) M.P. Sharma，由于该名称发表时未引证基原异名，为无效发表。该属目前已知 3 个种（Rehm 1912；Gremmen 1959；Ren and Zhuang 2016a），我国最近报道了 2 个种（Ren and Zhuang 2016a）。子囊盘颜色、大小，子囊孢子大小是该属分种的主要依据。

中国拟薄盘菌属分种检索表

1. 子囊孢子具 1 个分隔，11–15 × 2.5–4 μm ·· 青海拟薄盘菌 *C. qinghaiensis*
1. 子囊孢子不具分隔，4.7–7.5 × 1.5–2.2 μm ·· 悬钩子生拟薄盘菌 *C. rubicola*

青海拟薄盘菌　图 24

Cenangiopsis qinghaiensis F. Ren & W.Y. Zhuang, Mycosystema 35: 242, 2016.

子囊盘浅杯状，单生至群生，无柄，直径 0.5–2 mm，子实层表面黑色，子层托表面与子实层同色，略呈糠皮状；外囊盘被为角胞组织，厚 18–37.5 μm，细胞多角形，褐色，4–15 × 3–11 μm；盘下层为交错丝组织，厚 15–28 μm，菌丝无色至淡褐色，薄壁，宽 1.5–2.5 μm；子实下层厚 5–9.5 μm；子实层厚 72–95 μm；子囊柱棒状，基部渐细，具 8 个子囊孢子，孔口在 Melzer 试剂中变色，63–72 × 5.5–7 μm；子囊孢子梭形，部分略弯曲，壁平滑，具 1 个分隔，具 2 个油滴，在子囊中呈不规则双列排列，11–15 × 2.5–4 μm；侧丝披针形，最宽处 3–5 μm，基部 1.5–2.5 μm，高于子囊顶端 11–31 μm。

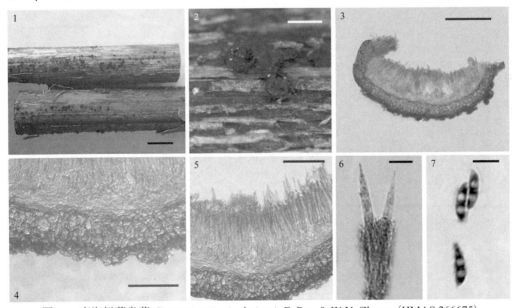

图 24　青海拟薄盘菌 *Cenangiopsis qinghaiensis* F. Ren & W.Y. Zhuang（HMAS 266675）

1、2. 自然基物上的子囊盘；3. 子囊盘解剖结构；4. 囊盘被结构；5. 子实层结构；6. 侧丝；7. 子囊。比例尺：1 = 5 mm；2 = 2 mm；3 = 100 μm；4、5 = 40 μm；6、7 = 10 μm

基物：腐木上生。

标本：青海班玛哑巴沟，海拔3755 m，2013 VII 28，腐木上生，曾昭清、朱兆香、任菲8421，HMAS 266675（主模式）。

世界分布：中国。

讨论：该种子囊盘的解剖结构符合 *Cenangiopsis* 属的属征。它与其他两个已知种在子囊盘大小（直径 0.5–2 mm vs. *C. rubicola*：0.5 mm 和 *C. quercicola*：2–3 mm）和子囊的大小（63–72 × 5.5–7 μm vs. *C. rubicola*：54 × 4 μm 和 *C. quercicola*：75–90 × 6 μm）方面不同，并且子囊孢子较大（11–15 × 2.5–4 μm vs. *C. rubicola*：6–8 × 2–2.5 μm，*C. quercicola*：7.5–9 × 2–3 μm）(Saccardo 1889；Rehm 1912；Nannfeldt 1932；Gremmen 1959)。*C. qinghaiensis* 的子囊孢子具 1 个分隔，另两个种的孢子均为单细胞。与 Nannfeldt(1932)提供的 *C. quercicola* 子囊盘解剖结构的图解比较，*C. qinghaiensis* 子层托表面的细胞排列略紧密，盘下层很薄（厚 15–28 μm vs. 57–556 μm），子囊盘无柄。

悬钩子生拟薄盘菌　图 25

Cenangiopsis rubicola Gremmen, Sydowia 12: 488, 1959 [1958]. F. Ren & W.Y. Zhuang, Mycosystema 35: 243, 2016.

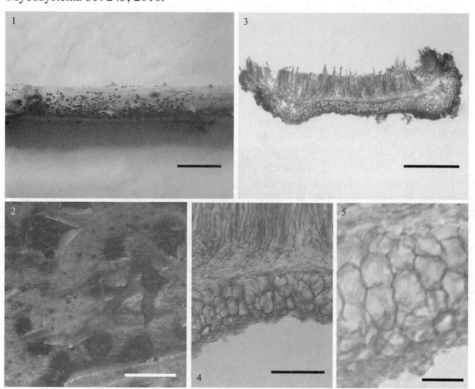

图 25　悬钩子生拟薄盘菌 *Cenangiopsis rubicola* Gremmen（HMAS 266676）

1、2. 自然基物上的子囊盘；3. 子囊盘解剖结构；4、5. 囊盘被结构。比例尺：1 = 10 mm；2 = 1 mm；3 = 100 μm；4 = 20 μm；5 = 10 μm

子囊盘杯状，单生至群生，无柄，直径 0.2–0.5 mm，子实层表面黑色，子层托表面与子实层同色，略呈糠皮状；外囊盘被为角胞组织，厚 21–55 μm，细胞多角形，暗褐色，5–13 × 3–11 μm；盘下层为交错丝组织，厚 13–20 μm，菌丝无色，薄壁，宽 1.5–2.2 μm；子实下层厚 5–11 μm；子实层厚 52–85 μm；子囊柱棒状，基部渐细，具 8 个子囊孢子，孔口在 Melzer 试剂中呈蓝色，49–52 × 3.9–4.5 μm；子囊孢子梭形，壁平滑，无分隔，在子囊中呈不规则单列排列，4.7–7.5 × 1.5–2.2 μm；侧丝披针形，最宽处 3–5.5 μm，基部 1.5–2 μm，高于子囊顶端 13–31 μm。

基物：腐木上生。

标本：青海班玛哑巴沟，海拔3755 m，2013 VII 28，一种带刺植物的腐木上生，曾昭清、朱兆香、任菲8416，HMAS 266676。

世界分布：中国、意大利、瑞典。

讨论：该种最初在意大利报道，Gremmen (1959) 对其进行了详细的形态描述。与原始描述相比，我国材料的子囊略短 (49–52 × 3.9–4.5 vs. 54 × 4 μm)，子囊孢子略短而较窄 (4.7–7.5 × 1.5–2.2 μm vs. 6–8 × 2–2.5 μm)，处理为种内变异。

薄盘菌属 Cenangium Fr.

Kongliga Svenska Vetenskapsakademiens Handlinger 39: 360, 1818

子囊盘多突破寄主组织，盘状、球形至陀螺状，子实层表面褐色、暗褐色至黑色，子层托与子实层同色或更暗，表面呈糠皮状；外囊盘被为角胞组织，细胞多角形，淡黄色至褐色；盘下层为交错丝组织，菌丝无色至淡褐色；子囊柱棒状，基部渐细，具 8 个子囊孢子，孔口在 Melzer 试剂中不变色；子囊孢子阔梭椭圆形、椭圆形至阔椭圆形，壁平滑；侧丝线形，具分隔，顶端略膨大。

模式种：*Cenangium ferruginosum* Fr.。

讨论：*Cenangium* 属建于 1818 年，可引起松树病害 (Fink 1911)。Dennis (1968) 将 *Cenangium* 属纳入散胞盘菌亚科。Verkley (1995) 对 *C. ferruginosum* 的子囊顶端的超微结构进行研究，发现其子囊顶孔很小，呈环状加厚，子囊释放孢子并不通过顶孔，而是不规则开裂。该属目前已知 25 个种 (Kirk et al. 2008)，我国仅发现 2 个种。戴芳澜 (1979) 报道了 *Cenangium abietis* (Pers.) Duby，其正确名称应为 *C. ferruginosum*；他报道的另外两个种糠麸薄盘菌 *C. furfuraceum* (Roth) De Not. 和杨薄盘菌 *Cenangium populneum* (Pers.) Rehm 已被移入 *Encoelia* 属；而对黑褐薄盘菌 *Cenangium atrofuscum* 的报道系基于错误鉴定。子囊盘的大小和颜色、子囊孢子大小和形状是该属分种的主要依据。

中国薄盘菌属分种检索表

1. 子囊盘褐色至黑褐色；子囊孢子阔梭椭圆形，11–13.5 × 4–5.8 μm ············ 薄盘菌 *C. ferruginosum*
1. 子囊盘黑色；子囊孢子阔椭圆形，10.8 × 7.2 μm ································· 日本薄盘菌 *C. japonicum*

薄盘菌 图 26

Cenangium ferruginosum Fr., Kongliga Svenska Vetenskapsakademiens Handlinger 39: 361, 1818.

= *Cenangium abietis* (Pers.) Rehm, Rabenh. Krypt. Fl., Edn 2 (Leipzig), 1.3 (lief. 31): 227, 1896. Tai, Sylloge Fungorum Sinicorum p. 95, 1979.

子囊盘球形至陀螺状，单生至群生，中部凹陷，边缘内卷，无柄至近具柄，直径可达 3 mm，子实层表面褐色、暗褐色至黑褐色，子层托较子实层色略深；外囊盘被为角胞组织，厚 22–55 μm，细胞多角形，褐色至暗褐色，壁略厚，5–12 × 3–9 μm；盘下层为交错丝组织，厚 27–328 μm，菌丝无色至近无色，宽 2–3.5 μm；子实下层厚 0–18 μm；子实层厚 78–95 μm；子囊由产囊丝钩产生，柱棒状，具 8 个子囊孢子，孔口在 Melzer 试剂中不变色，73–83 × 8–12 μm；子囊孢子阔梭椭圆形，壁平滑，无色，无分隔，具 1 个大油滴，在子囊中呈不规则双列排列，11–13.5 × 4–5.8 μm；侧丝线形，顶端略膨大，具分隔，顶部宽 1.5–3 μm，基部宽 1.2–2 μm。

基物：多在松属植物上生。

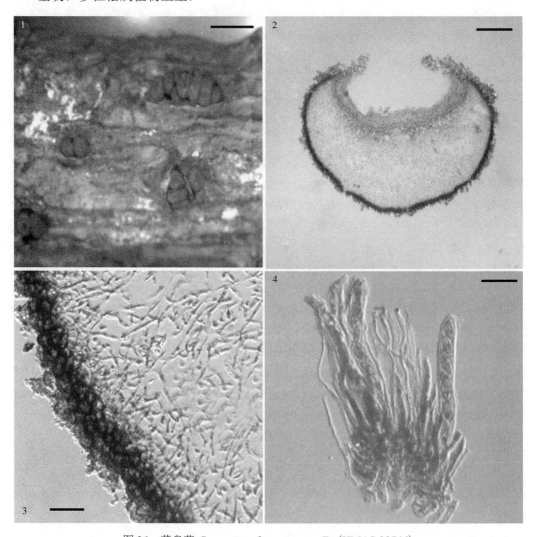

图 26　薄盘菌 Cenangium ferruginosum Fr. (HMAS 33746)
1. 自然基物上的子囊盘；2. 子囊盘解剖结构；3. 囊盘被结构；4. 子囊. 比例尺：1 = 3 mm；2 = 100 μm；3 = 10 μm；4 = 20 μm

标本：北京，1932 IV 20，赤松上生，HMAS 08461。河北，1981 V 24，红松上生，赵震宇 810240，HMAS 89922。辽宁本溪草河口，1954，红松上生，HMAS 271255；

本溪草河口，1961，红松上生，HMAS 271258；本溪草河口，1964 V，红松上生，邵力平 HMAS 33746；本溪偏岭，1991 X 19，红松上生，黄永青 1，HMAS 271261；本溪偏岭，1991 X 20，红松上生，黄永青 2，HMAS 271262。黑龙江尚志帽儿山，1991 VIII 31，红松上生，黄永青 3，HMAS 271263；小兴安岭铁力林业局，2008 VIII 8，红松枝条上生，池玉杰，HMAS 271259；伊春，1985 IX 25，红松上生，李达胜，HMAS 271260。山东泰安三桠，1963 VI 21，红松上生，陈翘邦 3，HMAS 35812。

世界分布：中国、日本、巴基斯坦、欧洲、非洲、美国。

讨论：*Cenangium ferruginosum* 为常见种。与 Dennis(1968)对英国材料的描述相比，中国标本的子囊略窄（73–83 × 8–12 μm vs. 80 × 15 μm），子囊孢子稍小(11–13.5 × 4–5.8 μm vs. 12–14 × 5–6 μm)。该属能引起枝枯病，使幼龄林大量枯死。

笔者未观察的种

日本薄盘菌

Cenangium japonicum (Henn.) Miura, Industrial Materials of the S. Manchuria Railway 27: 103, 1928. Tai, Sylloge Fungorum Sinicorum p. 95, 1979.

基物：松属枯枝上生。

国内报道：辽宁(三浦道哉 1930；戴芳澜 1979)。

世界分布：中国，日本。

讨论：据三浦道哉(1930)和戴芳澜(1979)报道，该种在我国辽宁分布。三浦道哉(1930)提供了其简要形态描述：子囊盘黑色，直径 2–3 mm，子囊圆柱形，80–90 × 12–13 μm，子囊孢子 10.8 × 7.2 μm；引起松树的干枯病。

绿散胞盘菌属 Chlorencoelia J.R. Dixon
Mycotaxon 1: 223, 1975

子囊盘浅杯状至漏斗形，具柄，子实层表面新鲜时污黄色、橄榄绿色至墨绿色，干后绿褐色、褐色、墨绿色至黑色，子层托与子实层同色或略深，柄与子层托同色；外囊盘被为角胞组织至球胞组织，表面常被细小的毛状物，细胞淡黄褐色至褐色；盘下层为交错丝组织，菌丝无色至淡褐色；子实下层为交错丝组织；子囊柱棒状，具 8 个子囊孢子，孔口在 Melzer 试剂中呈蓝色；子囊孢子椭圆形、长圆柱形至腊肠形，壁平滑；侧丝线形，具分隔，分枝或不分枝。

模式种：*Chlorencoelia versiformis* (Pers.) J.R. Dixon。

讨论：Dixon(1975)建立 *Chlorencoelia* 时，记载了 2 个种；*Chlorencoelia indica* (K.S. Thind, E.K. Cash & Pr. Singh) W.Y. Zhuang 随后加入该属(Thind et al. 1959；Sharma and Thind 1983；Zhuang 1988d)；最近，Iturriaga 和 Mardones(2013)报道了在委内瑞拉分布的 *C. ripakorfii* Iturr. & Mardones。该属目前已知 5 个种(Kirk et al. 2008；Iturriaga and Mardones 2013；Ren and Zhuang 2014a)，我国发现 4 个种(邓叔群 1963；戴芳澜 1979；Zhuang and Wang 1998a；Zhuang 1998a；Ren and Zhuang 2014a)，其中包括一个未定名

种。子囊盘颜色和大小、子囊孢子大小和形状、外囊盘被外毛状物有无及形态是该属分种的主要依据。

关于 Chlorencoelia 属的分类地位，Zhuang 等（2000）曾对散胞盘菌亚科 6 个属的 18S rDNA 进行序列分析，结果显示该亚科的属并没有聚类在一起，因此，散胞盘菌亚科有可能不是单系群。Wang 等（2006a, 2006b）采用 LSU + SSU + 5.8S rDNA 和 Tedersoo 等（2009）采用 ITS + 28S rDNA 对部分锤舌菌纲真菌进行序列分析，结果认为 Chlorencoelia 属与贫盘菌科（Hemiphacidiaceae）的成员聚类在一起，并将其转移至贫盘菌科。历史上，贫盘菌科包括一类能引起针叶树病害的无囊盖盘菌，它们的囊盘被发育不完全（Korf 1962；Ziller and Funk 1973；Stone 2005），与绿散胞盘菌 Chlorencoelia 的形态解剖结构完全不同。在未得到充足证据前，暂且将 Chlorencoelia 保留在柔膜菌科。

中国绿散胞盘菌属分种检索表

1. 子囊盘绿褐色至褐色；外囊盘被表面被毛状物或细胞延伸物 ································· 2
1. 子囊盘灰褐色至近黑色；外囊盘被表面无明显的菌丝延伸物 ································· 3
　2. 外囊盘被表面具突起物，细胞延伸物短小；子囊孢子长椭圆形至腊肠形，9.5–13.5 × 2.5–4.5 μm ··· 绿散胞盘菌 C. versiformis
　2. 外囊盘被表面毛状物棒状，顶端膨大；子囊孢子梭椭圆形，8.5–12.5 × 2.5–4.3 μm ··· 扭曲绿散胞盘菌 C. torta
3. 子囊孢子为两端钝圆的长梭形至腊肠形，20–35 × 4.5–5.8 μm ········ 大孢绿散胞盘菌 C. macrospora
3. 子囊孢子为梭椭圆形，12.8–18.5 × 3.7–4.7 μm ··· 绿散胞盘菌属一未定名种 Chlorencoelia sp. ZXQ8357

大孢绿散胞盘菌　图 27，图 28

Chlorencoelia macrospora F. Ren & W.Y. Zhuang, Mycoscience 55: 229, 2014.

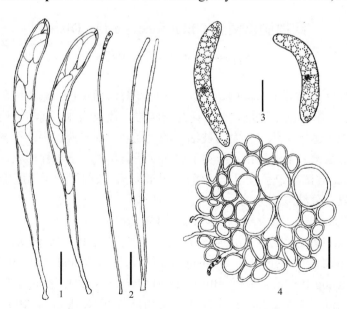

图 27　大孢绿散胞盘菌 Chlorencoelia macrospora F. Ren & W.Y. Zhuang（HMAS 266516）
1. 子囊；2. 侧丝；3. 子囊孢子；4. 部分外囊盘被及毛状物结构。比例尺：1、2、4 = 20 μm；3 = 10 μm

子囊盘浅杯状，单生至聚生，具柄，直径 5–8 mm，柄长可达 1 mm，子实层表面新鲜时灰褐色至黑色，干后黑色，子层托较子实层色略暗，柄略偏生，与子层托同色；外囊盘被为角胞组织至球胞组织，厚 52–79 μm，细胞多角形至球形，淡褐色，11–31 × 7–26 μm，毛状物或弯或直，壁平滑，菌丝宽 1.5–2.5 μm；盘下层为交错丝组织，厚 178–393 μm，菌丝无色至淡黄褐色，薄壁，宽 3–5.5 μm；子实下层厚 28–42 μm；子实层厚 188–230 μm；子囊由产囊丝钩产生，柱棒状，基部渐细，具 8 个子囊孢子，孔口在 Melzer 试剂中变色，为两条蓝线，160–230 × 9.2–12.8 μm；子囊孢子两端钝的长梭形至腊肠形，壁平滑，具多个油滴，在子囊中呈不规则双列排列，20–35 × 4.5–6 μm；侧丝线形，具分隔，宽 0.9–2.2 μm，与子囊顶端平齐或略高于子囊顶端。

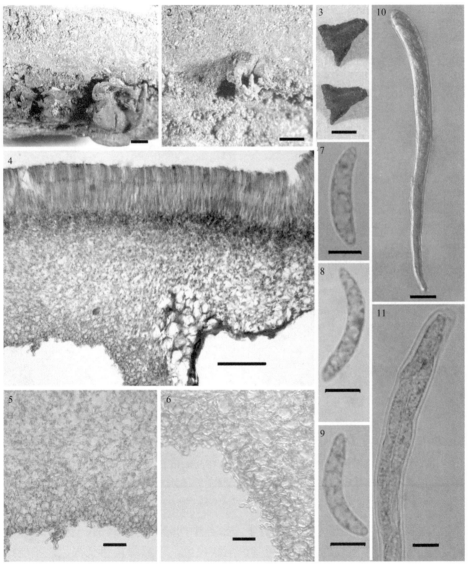

图 28 大孢绿散胞盘菌 Chlorencoelia macrospora F. Ren & W.Y. Zhuang（HMAS 266516）
1、2. 腐木上的干子囊盘；3. 回水后的子囊盘；4. 子囊盘解剖结构；5、6. 囊盘被结构及毛状物形态；7–9. 子囊孢子；10. 子囊；11. 子囊上半部分，显示子囊孢子排列方式。比例尺：1–3 = 2 mm；4 = 200 μm；5、6 = 60 μm；7–9 = 10 μm；10、11 = 20 μm

基物：硬的腐木上生。

标本：云南屏边大围山，海拔1900 m，1999 XI 4，腐木上生，庄文颖、余知和 3280，HMAS 266516（主模式）。

讨论：该种子囊孢子为两端钝圆的长梭形至腊肠形，与该属已知种相比，其显著特征是子囊和子囊孢子均很大。

扭曲绿散胞盘菌　图29

Chlorencoelia torta (Schwein.) J.R. Dixon, Mycotaxon 1(3): 230, 1975. Zhuang & Wang, Mycotaxon 66: 432, 1998.

≡ *Peziza torta* Schwein., Trans. Am. Phil. Soc., Ser. 2, 4(2): 175, 1832.

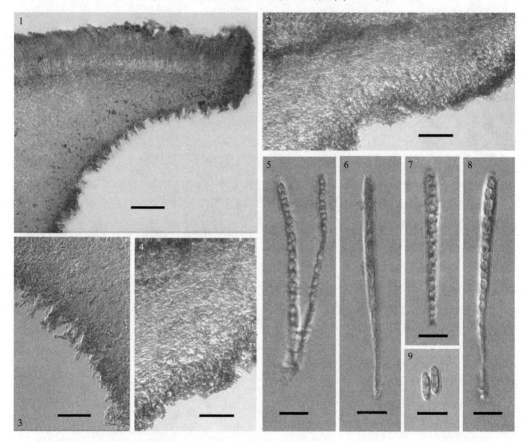

图29　扭曲绿散胞盘菌 *Chlorencoelia torta* (Schwein.) J.R. Dixon（HMAS 71905）
1. 子囊盘解剖结构；2-4. 囊盘被结构及毛状物结构；5-8. 子囊；9. 子囊孢子。比例尺：1 = 100 μm；2、4 = 20 μm；3 = 30 μm；5-9 = 10 μm

子囊盘盘状至浅漏斗形，单生至群生，部分中间略凹陷，具柄，直径 3-20 mm，柄长可达 5 mm，子实层表面新鲜时污黄色至绿褐色，干后绿褐色至褐色，子层托表面较子实层色略暗，略呈糠皮状，有时有褶皱，柄稍偏生，与子层托同色；外囊盘被为角胞组织和球胞组织，外被毛状物，厚49-85 μm，细胞多角形、近球形，壁棕黄色至褐色，4-10 × 3.7-6.4 μm，毛状物略弯曲或直立，棒状至柱棒状，顶端钝圆至头状，壁平滑，宽 3.5–7.3 μm；盘下层为较致密的交错丝组织，厚 94–951 μm，菌丝淡黄褐色至淡褐色，壁平滑或具褐色小颗粒，宽 3–5.5 μm；子实下层厚 23–38 μm；子实层厚 103–141 μm；子囊由产囊丝钩产生，柱棒状，基部渐细，顶端钝宽，具 8 个子囊孢子，孔口在 Melzer 试剂中呈蓝色，为两条较粗的蓝线，83–128 × 5–7.2 μm；子囊孢子梭椭圆形，壁平滑，具 2 个大油滴，在子囊中多呈不规则双列排列，偶见斜向单列排列，8.5–12.5 × 2.5–4.3 μm；侧丝线形，具分隔，宽 1.8–3 μm，高于子囊顶端 0–14 μm。

基物：多为硬的腐木上生。

标本：北京东灵山，海拔 1100 m，1998 VIII 20，腐木上生，王征、陈双林 0287，HMAS 75866；东灵山棒子沟，海拔 1150 m，1998 VIII 19，腐木上生，王征、张小青 0258，HMAS 75865。吉林敦化黄泥河东沟，海拔 350 m，2000 VIII 17，腐木上生，庄文颖、余知和 3559，HMAS 78145。黑龙江伊春带岭凉水林场，海拔 400–500 m，1996 VIII 27，腐木上生，王征、庄文颖 1282，HMAS 71905。湖北五峰后河，海拔 800 m，2004 IX 13，腐木上生，庄文颖、刘超洋 5608，HMAS 266515。四川西昌泸山，海拔 1980 m，1999 IX 19，腐木上生，杨祝良 2666，HMAS 76096。云南景洪勐腊，1999 X 18，腐木上生，庄文颖、余知和 3136，HMAS 266514；勐海曼搞，海拔 1300 m，1999 X 22，腐木上生，庄文颖、余知和 3192，HMAS 266513。西藏鲁朗，海拔 3360 m，2016 IX 23，腐木上生，郑焕娣、余知和、曾昭清、张玉博、陈凯 11243，HMAS 275645。

世界分布：中国、日本、俄罗斯、北美洲、澳大利亚、新西兰。

讨论：该种的子囊孢子为梭椭圆形，外囊盘被表面有棒状、顶端钝圆的毛状物，与 *Chlorencoelia versiformis* 的有别。我国标本的形态特征与 Dixon（1975）对来自世界其他地区该种的形态特征基本一致。

绿散胞盘菌　图 30

Chlorencoelia versiformis (Pers.) J.R. Dixon, Mycotaxon 1(3): 224, 1975. Zhuang & Wang, Mycotaxon 66: 436, 1998.

≡ *Peziza versiformis* Pers., Icon. Desc. Fung. Min. Cognit. 1: 25, 1798.

= *Midotis versiformis* (Pers.) Seaver, North American Cup-fungi (Inoperculates) p. 94, 1951. Teng, Fungi of China p. 264, 1963. Tai, Sylloge Fungorum Sinicorum p. 236, 1979.

子囊盘杯状至浅漏斗形，单生至群生，具柄，直径 7–10 mm，柄长可达 1 mm，子实层表面新鲜时橄榄绿色至墨绿色，干后墨绿色至黑色，子层托表面暗褐色至墨绿色，略呈糠皮状，稍带褶皱，柄稍偏生，与子层托同色；外囊盘被为角胞组织，外被毛状物，厚 42–72 μm，细胞多角形，黄褐色至褐色，表面具突起物，5–13 × 3–9 μm，细胞延伸物短小，顶端不膨大，壁平滑，有分隔，宽 5–7 μm；盘下层为交错丝组织，厚 49–251 μm，菌丝无色至淡褐色，壁平滑或带有褐色小颗粒，宽 3–5 μm；子实下层厚 28–43 μm；子实层厚 106–131 μm；子囊由产囊丝钩产生，柱棒状，基部渐细，具 8 个子囊孢子，孔口在 Melzer 试剂中变色显著，为两条较粗的蓝线，100–125 × 4.5–7.5 μm；子囊孢子长椭圆形至腊肠形，壁平滑，具 2 个大油滴，在子囊中多呈不规则双列形式排列，9.5–13.5 × 2.5–4.5 μm；侧丝线形，具分隔，宽 1.8–3 μm，多与子囊顶端平齐。

基物：多为硬的腐木上生。

标本：吉林安图县二道白河乡，海拔 900 m，1960 IX 2，腐木上生，杨玉川、原俊荣 1059，HMAS 30520。黑龙江伊春带岭凉水林场，1963 IX，红松阔叶林腐木上生，项存悌、潘学仁，HMAS 33720。陕西眉县太白山，1958 IX 22，腐木上生，张世俊 783，HMAS 33857。西藏鲁朗，海拔 3360 m，2016 IX 23，腐木上生，郑焕娣、余知和、曾昭清、张玉博、陈凯 11236，11238，HMAS 275646，275647。

世界分布：中国、日本、丹麦、俄罗斯、瑞典、南斯拉夫、阿根廷、美国、加拿大。

讨论：该种与 *Chlorencoelia torta* 有些相似，但其子囊孢子为长椭圆形至腊肠形，外囊盘被表面形成明显的突起物，细胞延伸物短小。中国标本的形态特征与 Dixon（1975）对该种的描述基本一致。

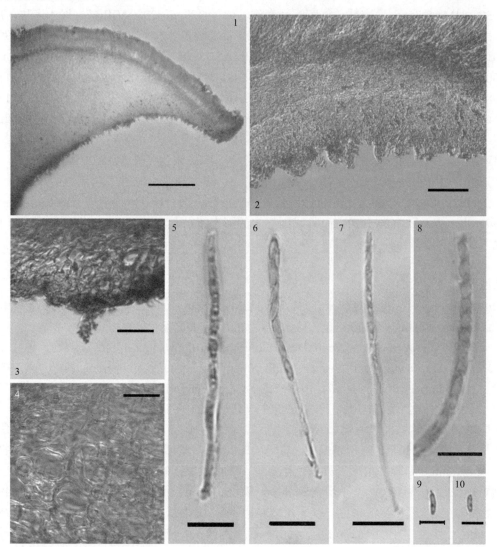

图 30 绿散胞盘菌 *Chlorencoelia versiformis* (Pers.) J.R. Dixon（1、3、4、6、8. HMAS 30520；2、5、7、9、10. HMAS 33857）

1. 子囊盘解剖结构；2–4. 囊盘被结构及毛状物结构；5–8. 子囊；9、10. 子囊孢子。比例尺：1 = 200 μm；2、3、5–8 = 20 μm；4、9、10 = 20 μm

绿散胞盘菌属一未定名种 图 31

Chlorencoelia sp. ZXQ8357, Ren & Zhuang, Mycosystema 35: 517, 2016.

子囊盘浅杯状至浅漏斗形，单生至群生，具柄，直径约 1 mm，柄长可达 0.5 mm，子实层表面绿褐色，子层托较子实层表面颜色略暗，略呈糠皮状，稍带褶皱，柄稍偏生，表面与子层托同色；外囊盘被为角胞组织，无明显的毛状物，厚 27–47 μm，细胞多角形，淡褐色至褐色，5–15 × 3.7–11 μm；盘下层为交错丝组织，厚 28–238 μm，菌丝无色至淡褐色，壁平滑，宽 2–4 μm；子实下层厚 18–28 μm；子实层厚 106–128 μm；子囊由产囊丝钩产生，柱棒状，基部渐细，具 8 个子囊孢子，孔口在 Melzer 试剂中变色显著，为两条较粗的蓝线，106–116 × 8.8–10 μm；子囊孢子梭椭圆形，壁平滑，多具 2–3 个油滴，在子囊中多呈不规则单列排列，12.8–18.5 × 3.7–4.7 μm；侧丝线形，具分隔，宽 1.8–2 μm。

基物：生长于腐木上。

标本：贵州雷山县雷公山，海拔 1400 m，2012 IX 11，腐木上生，张小青 ZXQ 8357，HMAS 271266。

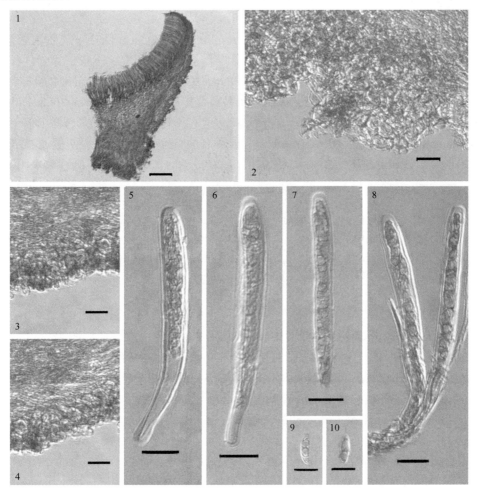

图 31　绿散胞盘菌属一未定名种 Chlorencoelia sp. ZXQ8357（HMAS 271266）
1. 子囊盘解剖结构；2–4. 囊盘被结构；5–8. 子囊；9、10. 子囊孢子。比例尺：1 = 100 μm；2–10 = 10 μm

世界分布：中国。

讨论：该种的子囊孢子较 *Chlorencoelia torta* 和 *C. verformis* 的大，而比 *C. macrospora* 的小，囊盘被组织中可见晶状体。它应该代表一个未描述的种，由于标本材料有限，不足以作为模式，暂且处理为 *Chlorencoelia* sp. ZXQ 8357。

绿杯菌属 Chlorociboria Seaver ex C.S. Ramamurthi, Korf & L.R. Batra

Mycologia 49: 857, 1958. emend. Dixon, Mycotaxon 1: 196, 1974

子囊盘盘状至近漏斗形，具柄，子实层表面新鲜时多为绿色至蓝绿色，干后铜绿色、蓝绿色至墨绿色，子层托较子实层色略暗，柄与子层托同色；外囊盘被通常为角胞组织，细胞淡绿色至绿色，部分种外表面被有细小的毛状物；盘下层为交错丝组织，菌丝无色至淡绿色，薄壁；子囊柱棒状，具 8 个子囊孢子，孔口在 Melzer 试剂中变色；子囊孢子梭形至梭椭圆形；侧丝线形。

模式种：*Chlorociboria aeruginosa* (Oeder) Seaver ex C.S. Ramamurthi, Korf & L.R. Batra。

讨论：Seaver(1936)以 *Chlorosplenium aeruginosum* (Oeder) De Not. 为模式建立了 *Chlorociboria* 属。Dixon(1974, 1975)对该属进行了专著性研究，记载了 4 个种和 2 个在地理分布上显著不同的亚种。Johnston 和 Park(2005)报道了新西兰分布的 15 个种，其中包括新描述的 13 个种和 1 个亚种。该属目前已知 19 个种(Kirk et al. 2008；Huhtinen et al. 2010；Ren and Zhuang 2014b)，我国已知 3 个种(邓叔群 1963；戴芳澜 1979；Ren and Zhuang 2014b)。子囊盘的大小和颜色、子囊孢子的大小和形状以及外囊盘被表面毛状物的形态是该属分种的主要依据。

中国绿杯菌属分种检索表

1. 外囊盘被表面毛状物壁较粗糙，子囊孢子梭椭圆形，7–13 × 1.8–3.2 μm ········ 绿杯菌 *C. aeruginosa*
1. 外囊盘被表面的毛状物壁平滑 ··· 2
　　2. 子囊孢子梭椭圆形，4.8–8.9 × 1.3–2.2 μm ························ 小孢绿杯菌 *C. aeruginascens*
　　2. 子囊孢子长梭椭圆形，11–18 × 3–5 μm ·································· 波托绿杯菌 *C. poutouensis*

小孢绿杯菌　图 32

Chlorociboria aeruginascens (Nyl.) Kanouse ex C.S. Ramamurthi, Korf & L.R. Batra, Mycologia 49: 858, 1958. Ren & Zhuang, Mycosystema 33: 919, 2014.

≡ *Peziza aeruginascens* Nyl., Not. Sällsk. Fauna Fl. Förh. 10: 42, 1869.

≡ *Chlorosplenium aeruginascens* (Nyl.) P. Karst., Not. Sällsk. Fauna Fl. Förh. 11: 233, 1870. Teng, Fungi of China p. 265, 1963. Tai, Sylloge Fungorum Sinicorum p. 106, 1979.

子囊盘盘状至近漏斗形，单生至群生，具偏生柄，直径 1–8 mm，柄长可达 4 mm，子实层表面绿色至淡蓝绿色，干后铜绿色、蓝绿色至墨绿色，子层托较子实层色略深，柄与子层托同色；外囊盘被为角胞组织至交错丝组织，外被毛状物，厚 47–80 μm，细胞多角形至菌丝状，淡绿色至绿色，3–9 × 2.2–6.5 μm，毛状物弯曲或平直，壁平滑，宽 0.8–2 μm；盘下层为交错丝组织，厚 70–281 μm，菌丝无色至淡绿色，薄壁，宽 1.5–4.2 μm；子实下层厚 10–28 μm；子实层厚 47–88 μm；子囊由产囊丝钩产生，柱棒状，基部渐细，顶端钝宽，具 8 个子囊孢子，孔口在 Melzer 试剂中变色，为两条蓝线，41–73 × 3–5 μm；子囊孢子梭椭圆形，顶端钝圆，基部较窄，壁平滑，具 2 个大油滴，在子囊中以不规则双列形式排列，4.8–8.9 × 1.3–2.2 μm；侧丝线形，具分隔，宽 0.9–1.8 μm，高于子囊顶端 0–14 μm。

基物：多为硬的腐木上生。

标本：北京东灵山，位置北纬 40.02°、东经 115.27°，1998 IX 16，腐木上生，王征 2245，HMAS 74679；房山，1957 VIII 23，树桩上生，马启明 1505，HMAS 23864；东灵山，1996 VII 20，腐木上生，黄永青，HMAS 71789。河北涿鹿杨家坪，1990 IX 1，地上生长，李惠中，HMAS 71790。吉林安图，位置北纬 43.07°、东经 128.54°，1995 IX 13，腐木上生，戴玉成 2087，HMAS 75722；安图长白山 3 km 附近，海拔 1350 m，1960 VIII 19，腐木上生，杨玉川 852，HMAS 25941；安图长白山，海拔 1350 m，1960 VIII 11，腐木上生，杨玉川、原俊荣 690，HMAS 29542；敦化大蒲柴，海拔 600 m，2012 VII 25，腐木上生，图力古尔、庄文颖 8176，HMAS 266498；敦化黄泥河，海拔 350 m，2000 VIII 16，腐木上生，庄文颖、余知和 3540，HMAS 266499；敦化松江林场，海拔 400 m，2012 VII 22，腐木上生，图力古尔、庄文颖 8042，HMAS 266501；敦化松江林场，海拔 400 m，2012 VII 22，腐木上生，图力古尔、庄文颖 8051，HMAS 266502；蛟河，海拔 550 m，1991 VIII 29，腐木上生，宗毓臣、庄文颖 774，HMAS 266620；蛟河，海拔 550 m，1991 VIII 31，腐木上生，庄文颖 786，HMAS 266621；蛟河大顶子山，海拔 800 m，1991 VIII 28，腐木上生，庄文颖 759，HMAS 266619；蛟河二道河，海拔 700 m，1991 IX 1，腐木上生，庄文颖 808，HMAS 266623；蛟河前进林场，海拔 450 m，2012 VII 24，腐木上生，图力古尔、庄文颖 8125，HMAS 266500。黑龙江伊春嘉荫青山乡，海拔 500 m，2014 VIII 25，腐木上生，郑焕娣、曾昭清、秦文涛 9169，HMAS 271246；伊春带岭凉水林场，海拔 400 m，1996 VIII 28，腐木上生，王征、庄文颖 1310，HMAS 266503；伊春带岭凉水林场，海拔 340 m，2014 VIII 28，腐木上生，郑焕娣、曾昭清、秦文涛 9306，9341，HMAS 271244，271245；伊春乌伊岭，海拔 280 m，2014 VIII 26，腐木上生，郑焕娣、曾昭清、秦文涛 9174，HMAS 271247；伊春乌伊岭，海拔 280 m，2014 VIII 26，腐木上生，郑焕娣、曾昭清、秦文涛 9189，HMAS 271248；伊春五营丰林，海拔 280 m，2014 VIII 27，腐木上生，郑焕娣、曾昭清、秦文涛 9214，9215，9216，HMAS 271249，271250，271251。安徽黄山，1957 VIII 30，阔叶林腐木上生，邓叔群 5207，HMAS 20310。河南重渡沟，海拔 1500 m，2013 IX 20，腐木上生，郑焕娣、曾昭清 8783，HMAS 266627。湖北神农架红坪，1984 VIII 20，阔叶林腐木上生，田金秀 163，HMAS 56476；神农架红花朵姜家湾，海拔 1700 m，1984 IX 8，腐木上生，田金秀 276，HMAS 56477；神农架，1984 VIII 26，腐木上生，田金秀，HMAS 57621；神农架，1981，腐木上生，植物所送，HMAS 47646；神农架金猴岭，海拔 2500 m，2014 IX 14，腐木上生，郑焕娣、曾昭清、秦文涛、陈凯 9515，HMAS 271283。广东茂名大雾岭，海拔 1400 m，1998 X 22，腐木上生，庄文颖、余知和 2787，HMAS 75521。广西东兰县板烈乡青山，海拔 900 m，1958 I 19，腐木上生，徐连旺 781，HMAS 23863；

凌乐县，海拔 2000 m，1957 XII 13，腐木上生，徐连旺 1175，HMAS 30637；凌乐县青龙山，1957 VII 24，腐木上生，徐连旺 1390，HMAS 24074。四川大巴山康家湾，1958 IX 15，化角树上生，余永年、邢延苏 1678，HMAS 27636；九寨沟，1992 IX 17，腐木上生，庄文颖 1044，HMAS 266625。云南，1934 IV 6，腐木上生，Y. Tsiang 781，HMAS 9335；宾川鸡足山，1927 IX 11，腐木上生，姚荷生 5228，HMAS 01228；宾川鸡足山，1927 IX 18，腐木上生，周家炽 5226，HMAS 01226；河口大围山，海拔 1900 m，1999 XI 5，腐木上生，庄文颖、余知和 3313，HMAS 266504。陕西佛坪天华山，海拔 1300 m，1991 IX 26，腐木上生，张小青、庄文颖 884，HMAS 266622；眉县太白山大殿，1958 IX 17，腐木上生，张世俊 725，HMAS 27634；眉县太白山大殿，1963 VII 21，腐木上生，马启明 2539，HMAS 33489。甘肃，1945 X 5，腐木上生，邓叔群 4066，HMAS 8946；天水东岔乡白杨林沟，1958 VIII 6，腐木上生，杨玉川 513，HMAS 27633；下川小红坎，1985 VIII 24，林里木皮上生，HMAS 221932。

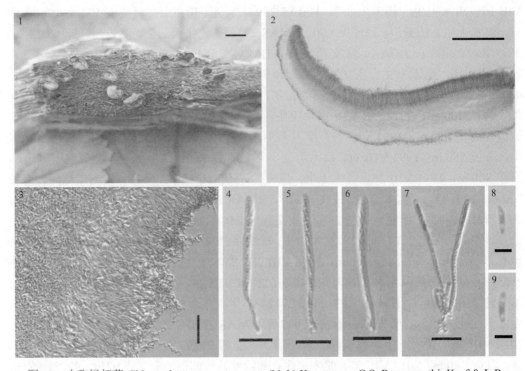

图 32　小孢绿杯菌 *Chlorociboria aeruginascens* (Nyl.) Kanouse ex C.S. Ramamurthi, Korf & L.R. Batra (1、5、8、9. HMAS 271244；2–4、6、7. HMAS 266499)
1. 自然基物上的子囊盘；2. 子囊盘解剖结构；3. 囊盘被结构及毛状物形态；4–7. 子囊；8、9. 子囊孢子。
比例尺：1 = 5 mm；2 = 200 μm；3 = 20 μm；4–7 = 10 μm；8、9 = 5 μm

世界分布：中国、印度、日本、菲律宾、英国、芬兰、挪威、俄罗斯、斯洛文尼亚、西班牙、巴西、哥斯达黎加、墨西哥、美国、加拿大、澳大利亚、巴布亚新几内亚、新西兰。

讨论：该种系我国常见种。中国标本的形态特征与 Dixon (1975) 的描述基本一致，子囊盘略小。我国材料与美国材料的 ITS 序列相似性高达 99%，并且在系统树中聚类在一起；而新西兰材料在一起形成另一个分支，本研究支持将新西兰材料处理为一个亚种(Ren and Zhuang 2014b)。

绿杯菌 图 33

Chlorociboria aeruginosa (Oeder) Seaver ex C.S. Ramamurthi, Korf & L.R. Batra, Mycologia 49: 859, 1958. Ren & Zhuang, Mycosystema 33: 920, 2014.

≡ *Helvella aeruginosa* Oeder, Fl. Danic. 3(9): 7, 1770.

= *Chlorosplenium aeruginosum* (Oeder) De Not., Discom. p. 22, 1864. Teng, Fungi of China p. 264, 1963. Tai, Sylloge Fungorum Sinicorum p. 106, 1979.

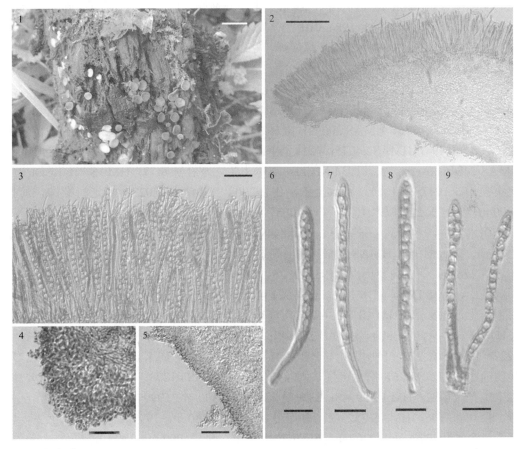

图 33 绿杯菌 *Chlorociboria aeruginosa* (Oeder) Seaver ex C.S. Ramamurthi, Korf & L.R. Batra (1、4、6. HMAS 244992；2、3、5、7–9. HMAS 266505)
1. 自然基物上的子囊盘；2. 子囊盘解剖结构；3. 子实层结构；4、5. 囊盘被结构及毛状物结构；6–9. 子囊。
比例尺：1 = 5 mm；2 = 100 μm；3、4 = 20 μm；5 = 30 μm；6–9 = 10 μm

子囊盘盘状至浅漏斗形，单生至群生，具柄，直径 4–15 mm，柄长可达 2 mm，子实层表面绿色至铜绿色，干后铜绿色、蓝绿色至墨绿色，子层托较子实层色略深，柄稍偏生，与子层托同色；外囊盘被为角胞组织，外被毛状物，厚 18–70 μm，细胞多角形至菌丝状，淡绿色至绿色，3–9 × 2–6 μm，毛状物弯曲或平直，表面有颗粒状纹饰，宽 1.5–3.7 μm；盘下层为交错丝组织，厚 56–192 μm，菌丝无色至淡绿色，薄壁，宽 1–3 μm；子实下层厚 12–28 μm；子实层厚 57–105 μm；子囊由产囊丝钩产生，柱棒状，基部渐细，具 8 个子囊孢子，孔口在 Melzer 试剂中变色，为两条蓝线，56–95 × 4–7.6 μm；子囊孢子梭椭圆形，两端钝圆，壁平滑，具 2 个大油滴，在子囊中呈不规则双列排列，7–13 × 1.8–3.2 μm；侧丝线形，宽 1–2 μm，高于子囊顶端 0–11 μm。

基物：多为硬的腐木上生。

标本：吉林敦化黄林一场，海拔800 m，2000 VIII 15，腐木上生，庄文颖、余知和3506，HMAS 266618；蛟河林场，1991 VIII 28，腐木上生，高文臣800，HMAS 266624。黑龙江伊春带岭凉水林场，海拔400 m，1996 VIII 30，腐木上生，王征、庄文颖1359，HMAS 266505。安徽黄山，1957 VIII 24，腐木上生，邓叔群5030，HMAS 20480。河南龙峪湾，海拔1500 m，2013 IX 17，腐木上生，郑焕娣、曾昭清、朱兆香8708，HMAS 266671。湖北神农架红坪，1984 VIII 20，腐木上生，田金秀162，HMAS 56478；神农架大龙潭，2014 IX 13，腐木上生，郑焕娣、曾昭清、秦文涛、陈凯9432，HMAS 271282。广东封开，1998 X 28，腐木上生，庄文颖、余知和2862，HMAS 75551。广西凌乐老山，1957 XII 9，腐木上生，徐连旺1006，HMAS 26782；凌乐老山，海拔1200 m，1957 XII 14，腐木上生，徐连旺304，HMAS 30698；凌乐老山，海拔1700 m，1957 XII 15，腐木上生，徐连旺1256，HMAS 30699；隆林金中山，海拔1700 m，1957 XI，林中倒木上生，徐连旺1494，HMAS 24075；隆林金中山，1957 X 19，竹林腐木上生，徐连旺090，HMAS 24246。海南定安，1934 XII 11，腐木上生，邓祥坤7477，HMAS 7160。四川康定贡嘎山，1997 VIII 14，腐木上生，王征2008，HMAS 72027；泸定海螺沟，海拔1900 m，1997 X 22，腐木上生，王征2065，HMAS 75901；壤塘，海拔3000 m，2013 VII 29，腐木上生，曾昭清、朱兆香、任菲8449，HMAS 244992。云南，1934 IV 6，腐木上生，Y. Tsiang1058，HMAS 9057；保山高黎贡山，1959 IX 23，腐木上生，王庆之1345，HMAS 27635；保山高黎贡山，1959 IX 25，腐木上生，王庆之1461，HMAS 26081；宾川鸡足山，1938 IX 9，腐木上生，张美钺134，HMAS 17035；宾川鸡足山，1927 IX 18，腐木上生，周家炽，HMAS 17036；云南河口大围山，海拔1900 m，1999 XI 5，腐木上生，庄文颖、余知和3324，HMAS 252345；昆明西山，1927 VII 15，腐木上生，周家炽5227，HMAS 01272；昆明西山，1927 VII 15，腐木上生，周家炽5272，HMAS 01227；昆明西山，1927 VII 6，腐木上生，周家炽5273，HMAS 01273；绿春，1973 IX 19，腐木上生，臧穆82，HMAS 39748；勐海曼搞，海拔1300 m，1999 X 22，腐木上生，庄文颖、余知和3196，HMAS 252346；勐海曼搞，海拔1200 m，1999 X 23，腐木上生，庄文颖、余知和3212，HMAS 266506；屏边大围山，海拔1900 m，1999 XI 4，腐木上生，庄文颖、余知和3278，HMAS 266507；屏边大围山，海拔1900 m，1999 XI 4，腐木上生，庄文颖、余知和3279，HMAS 266508；思茅菜阳河，海拔1300 m，1999 X 13，腐木上生，庄文颖、余知和2998，HMAS 266509；思茅菜阳河，海拔1300 m，1999 X 13，腐木上生，庄文颖、余知和3010，HMAS 266510；思茅菜阳河，海拔1300 m，1999 X 13，腐木上生，庄文颖、余知和3032，HMAS 252347；西畴县小桥沟，海拔2000 m，1959 V 15，腐木上生，王庆之102，HMAS 26082。陕西，1935 VIII 31，腐木上生，E. Licent 4739，HMAS 29114。甘肃，1945 X 20，腐木上生，邓叔群4067，HMAS 9285；迭部白龙江林管局阿夏林场多尔沟，海拔2550 m，1998 VII 30，腐木上生，陈双林114，HMAS 252348。

世界分布：中国、日本、印度、菲律宾、英国、芬兰、挪威、俄罗斯、斯洛伐克、西班牙、摩洛哥、美国、加拿大、澳大利亚、新西兰。

讨论：该种世界广布，也是我国的常见种。在 *Chlorociboria* 属中，该种与另一常见种*C. aeruginascens* 相似，但子囊及子囊孢子均较后者大，外囊盘被表面的毛状物表面具微小的颗粒状纹饰(Dixon 1975)。我国材料与世界其他地区材料的形态特征基本一致(Dixon 1975)。由于上述两个种产生的色素将基物染成绿色，俗称为"绿染菌"。

波托绿杯菌 图 34

Chlorociboria poutouensis P.R. Johnst., Johnston & Park, N.Z. J. Bot. 43: 709, 2005. Ren & Zhuang, Mycosystema 33: 921, 2014.

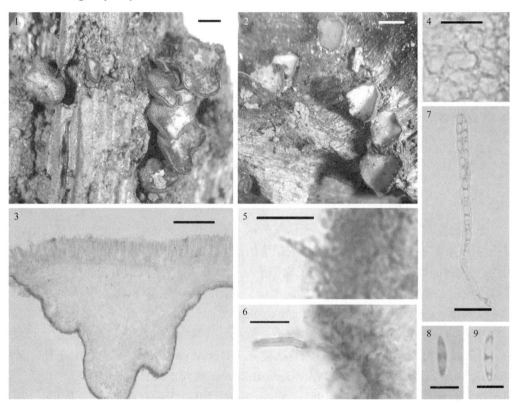

图 34 波托绿杯菌 *Chlorociboria poutouensis* P.R. Johnst.(1、2、4、6-9. HMAS 266511，3、5. HMAS 24247)

1, 2. 自然基物上的子囊盘；3. 子囊盘解剖结构；4. 外囊盘被结构；5、6. 毛状物形态；7.子囊；8、9. 子囊孢子。比例尺：1、2 = 1 mm；3 = 200 μm；4-6、8、9 = 10 μm；7 = 20 μm

子囊盘单生至群生，盘状，具略偏生的柄，直径 1-3 mm，柄长可达 1 mm，子实层表面白色、淡绿色至淡蓝绿色，干后橘黄色、淡蓝绿色至蓝绿色，中心颜色稍淡，子层托较子实层色略深，柄与子层托同色；外囊盘被为角胞组织，外被毛状物，厚 29-73 μm，细胞多角形至菌丝状，淡绿色至绿色，6-19 ×4-9 μm，毛状物柱棒状，弯曲或平直，壁平滑，15-24 ×1.8-3 μm；盘下层为交错丝组织，厚 40-330 μm，菌丝无色至淡绿色，薄壁，宽 1.5-3.3 μm；子实下层厚 7-15 μm；子实层厚 120-128 μm；子囊由产囊丝钩产生，柱棒状，基部渐细，具 8 个子囊孢子，孔口在 Melzer 试剂中变色，为两条蓝线，80-121 × 6-9.2 μm；子囊孢子长梭椭圆形，顶端钝圆，基部较窄，壁平滑，具 2 个大油滴，在子囊中以不规则双列形式排列，11–18 × 3–5 μm；侧丝线形，宽 1.5–2.3 μm，高于子囊顶端 8–17 μm。

基物：硬的腐木上生。

标本：云南思茅菜阳河，海拔 1300 m，1999 X 13，腐木上生，庄文颖、余知和 3031，HMAS 252349。陕西秦岭，2012 IX 29，腐木上生，韩培杰 8257，HMAS 266511；秦岭，2012 IX 29，腐木上生，韩培杰 8357，HMAS 266512。广西隆林，1957 X 24，腐木上生，徐连旺 354，HMAS 24247。

世界分布：中国、新西兰。

讨论：*Chlorociboria poutouensis* 最初在新西兰被发现，原始描述基于一份标本（Johnson and Park 2005）。与原始描述相比，我国材料的子囊盘略大（1–3 mm vs. 0.8–1.5 mm），颜色略暗；柄较长（0.5–1 mm vs. 0.3–0.4 mm）；外囊盘被的细胞较大（6–19 × 4–9 μm vs. 3–7 μm 宽），毛状物的表面平滑；子囊孢子大小范围广一些（11–18 × 3–5 μm vs. 12–17× 3–4 μm）。我国材料与新西兰材料 ITS 序列的相似性为 99%，这里将上述差异处理为种内变异（Ren and Zhuang 2014b）。

绿胶杯菌属 Chloroscypha Seaver

Mycologia 23: 248, 1931

子囊盘盘状、垫状至陀螺状，无柄或具柄，子实层表面黄绿色、黑绿色至黑色，子层托与子实层同色或略暗；外囊盘被为矩胞组织、角胞组织至交错丝组织，细胞无色至褐色；子囊棒状至柱棒状，具 8 个子囊孢子，孔口在 Melzer 试剂中变色或不变色；子囊孢子梭形、梭椭圆形、船形至阔椭圆形，壁平滑；侧丝线形。

模式种：*Chloroscypha seaveri* Rehm ex Seaver。

讨论：Chloroscypha 属的子囊盘较小，黄绿色、黑绿色至黑色，通常胶质，以松、柏、杉等针叶树为基物。Seaver（1931）在建立 Chloroscypha 属时描述了 4 个种，又将 *Chloroscypha cedrina* (Cooke & W.R. Gerard) Seaver 移入该属（Seaver 1938）。其后，该属的物种数量有所增加（Terrier 1952；Dennis 1954，1964；Kobayashi 1965；Petrini 1982；Butin 1984），目前世界已知 15 个种（Kirk et al. 2008），我国已发现 3 个种（戴雨生 1992；Zhuang 1995；Ren and Zhuang 2016b）。生长基物以及子囊孢子的形状和大小是该属分种的主要依据。

中国绿胶杯菌属分种检索表

1. 子囊孢子梭形至拟纺锤形 ·· 西沃绿胶杯菌 *C. seaveri*
1. 子囊孢子椭圆形、球形至阔椭圆形 ··· 2
    2. 子囊孢子椭圆形至阔椭圆形，9–13 × 6–7.5 μm ························· 新疆绿胶杯菌 *C. xinjiangensis*
    2. 子囊孢子球形至椭圆形，23–33 × 8–12 μm ··························· 侧柏绿胶杯菌 *C. platycladus*

西沃绿胶杯菌　图 35

Chloroscypha seaveri Rehm ex Seaver, Mycologia 23: 248, 1931. Zhuang, Mycotaxon 56: 35, 1995.

子囊盘盘状至陀螺状，单生至群生，近无柄，直径 0.3–0.6 mm，子实层表面绿色至墨绿色，中心色稍淡，干后黑色，子层托表面与子实层同色；外囊盘被边缘为平行排列的菌丝，厚 40–50 μm，侧面至基部为矩胞组织至角胞组织，厚约 50 μm，菌丝黄褐色，细胞淡褐色至褐色，5–15 × 2–6 μm；盘下层为交错丝组织，厚 35–50 μm，菌丝无色至淡褐色，壁薄，宽 1.5–3.5 μm；子实下层厚 9–18 μm；子实层厚 140–150 μm；子囊由产囊丝钩产生，棒状，具 8 个子囊孢子，孔口在 Melzer 试剂中不变色，100–142 × 20–25 μm；子囊孢子梭形至拟纺锤形，壁平滑，具多个油滴，在子囊中呈不规则双列排列，23–33 × 8–12 μm；侧丝线形，顶端平直或弯曲，略膨大，宽 1.5–2.5 μm，形成囊盘被，厚 20–30 μm。

基物：多为松枝上生。

标本：安徽岳西大别山，1992 IV 15，柳杉上生，侯成林917，HMAS 62987。

世界分布：中国、美国。

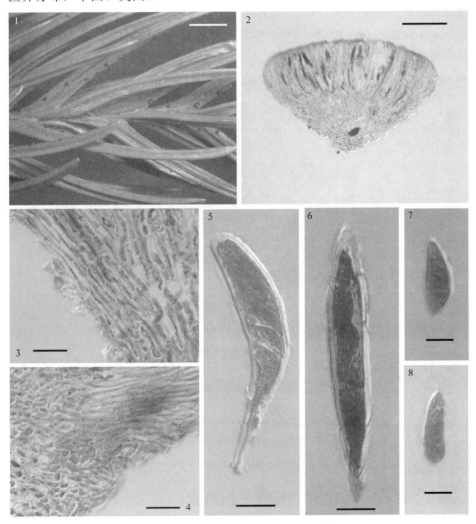

图 35 西沃绿胶杯菌 Chloroscypha seaveri Rehm ex Seaver（HMAS 62987）
1、2. 针叶树枝上的子囊盘；2. 子囊盘解剖结构；3、4. 囊盘被结构；5、6. 子囊；7、8. 子囊孢子。比例尺：1 = 2 mm；2 = 150 μm；3、4、7、8 = 10 μm；5、6 = 20 μm

讨论：该种引起植物的枯萎病，子囊孢子老熟后可能变为褐色。

新疆绿胶杯菌　图 36

Chloroscypha xinjiangensis F. Ren & W.Y. Zhuang, Mycosystema 35: 512, 2016.

子囊盘杯状至陀螺状，单生至群生，近无柄，直径 0.2–0.3 mm，子实层表面墨绿色至黑色，干后黑色，子层托表面与子实层同色；外囊盘被为矩胞组织至角胞组织，厚 50–73 μm，细胞淡褐色至褐色，9–27 × 5–11 μm；盘下层为交错丝组织，厚 15–40 μm，菌丝无色至淡褐色，薄壁，宽 1.5–3.5 μm；子实下层厚 15–22 μm；子实层厚 73–92 μm；子囊棒状，具 8 个子囊孢子，孔口在 Melzer 试剂中不变色，47–57 × 9–13 μm；子囊孢子椭圆形至阔椭圆形，壁平滑，具 2 个大油滴，在子囊中呈不规则双列排列，9–13 × 6–7.5 μm；侧丝线形，顶端略膨大，宽 1.2–2.5 μm。

基物：新疆五针松树枝上生。

标本：新疆伊犁果子沟，海拔 1800 m，2003 VIII 11，新疆五针松（*Pinus sibirica*）树枝上生，庄文颖、农业 4856，HMAS 252886（主模式）。

世界分布：中国。

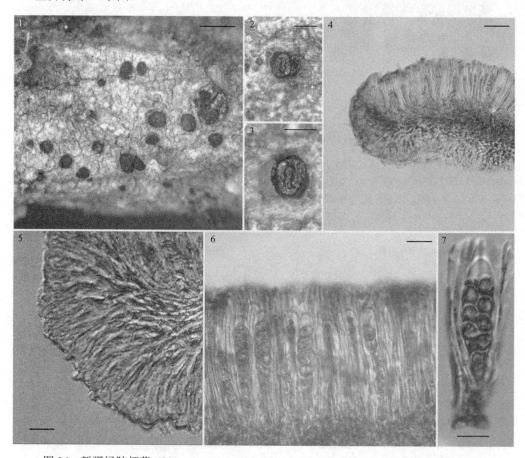

图 36　新疆绿胶杯菌 *Chloroscypha xinjiangensis* F. Ren & W.Y. Zhuang（HMAS 252886）
1. 针叶树枝上的子囊盘；2、3. 回水的子囊盘；4.子囊盘解剖结构；5. 囊盘被结构；6. 子实层结构；7. 子囊。
比例尺：1 = 0.5 mm；2、3 = 0.2 mm；4 = 50 μm；5 = 15 μm；6 = 20 μm；7 = 10 μm

讨论：与 *Chloroscypha* 属过去已知的 15 个种相比较，*C. xinjiangensis* 的囊盘被结构与 Petrini(1982)描绘 *C. enterochroma* (Peck) Petrini 的图示最为相似，但与该属其他种的子囊和子囊孢子在大小上有显著差异，并且生长基物不同（表 2）(Ren and Zhuang 2016b)。

表 2 绿胶杯菌属各种寄主及形态特征比较

种名	寄主/基物	子囊盘直径/mm	子囊大小/μm	碘反应	子囊孢子形状	子囊孢子大小/μm	来源
Chloroscypha xinjiangensis F. Ren & W.Y. Zhuang	*Pinus sibirica*	0.2–0.3	47–57 × 9–13	J–	椭圆形至阔椭圆形	9–13 × 6–7.5	Ren and Zhuang (2016b)
C. alutipes (W. Phillips) Dennis	*Libocedrus decurrens*	1–2	90–120 × 12–15	J+	卵圆形	16–23 × 5–8	Dennis (1964)
C. cedrina (Cooke) Seaver	*Juniperus verginia*	[不详]	140–160 × 12–14	[不详]	卵圆形	20 × 10	Seaver (1938)
C. chamaecyparidis (Sawada) Tak. Kobay	*Chamaecyparispisifera*	0.5–1	105–155 ×14.5–23.5	J+	[不详]	[不详]	Kobayashi (1965)
C. chloromela (W. Phillips & Harkn.) Seaver	*Sequoia sempervirens*	0.6–1	[不详]	[不详]	梭椭圆形	20–25 × 4–5	Seaver (1931)
C. cryptomeriae Terrier	*Cryptomeria japonica*	[不详]	115–140 × 19–24	J–	[不详]	20–31 × 6–12	Terrier (1952)
C. enterochroma (Peck) Petrini	*Thuja occidentalis*	[不详]	100–110 × 10–12	J–	梭形	19–24 × 6–9	Petrini (1982)
C. fitzroyae Butin	*Fitzroya cupressoides*	0.3–0.4	110–140 × 14–16	J–	球形至椭圆形	10–13 ×9–11	Butin (1984)
C. jacksonii Seaver	*Thuja occidentalis*	2	100–110 × 12–14	J+	梭形至拟纺锤形	20–28 × 6–7	Seaver (1931)
C. juniperina (Ellis) Seaver	*Juniperina communis*	0.25	130 ×20	[不详]	椭圆形至梭形	18–20 × 9–10	Seaver (1931)
C. limonicolor (Bres.) Dennis	*Thuja occidentalis*	1–2	150–160 × 12–15	[不详]	近梭形	22–25 × 6–7	Dennis (1964)
C. pilgerodendri Butin	*Pilgerodendronuviferum*	0.3–0.4	100–120 × 15–18	J–	椭圆	23 × 7	Butin (1984)
C. platycladus Y.S. Dai	*Platycladus orientalis*	0.2–0.5	80–129 × 10–15	J–	球形至椭圆形	13–18 × 8–15	戴雨生 (1992)
C. sabinae (Fuckel) Dennis	*Sabina virginiana*	[不详]	90–150 × 14–20	J–	卵圆形至椭圆形	15–21 × 6–8	Dennis (1954)
C. seaveri Rehm ex Seaver	*Thuja plicata*	0.5	100–135 × 25–30	J–	梭形至拟纺锤形	25–28 × 8–9	Seaver (1931)
C. thujopsidis (Sawada) Tak. Kobay	*Thuja standishii*	0.4–0.6	80–135 × 15–21	J+	球形至椭圆形	18–21 × 7.5–8	Kobayashi (1965)

笔者未观察的种

侧柏绿胶杯菌

Chloroscypha platycladus Y.S. Dai, Acta Mycologica Sinica 11: 207, 1992.

基物：侧柏的鳞叶或细枝上生。

国内报道：江苏(戴雨生 1992)。

世界分布：中国。

讨论：戴雨生(1992)提供了该种的形态描述及图解，子囊盘黑色，漏斗形，直径 0.21–0.46 mm，子囊圆筒状，子囊顶厚 2.6–3.9 μm，80–129 × 10–15 μm，子囊孢子单列，13–18 × 8–15 μm。

小胶盘菌属 Claussenomyces Kirschst.
Verh. Bot. Ver. Prov. Brandenb. 65: 122, 1923

子囊盘盘状，无柄至具短柄，子实层表面多为暗绿色、橄榄绿色至近黑色，子层托与子实层同色或略暗；外囊盘被为交错丝组织，胶化；盘下层为交错丝组织，胶化；子囊柱棒状；子囊孢子线性、梭形至梭棒形，具分隔；侧丝线形。

模式种：*Claussenomyces jahnianus* Kirschst.。

讨论：*Claussenomyces* 属建立后，种类不断增加(Korf and Abawi 1971；Ouellette and Pirozynski 1974；Ouellette and Korf 1979；Korf and Zhuang 1987；Iturriaga 1991)，目前已知 19 个种(Kirk et al. 2008)，我国仅发现 1 个种(Korf and Zhuang 1985a)。子囊盘大小、子囊孢子大小及分隔数是该属分种的主要依据。

花耳状小胶盘菌(参照)　图 37
Claussenomyces cf. **dacrymycetoideus** Ouell. & Korf, Mycotaxon 10: 259, 1979. Korf & Zhuang, Mycotaxon 22: 499, 1985.

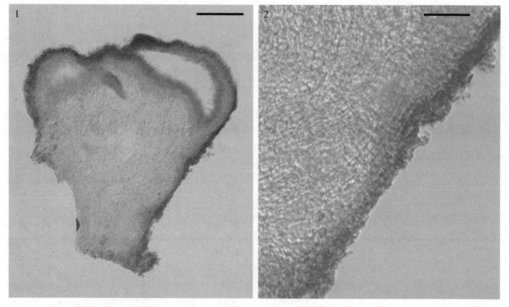

图 37　花耳状小胶盘菌(参照) *Claussenomyces* cf. *dacrymycetoideus* Ouell. & Korf (HMAS 158400)
1. 子囊盘解剖结构；2. 囊盘被结构。比例尺：1 = 100 μm；2 = 20 μm

子囊盘盘状，直径小于 0.5 mm，无柄，子实层表面橄榄绿色，子层托较子实层色略暗，组织胶化；外囊盘被为交错丝组织，厚27–45 μm，菌丝无色至淡褐色；盘下层为交错丝组织，厚27–210 μm，菌丝无色；侧丝线形。

基物：落叶松上生。

标本：四川青城山，1981 IX 7，落叶松上生，郑儒永 & R.P. Korf CH 2293，HMAS 158400，CUP-CH 2293。

世界分布：中国。

讨论：中国科学院微生物研究所菌物标本馆以及美国康乃尔大学植物病理标本馆仅保存了该种的子囊盘切片，均无子实体。切片中可见少量成熟的子囊孢子及子囊分生孢子。根据 Korf 和 Zhuang(1985a)记载，该材料在进行切片后，子实体已不存在，因而不能提供该种的完整描述。我国材料与 *Claussenomyces dacrymycetoideus* 最为接近。

复柄盘菌属 Cordierites Mont.

Annls Sci. Nat., Bot., Sér. 2, 14: 330, 1840

子囊盘盘状、近漏斗形至耳状，具柄，子实层表面多为褐色，子层托表面较子实层色略暗，柄与子层托同色；外囊盘被为角胞组织，不胶化，外层具菌丝延伸物，细胞多角形至椭圆形，壁褐色；盘下层为交错丝组织，菌丝淡褐色至褐色；子囊柱棒状，具8个子囊孢子，孔口在 Melzer 试剂中不变色；子囊孢子椭圆形，无色，壁平滑，具2个大油滴；侧丝线形。

模式种：*Cordierites guianensis* Mont.。

讨论：Montagne(1840)建立了 *Cordierites* 属，最初仅包括一个种。Berkeley(1856)描述了该属的第二个种 *Cordierites sprucei* Berk.，百余年后 *Cordierites boedijnii* W.Y. Zhuang 加入该属 (Zhuang 1988)。关于该属的分类地位，学者们持不同观点，Saccardo(1889)将其置于复柄盘菌族 Cordieriteae，Ciferri(1957)认为它应归入柔膜菌科。Korf(1973)将其定位于柔膜菌科中的散胞盘菌亚科 Encoelioideae。该属目前已知 3 个种 (Kirk et al. 2008)，我国仅发现 1 个种。曾经报道的 *Cordierites frondosa* (Kobayasi) Korf 的正确名称应为 *Ionomidotis frondosa* (Kobayasi) Kobayasi & Korf (刘波等 1988；Zhuang 1998c)。子囊盘大小和形状、外囊盘被表面菌丝延伸物的形态以及子囊孢子的大小是该属区分种的主要依据。

斯氏复柄盘菌　图38，图39

Cordierites sprucei Berk., Hooker's J. Bot. Kew Gard. Misc. 8: 280, 1856. Zhuang & Korf, Mycotaxon 35: 304, 1989.

子囊盘盘状、耳状至近漏斗形，单生至群生，具柄，直径 12–30 mm，柄长可达 8 mm，子实层表面暗紫色、暗紫褐色、暗褐色至近黑色，子层托较子实层色略深，柄偏生，与子层托同色；组织具有 ionomidotic 反应（在 KOH 水溶液中，组织产生紫色或紫褐色渗出物）；外囊盘被为角胞组织至矩胞组织，外被短的菌丝延伸物，厚 21–45 μm，细胞多角形，淡褐色至褐色，9–31 × 5–15 μm；盘下层为交错丝组织，菌丝平行，厚 93–375 μm，菌丝无色至淡褐色，宽 3.5–5.5 μm；子实下层厚 23–59 μm；子实层厚 62–78 μm；子囊由产囊丝钩产生，近圆柱形，具 8 个子囊孢子，孔口在 Melzer 试剂中不变色，60–76 × 4–4.6 μm；子囊孢子椭圆形，壁平滑，具 2 个大油滴，在子囊中呈不规则单列排列，3.9–5.2 × 2.1–2.9 μm；侧丝线形，具分隔，宽 1.5–2.0 μm，多与子囊顶端平行。

基物：多于大树茎、硬的腐木及阔叶树桩上生。

标本：吉林白山大阳岔，1988 VIII 7，腐木上生，R.H. Petersen 1419，HMAS 56494。广东封开黑石顶，海拔 300 m，1998 X 28，树干上生，庄文颖、余知和 2860，HMAS 75550；封开黑石顶，海拔 250–300 m，1998 X 28，阔叶树桩上生，庄文颖、文华安、孙述霄 98599，HMAS 75328。陕西留坝岩坊，海拔 950 m，1991 IX 21，腐木上生，庄文颖 853，HMAS 271256。[采集地不详]，2004 X 15，腐木上生，刘旭东，HMAS 154491。

世界分布：中国、菲律宾、俄罗斯、非洲、南美洲。

讨论：由于该种的子囊盘组织在 KOH 水溶液中具有 ionomidotic 反应（有色素外渗），该种曾被 Durand（1923）处理为 *Ionomidotis sprcei* (Berk.) E.J. Durand，但其子囊盘解剖结构与 *Ionomidotis* 属的明显不同，而与 *Cordierites* 属的模式种相似（Zhuang and Korf 1989），后者为其正确归属。

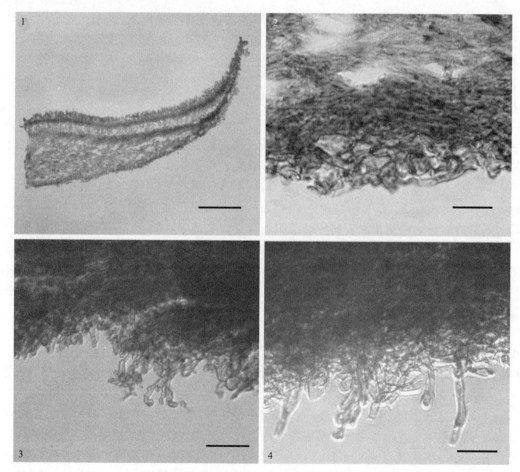

图 38　斯氏复柄盘菌 *Cordierites sprucei* Berk.（HMAS 75550）
1. 子囊盘解剖结构；2. 囊盘被结构；3、4. 囊盘被表面菌丝延伸物。比例尺：1 = 200 μm；2 = 20 μm；3 = 10 μm；4 = 5 μm

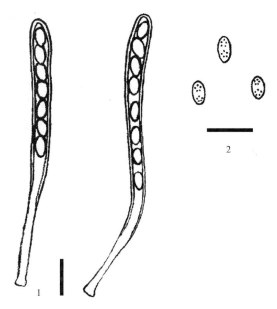

图 39 斯氏复柄盘菌 *Cordierites sprucei* Berk.（HMAS 75550）
1.子囊；2. 子囊孢子。比例尺：1、2 = 10 μm

胶被盘菌属 Crocicreas Fr.

Summa Veg. Scand., Section Post. (Stockholm): 418, 1849

Cyathicula De Not., Comm. Soc. Crittog. Ital. 1(5): 381, 1864 [1863]
Belonium sect. *Scelobelonium* Sacc., Syll. Fung. 8: 496, 1889
Belonidium sect. *Podobelonium* Sacc., Syll. Fung. 8: 503, 1889
Belonioscypha Rehm, in Winter, Rabenh. Krypt.-Fl., Edn 2, 1.3(lief. 38): 706, 743, 1892 [1896]
Davincia Penz. & Sacc., Malpighia 15(7-9): 215, 1902 [1901]
Scelobelonium (Sacc.) Höhn., Annln K.K. Naturh. Hofmus. Wien 20 (4): 367, 1905
Podobelonium (Sacc.) Sacc. & D. Sacc., Syll. Fung. 18: 106, 1906
Exotrichum Syd. & P. Syd., Annls Mycol. 12(6): 571, 1914
Conchatium Velen., Monogr. Discom. Bohem.: 211, 1934
Ascoverticillata Kamat, Subhedar & V.G. Rao, in Subhedar & Rao, Sydowia 31: 251, 1979 [1978]

子囊盘散生，盘状，小型，具柄、短柄至无柄，边缘平滑、圆齿状、流苏状至齿状，子实层表面白色、黄色至褐色，子层托表面平滑、绒毛状至纤毛状；外囊盘被为矩胞组织或交错丝组织，胶化，菌丝与表面近平行或有角度，盘下层为薄壁丝和交错丝组织；子囊棒状至近圆柱形，顶端钝圆或乳突状，通常具 8 个子囊孢子，个别种具 4 个子囊孢子，孔口在 Melzer 试剂中呈蓝色或不变色；子囊孢子椭圆形、梭形至线形，无隔至多隔，多无色，平滑或略粗糙，胶质鞘或有或无；侧丝线形、棒状至披针形。

模式种：*Crocicreas gramineum* (Fr.) Fr.。

讨论：1849 年，Fries 以 *Crocicreas gramineum* 为模式建立了 *Crocicreas* 属，最初为单种属，归入核菌类。Petrak 和 Sydow（1923）研究了 *Crocicreas* 的模式材料后，认为它可能是不成熟的 *Phialea*（Pers.）Gillet 的成员，因此建议废除 *Crocicreas* 属，这一观点被 Pirozynski 和 Morgan-Jones（1968）接受。Carpenter（1981）研究了该属模式种的原始材料后，认为它与 *Cyathicula stipae* (Fuckel) E. Müll. 为同物异名，基于优先权原则，*Cyathicula* 属（1864 年）应为 *Crocicreas* 属（1849 年）的晚出异名。但是，也有学者认为 *Crocicreas* 和 *Cyathicula* 在子囊孔口和侧丝的特征上存在差异，应视为不同的属（Baral and Krieglsteiner 1985；Triebel and Baral 1996；Chlebická and Chlebicki 2007；Baral et al. 2013b）。Spooner（1981）基于 *Crocicreas dryadis* (Nannf. ex L. Holm) S.E. Carp. 建立了 *Grahamiella* Spooner，其鉴别特征为生于 *Dryas* 叶片的毛状物上，子囊盘近无柄，外囊盘被由褐色的厚壁丝组织构成，子囊孢子具 1–3 个分隔。其后，Pegler 等（1999）将 *Cr. variabile* Nograsek & Matzer 也转入 *Grahamiella* 属，上述特征能否作为分属的依据尚需研究。

关于 *Crocicreas* 属的无性阶段鲜有报道，但基于 ITS、28S 和 actin 基因序列分析的结果，发现产抗真菌脂肽 pneumocandins 的无性阶段真菌 *Glarea lozoyensis* Bills & Peláez 与该属成员有很近的系统发育关系。但是，在培养中 *G. lozoyensis* 产生深褐色的菌丝和暗色多细胞的分生孢子，而 *Crocicreas* 属在培养物中产生无色至淡褐色的菌丝，不产孢，提取物没有抗真菌活性（Peláez et al. 2011），它们并不同属。

Carpenter（1981）对该属进行了世界专著性研究，目前已知约 83 个种（Graddon 1980；Carpenter 1981；Sharma and Korf 1982；Arendholz and Sharma 1983；Huhtinen 1985；Sharma 1985；Johnston 1989；Samuels and Rogerson 1990；Nograsek and Matzer 1991；Raitviir and Kutorga 1992；Galán et al. 1994；Döbbeler 1999；Iturriaga et al. 1999；Raitviir and Shin 2003；Raitviir and Schneller 2007；Whitton et al. 2012），我国已发现 11 个种（戴芳澜 1979；Whitton 1999；Wang 2002；Zheng and Zhuang 2015c, 2016b）。子囊盘形状、边缘特征、子实层颜色、囊盘被结构、子囊孔口特征、子囊孢子形状、大小、分隔数目和油滴数量、侧丝形状是该属区分种的主要特征。

中国胶被盘菌属分种检索表

1. 子囊孢子具 3 分隔 ··· 螺旋胶被盘菌 *C. helios*
1. 子囊孢子具 0–1 分隔 ·· 2
　　2. 子囊孢子长度大于 20 μm ··· 柯夫胶被盘菌 *C. korfii*
　　2. 子囊孢子长度小于 20 μm ··· 3
3. 子囊孢子长度小于 4 μm ·· 小孢胶被盘菌 *C. minisporum*
3. 子囊孢子长度大于 4 μm ·· 4
　　4. 子囊盘坛状，边缘高于子实层，呈领状 ·· 雪白胶被盘菌 *C. nivale*
　　4. 子囊盘盘状 ··· 5
5. 子囊由简单分隔产生 ·· 杯状胶被盘菌 *C. cyathoideum*
5. 子囊由产囊丝钩产生 ·· 6
　　6. 子囊在 Melzer 试剂中不变色 ··· 新疆胶被盘菌 *C. xinjiangensis*
　　6. 子囊在 Melzer 试剂中呈蓝色 ··· 7
7. 外囊盘被为交错丝组织 ··· 8

7. 外囊盘被为矩胞组织 ··· 9
　　8. 子囊孢子多油滴，12–20 × 3–5 μm ·· 冠胶被盘菌 C. coronatum
　　8. 子囊孢子无油滴，4.5–7.7 × 1.8–2.5 μm ································ 假竹生胶被盘菌 C. pseudobambusae
9. 子囊孢子具 1 分隔 ··· 华北胶被盘菌 C. boreosinae
9. 子囊孢子无分隔 ·· 10
　　10. 子囊孢子椭圆形，6.5–8 × 2.5–3.3 μm ·· 白胶被盘菌 C. albidum
　　10. 子囊孢子梭形，两端钝圆，11–14 × 2.2 –3.3 μm ·························· 黄色胶被盘菌 C. luteolum

白胶被盘菌　图 40

Crocicreas albidum Raitv. & H.D. Shin, Mycotaxon 85: 333, 2003. Zheng & Zhuang, Ascomycete.org 7(6): 396, 2015.

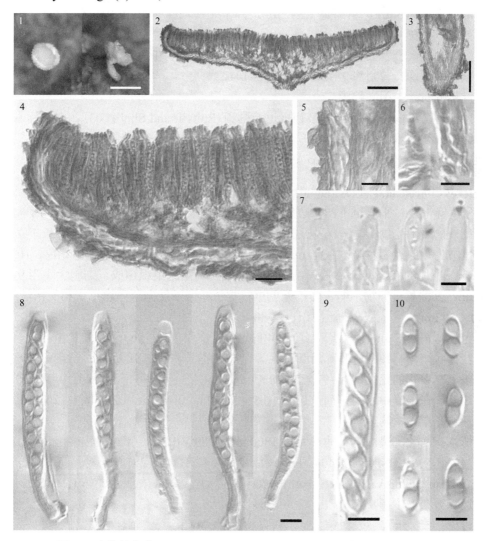

图 40　白胶被盘菌 *Crocicreas albidum* Raitv. & H.D. Shin (HMAS 271412)
1. 自然基物上的子囊盘（干标本）；2. 子囊盘解剖结构；3. 柄的解剖结构；4. 囊盘被和子实层结构；5. 柄的结构（中部）；
6. 产囊丝钩；7. 子囊孔口碘反应；8. 子囊；9. 子囊中的子囊孢子；10. 子囊孢子。
比例尺：1 = 0.5 mm；2、3 =100 μm；4、5 = 20 μm；6–10 = 5 μm

子囊盘散生至单生，盘状，边缘平滑，直径 0.6–0.8 mm，具柄，子实层表面白色至粉白色，干后淡褐色，子层托干后类白色，略粗糙，柄与子层托同色同质，基部不黑，长 0.3–0.4 mm；外囊盘被为矩胞组织，厚 15–30 μm，胶化，边缘菌丝基本与表面平行，中下部菌丝与子层托表面成小角度，细胞无色，厚壁，13–30 × 7–12 μm，表面的 2—3 层菌丝胶化程度低至不胶化，偶有伸出的菌丝末端；盘下层为薄壁丝组织和交错丝组织，厚 30–85 μm，外层为薄壁丝组织，厚 10–16.5 μm，内层为交错丝组织，厚 20–60 μm，菌丝无色，宽约 3 μm；子实下层未分化；子实层厚 60–70 μm；子囊由产囊丝钩产生，柱棒状，顶端钝圆，短柄，具 8 个子囊孢子，孔口在 Melzer 试剂中呈蓝色，为两条上宽下窄的蓝线，45–56 × 4.5–5.5 μm；子囊孢子椭圆形，两端尖，无色，单细胞，具 2 个大油滴，在子囊中呈单列或不规则单列排列，6.5–8 × 2.5–3.3 μm；侧丝线形，顶端略膨大，顶部宽约 3 μm，基部宽 1.5–2 μm，高出子囊顶部 5–10 μm。

基物：腐树叶。

标本：安徽金寨天堂寨，海拔 900–1000 m，2011 VIII 24，腐树叶上生，陈双林、庄文颖、郑焕娣、曾昭清 7813，HMAS 271412。

世界分布：中国、韩国。

讨论：*Crocicreas albidum* 最初报道于韩国（Raitviir and Shin 2003），中国标本与该种的原始描述基本吻合。

华北胶被盘菌　图 41

Crocicreas boreosinae H.D. Zheng & W.Y. Zhuang, Ascomycete.org 7(6): 394, 2015.

子囊盘散生，平展至下凹，边缘平滑，直径 1.5–4.5 mm，具柄至长柄，子实层表面黄色，干后橙色，子层托较子实层色淡，被微绒毛，柄与子层托同色同质，长 1–2 mm；外囊盘被为矩胞组织，厚 12–33 μm，胶化，菌丝近平行或略交织，细胞无色，10–20 × 2–5 μm，壁厚约 0.5 μm，覆盖层由 2–3 层非胶化的矩胞组织构成，细胞大小为 9–15 × 3–4 μm，具菌丝延伸物，柄表菌丝无色至淡褐色；盘下层为薄壁丝组织和交错丝组织，厚 30–250 μm，外层为薄壁丝组织，厚 30–90 μm，内层为交错丝组织，厚 20–205 μm，菌丝无色，宽 2–5 μm；子实下层厚约 40 μm；子实层厚 88–96 μm；子囊由产囊丝钩产生，柱棒状，顶端钝圆，基部渐细，具 8 个子囊孢子，孔口在 Melzer 试剂中呈蓝色，为两条上窄下宽的蓝线，70–97 × 7.7–8.8 μm；子囊孢子梭形，无色，具(0–)1 个分隔，具多油滴，在子囊中双列排列，13.2–16.5 × 3.5–4.5 μm；侧丝线形，宽约 2.5 μm。

基物：草本植物茎。

标本：河北雾灵山莲花池，海拔 1800 m，1989 VIII 26，草本植物茎上生，庄文颖 499，493，506，HMAS 271403（主模式），271404，HMAS 271405。新疆和静巩乃斯，海拔 2170 m，2003 VIII 16，单子叶植物茎上生，庄文颖、农业 5009，HMAS 271406。

世界分布：中国。

讨论：该种子实层表面黄色，子囊盘边缘平滑，子层托被微绒毛，外囊盘被为矩胞组织，子囊孢子具 1 个分隔，具多个油滴，与 *Crocicreas* 属中子囊孢子具 1 个分隔的种容易区分。*Crocicreas dolosellum* (P. Karst.) S.E. Carp. 的子囊盘边缘齿状，外囊盘被菌丝较窄（15–20 × 2 μm），子囊（50–65 × 4–5 μm）和子囊孢子（10–17 × 1.5–2 μm）较小（Carpenter 1981）。

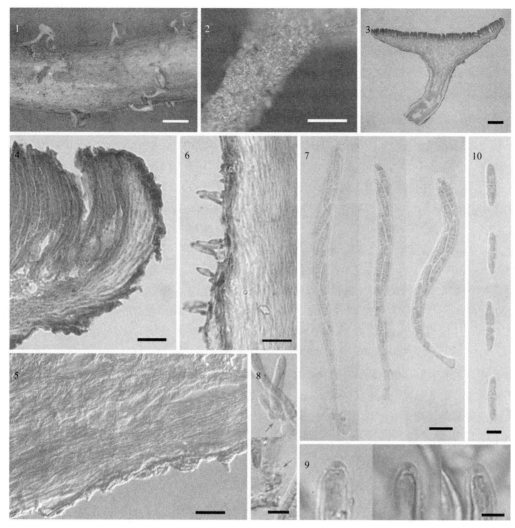

图 41 华北胶被盘菌 Crocicreas boreosinae H.D. Zheng & W.Y. Zhuang（HMAS 271403）
1. 自然基物上的子囊盘（干标本）；2. 子层托和柄表面（干标本）；3. 子囊盘解剖结构；4. 囊盘被结构（边缘）；5. 囊盘被结构（子层托中部）；6. 柄的结构（中部）；7. 子囊；8. 产囊丝钩；9. 子囊孔口碘反应；10. 子囊孢子。
比例尺：1 = 2 mm；2、3 = 200 μm；4–6 = 20 μm；7 = 10 μm；8–10 = 5 μm

冠胶被盘菌 图 42，图 43

Crocicreas coronatum (Bull.) S.E. Carp., Brittonia 32(2): 269, 1980. Wang, Fung. Sci. 17(3–4): 83, 2002. Zheng & Zhuang, Ascomycete.org 7(6): 398, 2015.

≡ *Peziza coronata* Bull., Herb. Fr. 9: tab. 416, fig. 4, 1789.

子囊盘散生，盘状，平展至下凹，边缘平滑至齿状，直径 0.7–3.5 mm，具柄至长柄，子实层表面浅黄色至粉黄色，干后淡黄色至浅肉色，子层托类白色至同色，柄与子层托同色，基部淡色，0.5–4 mm；外囊盘被为交错丝组织，厚 20–90 μm，胶化，菌丝与表面近平行至成小角度，内部细胞无色，壁薄，10–40 × 2.5–5.5 μm，表面 2–3 层菌丝不胶化，壁略粗糙，淡褐色；盘下层为薄壁丝组织和交错丝组织，厚 15–275 μm；外层为薄壁丝组织，厚 15–110 μm，内层为交错丝组织，厚 40–250 μm，菌丝无色至淡褐色，宽 2–5 μm；子实下层厚 20–30 μm；子实层厚 80–110 μm；子囊由产囊丝钩产生，柱棒状，顶端宽乳突状至钝圆，具 8 个子囊孢子，孔口在 Melzer 试剂中呈蓝色，为两条上窄下宽的蓝线，65–100 × 6.5–9 μm；子囊孢子梭形，一侧略膨大，无色，具 0–1 个分隔，具多个油滴，在子囊中双列排列，12–20 × 3–5 μm；侧丝线形，宽 1.5–2.5 μm。

基物：草本植物茎。

标本：北京东灵山，1998 VIII 18，草本植物茎上生，王征 238，HMAS 75882。河北雾灵山莲花池，海拔 1800 m，1989 VIII 26，草本植物茎上生，庄文颖 491，HMAS 271420。黑龙江伊春带岭凉水林场，海拔 340 m，2014 VIII 28，草本植物茎上生，郑焕娣、曾昭清、秦文韬 9313，9323，9332，HMAS 271425，271426，271427；伊春五营丰林，海拔 280 m，2014 VIII 27，草秆上生，郑焕娣、曾昭清、秦文韬 9233，9235，HMAS 271421，271422；伊春西岭，海拔 390 m，2014 VIII 27，草本植物茎上生，郑焕娣、曾昭清、秦文韬 9262，9265，HMAS 271423，271424。河南栾川重渡沟，海拔 1500 m，2013 IX 21，草本植物茎上生，郑焕娣、曾昭清、朱兆香 8830，HMAS 273907。湖北神农架，海拔 1200 m，2004 IX 15，草本植物茎上生，庄文颖、刘超洋 5652，5670，5683，HMAS 271429，271430，271431；神农架，海拔 2400 m，2004 IX 16，草本植物茎上生，庄文颖，刘超洋 5720，HMAS 271432；神农架国公坪，海拔 1550 m，2014 IX 19，草本植物茎上生，郑焕娣、曾昭清、秦文韬、陈凯 9832，HMAS 252908；神农架黄宝坪，海拔 1750 m，2014 IX 16，草本植物茎上生，郑焕娣、曾昭清、秦文韬、陈凯 9638，HMAS 273728；神农架大龙潭，海拔 2000 m，2014 IX 13，草本植物茎上生，郑焕娣、曾昭清、秦文韬、陈凯 9426，HMAS 252907；神农架小龙潭，海拔 2100 m，2014 IX 13，腐烂的小枝（带泥）上生，郑焕娣、曾昭清、秦文韬、陈凯 9458b，HMAS 271428；神农架漳宝河，海拔 1100 m，2004 IX 17，草本植物茎上生，庄文颖 5775，5785，5788，HMAS 271433，273726，273727。四川马尔康鹧鸪山，海拔 3300 m，1997 IX 8，草秆上生，王征 2239，HMAS 74610。甘肃白龙江林管局舟曲林业局沙滩林场道峪沟，海拔 2250–2300 m，1998 VII 20，枯枝上生，陈双林 45a，49a，49b，HMAS 271414，271415，271416；迭部，海拔 2600 m，1992 IX 11，草本植物茎上生，庄文颖 1019，1021，HMAS 271417，271418；徽县麻沿，海拔 1360 m，1992 VIII 30，草本植物茎上生，庄文颖 923，HMAS 271419。青海班玛红军沟，海拔 3590 m，2013 VII 26，草本植物茎上生，曾昭清、朱兆香、任菲 8362，HMAS 273729；班玛哑巴沟，海拔 3755 m，2013 VII 28，草本植物茎上生，曾昭清、朱兆香、任菲 8412，HMAS 273906；民和西沟，海拔 2600 m，2004 VIII 10，草本植物茎上生，庄文颖、刘超洋 5235，5242，5252，HMAS 273733，273734，273735。宁夏六盘山二龙河，海拔 1800 m，1997 VIII 23，草本植物茎上生，庄文颖、吴文平 1671，HMAS 273730；六盘山凉殿峡，海拔 1800 m，1997 VIII 24，草本植物茎上生，庄文颖、吴文平 1734，HMAS 273731；云盘山西峡，海拔 1800 m，1997 VIII 25，草本植物硬质的茎上生，庄文颖、吴文平 1745，HMAS 273732。

世界分布：中国、日本、巴基斯坦、奥地利、比利时、捷克、斯洛伐克、丹麦、芬兰、德国、匈牙利、冰岛、挪威、俄罗斯、西班牙、瑞典、瑞士、乌克兰、英国、美国、委内瑞拉、新西兰。

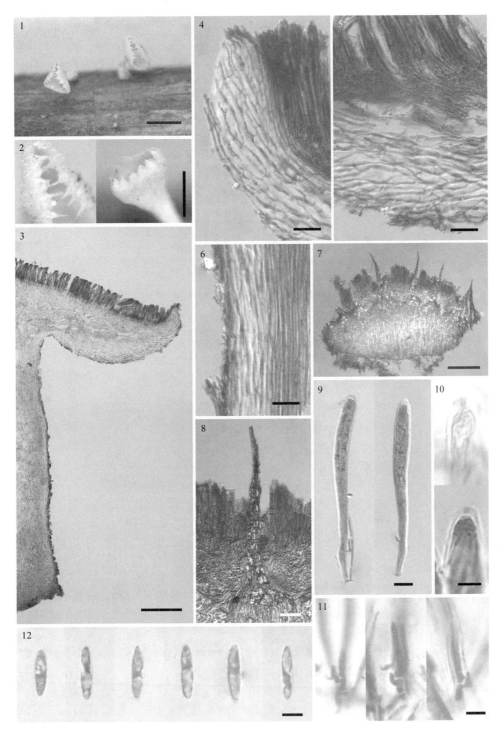

图 42 冠胶被盘菌 Crocicreas coronatum (Bull.) S.E. Carp.（1、2. HMAS 273732；3、11、12. HMAS 273728；4–6、9、10. HMAS 273733；7、8. HMAS 271417）

1. 自然基物上的子囊盘(边缘具齿，干标本)；2. 子囊盘边缘；3. 子囊盘解剖结构；4. 囊盘被结构(子囊盘边缘)；5. 囊盘被结构(子层托中部)；6. 柄的结构(中部)；7、8. 子囊盘边缘齿的结构(压片)；9. 子囊；10. 子囊孔口碘反应；11. 产囊丝钩；12. 子囊孢子。比例尺：1 = 1.0 mm；2 = 0.2 mm；3、7 = 200 μm；4–6 = 20 μm；8 = 40 μm；9 = 10 μm；10–12 = 5 μm

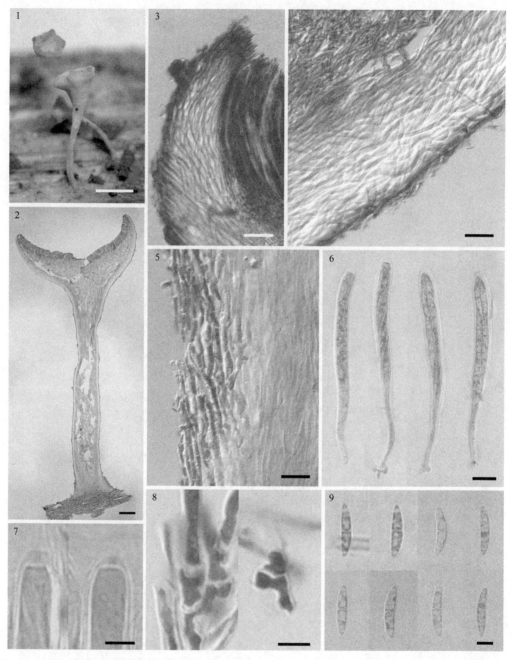

图 43 冠胶被盘菌 *Crocicreas coronatum* (Bull.) S.E. Carp. (1–7、9. HMAS 273726; 8. HMAS 273727)
1. 自然基物上的子囊盘(边缘无齿,干标本); 2. 子囊盘解剖结构; 3. 囊盘被结构(子囊盘边缘); 4. 囊盘被结构(子层托中部); 5. 柄的结构(中部); 6. 子囊; 7. 子囊孔口碘反应; 8. 产囊丝钩; 9. 子囊孢子。比例尺: 1 = 0.5 mm; 2 = 200 μm; 3–5 = 20 μm; 6 = 10 μm; 7–9 = 5 μm

讨论: Carpenter(1981)指出该种的形态特征变化很大,子囊盘边缘从具齿到无齿,子实层白色、黄色至带粉色色调,子囊孢子无隔至具一个分隔。Velenovský(1939)曾将子囊盘边缘无齿的类型描述为该种的一个变种 *Cyathicula coronata* var. *nuda* Velen.,但 Carpenter 在野外采集时发现边缘有齿的和无齿的子囊盘生长在同一基物上,并且它们的子囊盘解剖结构很相似。我国该种的子囊盘边缘在无齿与具齿之间变化，单个子囊盘齿的数目从十几至三十几个不等，子实层颜色淡黄色至黄色带粉色色调，子囊孢子无隔至具 1 个分隔；但这些采集物的 ITS 序列在系统树中聚类于同一分支中，采集物间仅有 2–5 个碱基差异，笔者将上述形态差异视为种内变异。据 Wang（2002）报道，该种在台湾也有分布。

杯状胶被盘菌　图 44

Crocicreas cyathoideum (Bull.) S.E. Carp., Brittonia 32(2): 269, 1980. Korf & Zhuang, Mycotaxon 22: 499, 1985. Zhuang, Mycotaxon 35: 369, 1998. Zheng & Zhuang, Ascomycete.org 7(6): 399, 2015.

≡ *Peziza cyathoidea* Bull., Herb. Fr. 9: tab. 416, fig. 3, 1789.

≡ *Phialea cyathoidea* (Bull.) Gillet, Champignons de France, Discom. (4): 106, 1881. Tai, Sylloge Fungorum Sinicorum p. 267, 1979.

子囊盘散生至单生，盘状，平展至下凹，边缘平滑至流苏状，直径 0.3–0.9 mm，具柄，子实层表面淡黄色、带粉色至淡褐色，干后枯草色至淡褐色，子层托与子实层同色，柄同色；外囊盘被为矩胞组织，厚 15–30 μm，胶化，菌丝与子层托表面平行或成小角度，细胞无色，7–25 × 3–8 μm，菌丝末端非胶化，贴在外囊盘被表面，1–4 层，壁光滑至略粗糙，无色或略带淡褐色；盘下层为薄壁丝组织，厚 10–60 μm，菌丝无色，宽 3–7 μm；子实下层厚 10–15 μm；子实层厚 50–60 μm；子囊柱棒状，顶端圆，具 8 个子囊孢子，孔口在 Melzer 试剂中呈蓝色，为两条上下近等宽的蓝线，36–50 × (3.5–)3.8–5.5 μm；子囊孢子梭形，无色，单细胞，具 2 至多个小油滴，在子囊中双列排列，8.5–10 × 2–2.2 μm；侧丝线形，宽 1.5–2 μm。

基物：草本植物茎。

标本：四川稻城各卡，海拔 3600 m，1997 VIII 30，腐烂的草秆上生，王征 2193，HMAS 74621；松潘牟尼沟，海拔 3458 m，2013 VIII 2，草本植物茎上生，曾昭清、朱兆香、任菲 8565，HMAS 273749。甘肃白龙江林管局迭部林业局腊子口林场美路沟，海拔 2200–2800 m，1998 VII 26，枯茎上生，陈双林 87, 104, 105，HMAS 273742, 273743, 273744；白龙江林管局舟曲林业局沙滩林场人命池沟，海拔 2550–2980 m，1998 VII 17，草本植物茎上生，陈双林 8a，HMAS 273736；白龙江林管局舟曲林业局舟曲二场格尔沟，海拔 3000 m，1998 VII 21，蒿吾枯茎上生，陈双林 52, 60，HMAS 245008, 273737；白龙江林管局舟曲林业局舟曲二场格尔沟，海拔 2300–3000 m，1998 VII 21，枯茎上生，陈双林 68, 73, 75，HMAS 273738, 273739, 273740；白龙江林管局舟曲林业局舟曲二场大水沟，海拔 1800–1900 m，1998 VII 22，枯茎上生，陈双林 85b，HMAS 273741。青海班玛哑巴沟，海拔 3755 m，2013 VII 28，草本植物茎上生，曾昭清、朱兆香、任菲 8420, 8423, 8424，HMAS 273746, 273747, 273748；民和西沟，海拔 2600 m，2004 VIII 10，草本植物茎上生，庄文颖、刘超洋 5238，HMAS 273745。新疆和静巩乃斯，海拔 2170 m，2003 VIII 16，单子叶植物茎上生，庄文颖、农业 5010a，HMAS 273754；伊犁果子沟，海拔 1800 m，2003 VIII 11，草本植物茎上生，庄文颖、农业 4874a，HMAS 273750；新源卡普河，海拔 1500 m，2003 VIII 14，细枝上生，刘杏忠、庄文颖、

农业 4944, 4952, HMAS 273752, 273753; 伊宁察布查尔, 海拔 2000 m, 2003 VIII 13, 草本植物茎上生, 庄文颖、农业 4925, HMAS 273751。

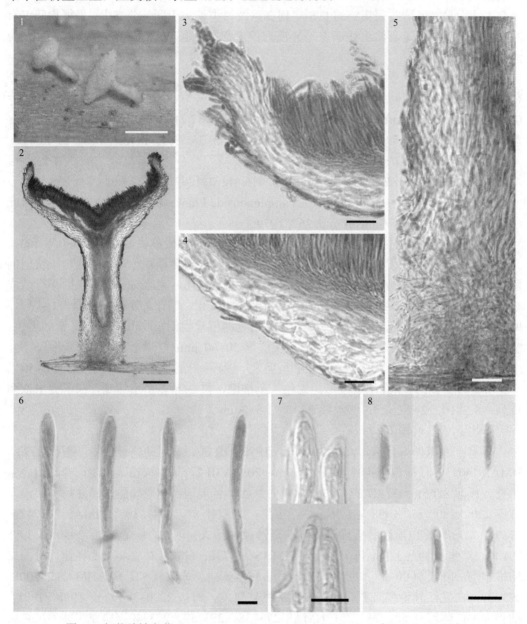

图 44 杯状胶被盘菌 *Crocicreas cyathoideum* (Bull.) S.E. Carp. (HMAS 273749)
1. 自然基物上的子囊盘(干标本); 2. 子囊盘解剖结构; 3. 囊盘被结构(子囊盘边缘和子层托上部); 4. 囊盘被结构(子层托中部); 5. 柄的结构; 6. 子囊; 7. 子囊孔口碘反应; 8. 子囊孢子。
比例尺: 1 = 0.5 mm; 2 = 100 μm; 3–5 = 20 μm; 6–8 = 5 μm

世界分布: 中国、印度、菲律宾、奥地利、比利时、捷克、斯洛伐克、芬兰、法国、德国、匈牙利、冰岛、意大利、爱尔兰、挪威、罗马尼亚、俄罗斯、西班牙、瑞典、英国、马德拉群岛(葡萄牙)、加拿大、美国、阿根廷、秘鲁、委内瑞拉、澳大利亚、新西兰。

讨论：*Crocicreas cyathoideum* 是该属中最常见和分布最广的种，生于草本植物茎叶、单子叶植物茎叶和木质基物上。Carpenter(1981)在其专著中将该种分为4个变种，主要依据子层托表面是否有毛状物，外囊盘被和盘下层菌丝的特征以及子囊和子囊孢子的形状和大小；其中原变种的子囊盘颜色较淡，子层托表面缺少毛状物，外囊盘被和盘下层的菌丝颜色较淡而非深褐色，子囊盘边缘的菌丝顶端不膨大。

螺旋胶被盘菌 图 45

Crocicreas helios (Penz. & Sacc.) S.E. Carp., Brittonia 32(2): 270, 1980. Wang, Fung. Sci. 17(3-4): 83, 2002. Zheng & Zhuang, Ascomycete.org 7(6): 396, 2015.

≡ *Davincia helios* Penz. & Sacc., Malpighia 15(7-9): 215, 1902 [1901].

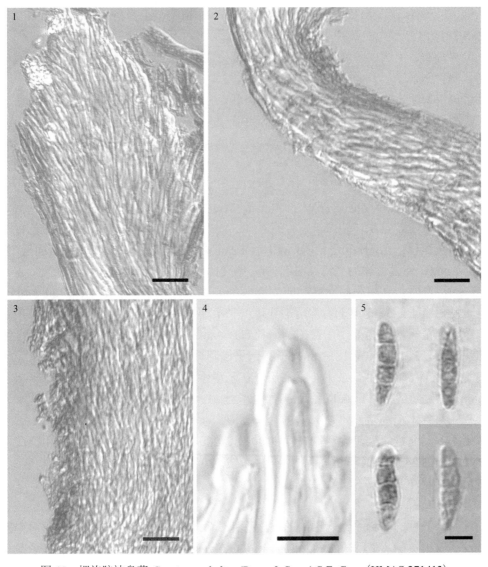

图 45　螺旋胶被盘菌 *Crocicreas helios* (Penz. & Sacc.) S.E. Carp. (HMAS 271413)

1. 囊盘被结构(子囊盘边缘); 2. 囊盘被结构(子层托中部); 3. 柄的结构(中部); 4. 子囊孔口碘反应; 5. 子囊孢子。

比例尺: 1–3 = 20 μm; 4、5 = 5 μm

子囊盘散生，杯状，边缘齿状，每个子囊盘 15 个左右，三角形，直径约 0.8 mm，具柄，子实层表面浅黄色，干后灰白色，子层托与子实层同色，柄与子层托同色，表面光滑，基部不黑，长约 0.5 mm；外囊盘被为交错丝组织，厚 40–110 μm，胶化，内部菌丝无色，薄壁，表面菌丝壁略粗糙，淡褐色，宽 3–5.5 μm，边缘高出子实层 150 μm；盘下层为薄壁丝组织和交错丝组织，厚 25–110 μm，外层为薄壁丝组织，内层为交错丝组织，菌丝无色或淡褐色，宽 2–4.5 μm；子实下层不发育；子实层厚约 100 μm；子囊棒状，顶端钝圆，具短柄，具 8 个子囊孢子，孔口在 Melzer 试剂中呈蓝色，为两条蓝线，(90–)95–100(–105) × 7–8 μm (Carpenter 1981)；子囊孢子近梭形，无色，具 3 个分隔，具多个油滴，在子囊中不规则双列排列，15.5–17 × 4–4.5 μm；侧丝线形，宽约 2 μm。

基物：草本植物茎。

标本：云南绿春，海拔 1500 m，1999 X 31，草本植物茎上生，庄文颖、余知和 3227，HMAS 271413。

世界分布：中国、印度、印度尼西亚、哥伦比亚、厄瓜多尔、秘鲁、委内瑞拉、巴拿马、澳大利亚。

讨论：本种的显著特征是子囊盘边缘齿状，子实层表面淡黄色，子囊孢子具 3 个分隔。我国最初关于该种的报道见于台湾，并提供了形态描述和图解（Wang 2002），云南的标本仅含 1 个子囊盘，未见完整的子囊，该种的详细描述和图示参见 Carpenter (1981)。

柯夫胶被盘菌　图 46

Crocicreas korfii H.D. Zheng & W.Y. Zhuang, Ascomycete.org 7(6): 395, 2015.

子囊盘散生，盘状，边缘平滑，直径 0.3–1.2 mm，具柄，子实层表面黄色，干后近白色至灰黑色，子层托颜色稍淡，柄干后带极淡的灰褐色色调的近白色，表面近平滑，长 0.3–1 mm；外囊盘被为交错丝组织，厚 30–110 μm，胶化，细胞无色，壁薄，8–33 × 1.5–5 μm，表面 1–2 层菌丝壁略粗糙，淡褐色；盘下层为薄壁丝组织，厚 20–140 μm，菌丝无色，宽 1.5–3 μm；子实下层不分化；子实层厚 110–125 μm；子囊棒状，顶端圆形，近无柄至短柄，具 8 个子囊孢子，孔口在 Melzer 试剂中呈蓝色，为两条上下近等宽的蓝线，123–135 × 13–18.7 μm；子囊孢子椭圆梭形，一侧平直，一侧略弯，无色，单细胞，具 1–2 个大油滴或多个小油滴，在子囊中双列或不规则双列排列，24–28.5 × 6–8.8 μm；侧丝线形，顶端略膨大，顶部宽 2.5–3.5 μm，基部宽 1.5–2 μm。

基物：草本植物茎。

标本：湖北神农架漳宝河，海拔 1100 m，2004 IX 17，草本植物茎上生，庄文颖 5776，HMAS 245007（主模式）；神农架，海拔 1200 m，2004 IX 15，草本植物茎上生，庄文颖、刘超洋 5674，HMAS 271407。

世界分布：中国。

讨论：该种的名称系纪念已故的杰出真菌学家 R.P. Korf 教授，他生前曾对中国真菌学发展做出贡献。在已知的子囊孢子无隔的 *Crocicreas* 种中，该种的子囊孢子最宽且大，很容易与其他种区分。

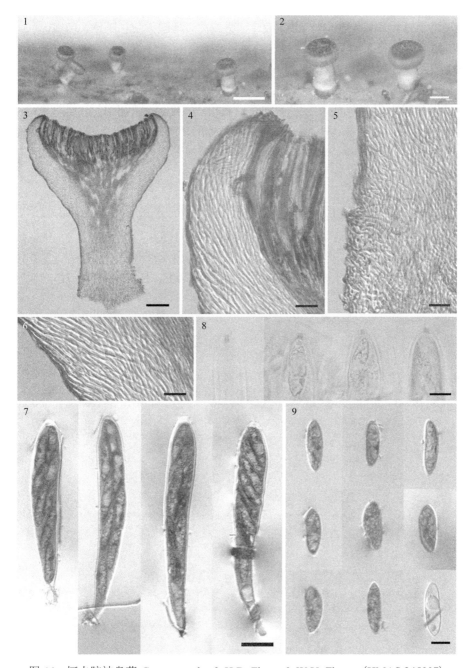

图 46 柯夫胶被盘菌 Crocicreas korfii H.D. Zheng & W.Y. Zhuang (HMAS 245007)
1、2. 自然基物上的子囊盘（干标本）；3. 子囊盘解剖结构；4. 囊盘被结构（子囊盘边缘）；5. 柄的结构（中下部和近基部）；6. 囊盘被结构（子层托中部）；7. 子囊；8. 子囊孔口碘反应；9. 子囊孢子。比例尺：1 = 0.5 mm；2 = 0.2 mm；3 = 100 μm；4–6 = 20 μm；7 = 20 μm；8、9 = 10 μm

黄色胶被盘菌 图 47

Crocicreas luteolum H.D. Zheng & W.Y. Zhuang, Mycosystema 35: 151, 2016.

子囊盘散生，盘状，边缘近平滑至圆齿状，直径 1–3 mm，具柄，子实层黄色，干后橙黄色，子层托干后奶油色，柄与子层托同色至略浅，被短的白色绒毛，长 1–3 mm；

外囊盘被为矩胞组织，厚 30–47 μm，胶化，略波曲，细胞无色，厚壁，10–20 × 3–5 μm，表面的 2–5 层菌丝不胶化，偶有菌丝延伸物；盘下层为薄壁丝和交错丝组织，厚 55–250 μm，外层为薄壁丝组织，厚 15–55 μm，内层为交错丝组织，厚 40–240 μm，菌丝无色，宽 2–3.5 μm；子实下层厚 16.5–25 μm；子实层厚 75–85 μm；子囊由产囊丝钩产生，柱棒状，顶端钝圆，具柄，具 8 个子囊孢子，孔口在 Melzer 试剂中呈淡蓝色，为两条上窄下宽的蓝线，62–81 × 6.0–7.7 μm；子囊孢子梭形，两端钝圆，两侧对称至略不对称，无色，单细胞，具 2 个大油滴，在子囊中双列至不规则双列排列，11–14 × 2.2 –3.3 μm；侧丝线形，顶端略膨大，顶部宽 2–3.5 μm，基部宽 1–2 μm。

基物：草本植物茎。

标本：四川松潘，海拔 3200 m，2013 VIII 1，草本植物茎上生，曾昭清、朱兆香、任菲 8524，HMAS 273775（主模式）；牟尼沟，海拔 3168 m，2013 VIII 2，草本植物茎，曾昭清、朱兆香、任菲 8570，HMAS 273777。甘肃白龙江林管局舟曲林业局沙滩林场人命池沟，海拔 2800 m，1998 VII 17，草本植物茎上生，陈双林 17a，HMAS 273776。

世界分布：中国。

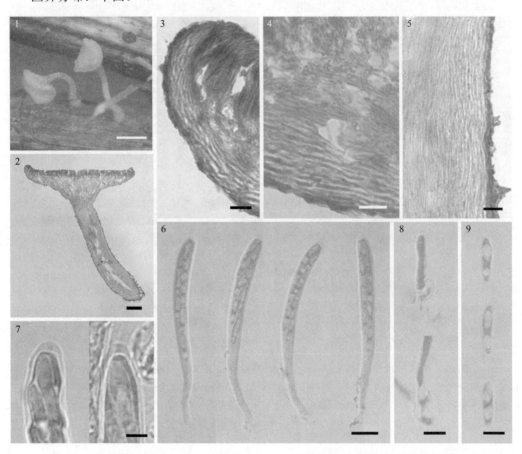

图 47　黄色胶被盘菌 *Crocicreas luteolum* H.D. Zheng & W.Y. Zhuang（HMAS 273775）
1. 自然基物上的子囊盘（干标本）；2. 子囊盘解剖结构；3. 囊盘被结构（子囊盘边缘）；4. 囊盘被结构（中部）；5. 柄的结构（中部）；6. 子囊；7. 子囊孔口碘反应；8. 产囊丝钩；9. 子囊孢子。比例尺：1 = 0.5 mm；2 = 200 μm；3–5 = 20 μm；6 = 10 μm；7–9 = 5 μm

讨论：该种与 *C. pallidum* (Velen.) S.E. Carp. 和 *C. bambusicola* S.E. Carp. 在子囊盘颜色和大小、子囊孔口的碘反应、子囊和孢子大小上相近；*C. pallidum* 子囊盘边缘具长齿，子囊孢子两端对称，无油滴或仅含微小油滴；*C. bambusicola* 子层托表面被白色的毛状物，柄基部褐色，外囊盘被菌丝较窄（15–20 × 1.0–1.5 μm），生于竹茎、竹鞘或单子叶植物茎上（Carpenter 1981）。

小孢胶被盘菌　图 48

Crocicreas minisporum H.D. Zheng & W.Y. Zhuang, Ascomycete.org 7(6): 395, 2015.

子囊盘散生，盘状，边缘平滑，直径 0.2–0.5 mm，具柄，子实层表面污白色至灰白色，干后淡橙黄色，子层托表面较子实层色淡，柄与子层托同色；外囊盘被为交错丝组织，厚 20–105 μm，胶化，菌丝与囊盘被外表面成一定角度，无色，最外层和边缘为淡褐色，壁略粗糙，宽 1.2–3 μm；盘下层分化不显著；子实下层厚约 20 μm；子实层厚约 33 μm；子囊由产囊丝钩产生，柱棒状，顶端钝圆，基部渐细，具 8 个子囊孢子，孔口在 Melzer 试剂中呈蓝色，为两条上下近等宽的蓝线，34–38.5 × 3.5–4.5 μm；子囊孢子椭圆形，无色，单细胞，具(1–)2 个油滴，在子囊中单列、不规则单列或不规则双列排列，2.2–3.5(–4) × 1.1–2.3 μm；侧丝线形，宽 1–1.5 μm。

基物：腐木。

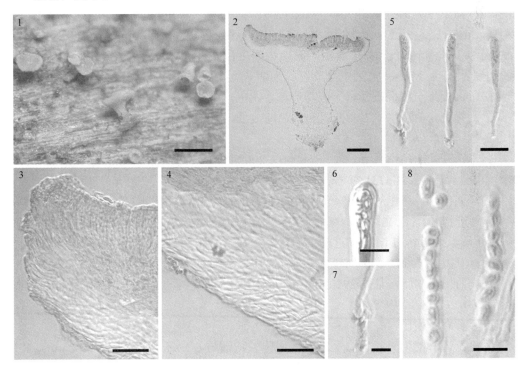

图 48　小孢胶被盘菌 *Crocicreas minisporum* H.D. Zheng & W.Y. Zhuang（HMAS 271408）
1. 自然基物上的子囊盘（干标本）；2. 子囊盘解剖结构；3. 囊盘被结构（子囊盘边缘）；4. 囊盘被结构（子层托中部）；5. 子囊；6. 子囊孔口碘反应；7. 产囊丝钩；8.子囊孢子。
比例尺：1 = 0.5 mm；2 =100 μm；3、4 = 20 μm；5 = 10 μm；6–8 = 5 μm

标本：云南绿春，海拔 1600 m，1999 X 30，腐木上生，庄文颖、余知和 3224，HMAS 271408。

世界分布：中国。

讨论：该种盘下层分化不显著，子囊孢子椭圆形，具两个油滴，大小仅 2.2–4 × 1.1–2.3 μm，较 Crocicreas 属中任何其他种的都小。与该种子囊和子囊孢子大小较为接近的是 C. epitephrum (Berk.) S.E. Carp.，但后者生长于叶片表面的毛状物上，外囊盘被边缘高出子实层约 100 μm，较小（直径 0.15–0.2 mm），盘下层发育良好，子囊孢子稍大（4–5 × 1.5–2 μm）(Carpenter 1981)。Crocicreas 属中盘下层分化不显著的种还包括 C. rufescens S.E. Carp. 和 C. quinqueseptatum S.E. Carp.，根据子囊和子囊孢子大小很容易将这两个种与 C. minisporum 区分开 (Carpenter 1981)。

假竹生胶被盘菌　图 49

Crocicreas pseudobambusae H.D. Zheng & W.Y. Zhuang, Mycosystema 35: 152, 2016.

子囊盘散生，盘状，边缘平滑，直径 0.1–1.5 mm，具柄，子实层表面白色至米色，干后淡棕色带灰色调，子层托表面与子实层同色或略淡，柄较子层托色淡，干后类白色，表面近光滑，长 0.2–1.2 mm；外囊盘被为交错丝组织，厚 20–125 μm，胶化，内部细胞无色，壁薄或略加厚，5–40 × 2–6 μm，表面 2 至多层菌丝不胶化，壁淡褐色，平滑至略粗糙；盘下层为薄壁丝组织和交错丝组织，厚 15–270 μm，外层为薄壁丝组织，厚 10–35 μm，内层为交错丝组织，厚 25–55 μm，菌丝无色，宽 1.5–3 μm；子实下层厚 15–30 μm；子实层厚 45–50 μm；子囊由产囊丝钩产生，柱棒状，顶端圆形，具柄，具 8 个子囊孢子，孔口在 Melzer 试剂中呈蓝色，为两条上窄下宽的蓝线，36–58 × 3.5–5.5 μm；子囊孢子椭圆形至梭椭圆形，一侧略弯曲，无色，单细胞，无油滴，在子囊中上部双列下部单列排列，4.5–7.7 × 1.8–2.5 μm；侧丝线形，宽 1.5–2 μm。

基物：竹鞘。

标本：湖南衡山南台寺，海拔 600 m，2002 IV 9，竹鞘上生，庄文颖、张艳辉、张向民 4082，HMAS 248731（主模式）；宜章莽山鬼子寨，海拔 1200 m，2002 IV 13，竹鞘上生，庄文颖、张艳辉 4205，HMAS 273779；宜章莽山相思坑，海拔 1350 m，2002 IV 14，竹鞘上生，庄文颖、刘斌、刘杏忠 4220，HMAS 273780；宜章莽山相思坑，海拔 1350 m，2002 IV 14，竹鞘上生，庄文颖、张艳辉 4260，HMAS 273781。海南通什五指山，海拔 1700 m，2000 XII 16，竹鞘上生，余知和、庄文颖、张艳辉 3889，HMAS 273778。四川马尔康，海拔 2940 m，2014 VIII 24，腐烂的竹鞘上生，曾昭清、朱兆香、任菲 8480，HMAS 273782。

世界分布：中国。

讨论：该种的生长基物、子囊和子囊孢子特征与 C. bambusae (M.P. Sharma, K.S. Thind & Rawla) M.P. Sharma 较为相似，但后者外囊盘被由近平行排列的厚壁丝组织组成，细胞较短，表面缺少非胶化菌丝形成的覆盖层，盘下层菌丝厚壁，子囊孢子较小（4–5 × 1–2 μm）(Sharma et al. 1980; Zheng and Zhuang 2016b)。HMAS 273782 的解剖结构与其他材料略有差异，缺少覆盖层，外囊盘被菌丝更趋于平行排列，细胞轮廓较清晰，边缘菌丝顶端不胶化，略膨大。

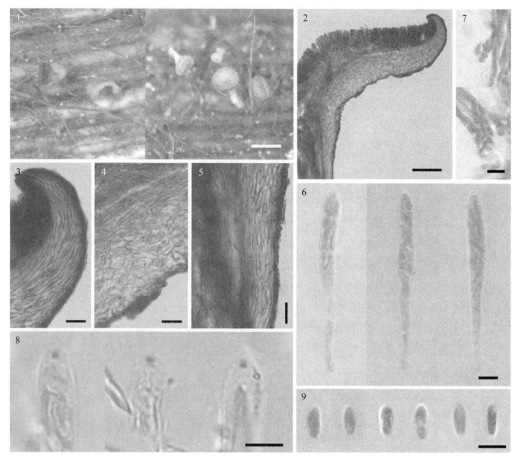

图 49 假竹生胶被盘菌 Crocicreas pseudobambusae H.D. Zheng & W.Y. Zhuang（HMAS 248731）
1. 自然基物上的子囊盘(干标本)；2. 子囊盘解剖结构；3. 囊盘被结构(子囊盘边缘)；4. 囊盘被结构(子层托中部)；5. 柄的解剖结构(中部)；6. 子囊；7. 产囊丝钩；8. 子囊孔口碘反应；9. 子囊孢子。
比例尺：1 = 1.0 mm；2 = 100 μm；3–5 = 20 μm；6 = 10 μm；7–9 = 5 μm

新疆胶被盘菌 图 50

Crocicreas xinjiangensis H.D. Zheng & W.Y. Zhuang, Ascomycete.org 7(6): 395, 2015.

子囊盘散生，盘状至平展，边缘平滑至具微细小齿，直径 0.3–1.0 mm，具柄，子实层表面黄色，干后淡褐色，子层托表面较子实层色淡，略粗糙，柄与子层托同色，长 0.3–0.8 mm；外囊盘被为矩胞组织至交错丝组织，厚 30–55 μm，胶化，但表面 3 至多层菌丝不胶化，有时具短的菌丝延伸物，细胞无色，15–25 × 3.5–4.5 μm；盘下层为薄壁丝组织和交错丝组织，厚 25–100 μm，外层为薄壁丝组织，厚 5–25μm，内层为交错丝组织，厚 20–70 μm，菌丝无色，宽 1.5–2 μm；子实下层厚 14–22 μm；子实层厚 70–80 μm；子囊由产囊丝钩产生，柱棒状，顶端钝圆，具柄，具 8 个子囊孢子，孔口在 Melzer 试剂中不变色，55–74 × 4.5–6 μm；子囊孢子梭形，两端钝圆，无色，单细胞，具 2 个油滴，在子囊中上部双列下部单列排列，6–10 × 2–2.2 μm；侧丝线形，宽 2–2.5 μm。

基物：草本植物茎。

标本：新疆伊犁果子沟，海拔 1800 m，2003 VIII 11，草本植物茎上生，庄文颖、农业 4881，HMAS 271411（主模式）。

世界分布：中国。

讨论：该种的主要鉴别特征为子囊盘具柄，子实层表面黄色，子囊 55–74 × 4.5–6 μm，孔口在 Melzer 试剂中不变色，子囊孢子梭形，具两个油滴，6–10 × 2–2.2 μm，草本植物茎上生。*Crocicreas nigreofuscum* var. *nigrofuscum* (Rehm) S.E. Carp. 与该种在子囊盘大小、子囊孔口 J–、子囊孢子大小等特征上近似，但其子囊盘为深褐色、外囊盘被无色至深褐色、子囊较小(45–50 × 4–5 μm)、子囊孢子腊肠形，易于与本种区分(Carpenter 1981)。

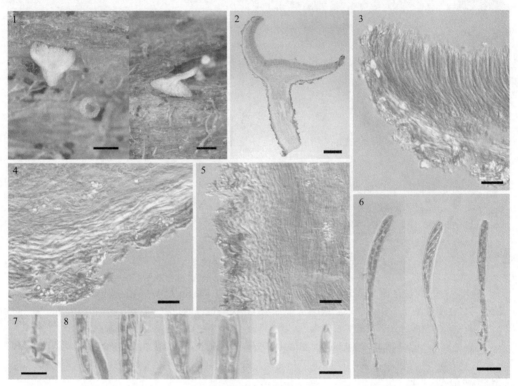

图 50 新疆胶被盘菌 *Crocicreas xinjiangensis* H.D. Zheng & W.Y. Zhuang (HMAS 271411)
1. 自然基物上的子囊盘(干标本)；2. 子囊盘解剖结构；3. 囊盘被结构(子囊盘边缘)；4. 囊盘被结构(子层托中部)；5. 柄的解剖结构(中部)；6. 子囊；7. 产囊丝钩；8. 子囊孢子。比例尺：1 = 0.5 mm；2 = 100 μm；3–5 = 20 μm；6 = 10 μm；7、8 = 5 μm

笔者未观察的种

雪白胶被盘菌

Crocicreas nivale (Rehm) S.E. Carp., Brittonia 32(2): 271. 1980. Whitton, McKenzie & Hyde, Fungi Associated with Pandanaceae p. 28, 2012.

≡ *Phialea nivalis* Rehm, Annls Mycol. 3(5): 411, 1905.

国内报道：香港(Whitton 1999)。

世界分布：中国、奥地利、瑞典、瑞士、澳大利亚。

讨论：该种仅在香港地区报道，生于单子叶植物露兜树属（*Pandanus* L. f.）植物的叶片上，子囊 50–68 × 5–7.8 μm，子囊孢子具 1 个分隔，10–14 × 2–3.8 μm（Whitton et al. 2012）。该种的鉴别特征是子囊盘边缘略高于子实层表面，形成很小的领状结构，并有顶端尖锐的钩状菌丝（Carpenter 1981）。

应排除的种

Crocicreas fuscum (W. Phillips & Harkn.) S.E. Carp., Brittonia 32(2): 270, 1980. Wang & Pei, Mycotaxon 79: 308, 2001.

≡ *Belonidium fuscum* W. Phillips & Harkn., Bull. Calif. Acad. Sci. 1(no. 1): 23, 1884.

讨论：来自北京东灵山的材料 HMAS 75882 鉴定为 *C. fuscum*（Wang and Pei 2001），笔者对标本重新观察表明，其外囊盘被菌丝无色或淡褐色，子囊盘边缘的菌丝末端不膨大，子囊孔口在 Melzer 试剂中呈蓝色，子囊孢子单细胞，具多个油滴并且较小 [11.5–14.3 × 3.3–3.8 μm vs. (15–)18–20 × 3.0–3.5 μm]，上述特征与 *C. fuscum* 的形态不符合，而与 *C. coronatum* 基本一致。因此，对我国 *C. fuscum* 的报道是基于错误鉴定。

暗被盘菌属 Crumenulopsis J.W. Groves

Can. J. Bot. 47: 48, 1969

子囊盘盘状至不规则杯状，红褐色至黑褐色；外囊盘被为角胞组织；盘下层为交错丝组织至表层组织；子囊柱棒状，具 8 个子囊孢子，孔口在 Melzer 试剂中不变色；子囊孢子长梭形、梭椭圆形至泪滴形，单细胞；侧丝线形，具分隔。

模式种：*Crumenulopsis pinicola* (Rebent.) J.W. Groves。

讨论：Groves（1969a）建立了 *Crumenulopsis* 属，并描述了 2 个种。其后，Funk（1986）发现了 *Crumenulopsis lacrimiformia*，Hanlin 等（1992）又转入 *Crumenulopsis atropurpurea* (E.K. Cash & R.W. Davidson) Hanlin & B. Jiménez。它的无性阶段曾被命名为 *Digitosporium* Gremmen，根据现行的国际命名法规，一个真菌一个名称，Johnston 等（2014）建议将 *Crumenulopsis* 处理为该类群的正确名称。该属目前已知 4 个种（Kirk et al. 2008），我国发现 2 个种。子囊孢子的大小及形状是该属分种的主要依据。

中国暗被盘菌属分种检索表

1. 子囊孢子泪滴状，10–16 × 4–6 μm ·······································泪滴暗被盘菌 *C. lacrimiformia*
1. 子囊孢子梭形，15–22 × 4.8–5.7 μm ·· 成堆暗被盘菌 *C. sororia*

泪滴暗被盘菌　图 51

Crumenulopsis lacrimiformia A. Funk, Mycotaxon 27: 286, 1986. Ren & Zhuang, Mycosystema 35: 520, 2016.

子囊盘突破寄主组织，不规则杯状，单生至群生，边缘内卷，近无柄，直径 0.5–1 mm，子实层表面暗褐色至黑色，子层托表面与子实层同色，略呈糠皮状；外囊盘被为角胞组织，厚 34–52 μm，细胞多角形，褐色，5–10 × 3–7 μm；盘下层为交错丝组织，厚 30–

83 μm，菌丝无色，薄壁，宽 1.5–3.5 μm；子实下层厚 21–33 μm；子实层厚 77–101 μm；子囊柱棒状，顶端钝宽，具 8 个子囊孢子，孔口在 Melzer 试剂中不变色，75–93 × 9–12 μm；子囊孢子泪滴形，上端钝圆，下端较窄，无隔，壁平滑，无色，具油滴，在子囊中呈不规则单列排列，10–16× 4–6 μm；侧丝线形，宽 1.2–2.0 μm，基本与子囊顶端平齐。

基物：枝条上生。

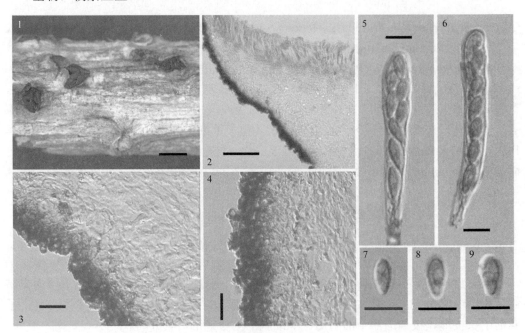

图 51 泪滴暗被盘菌 *Crumenulopsis lacrimiformia* A. Funk（HMAS 266678）
1. 腐木上的干子囊盘；2. 子囊盘解剖结构；3、4. 囊盘被结构；5、6. 子囊；7–9. 子囊孢子．
比例尺：1 = 1 mm；2 = 200 μm；3、4 = 20 μm；5–9 = 10 μm

标本：宁夏六盘山，海拔1800 m，1997 X 23，小枝上生，吴文平、庄文颖 1642，HMAS 266678。

世界分布：中国、美国。

讨论：子囊孢子泪滴状是该种的显著特征，它的模式产地为美国（Funk 1986）。与原始描述比较，我国材料的子囊稍长（75–93 × 9–12 μm vs. 65–83 × 10–11 μm），子囊孢子略宽（10–16 × 4–6 μm vs. 13–17 × 4–5 μm）。

成堆暗被盘菌　图 52

Crumenulopsis sororia (P. Karst.) J.W. Groves, Can. J. Bot. 47: 50, 1969.

≡ *Crumenula sororia* P. Karst., Bidr. Känn. Finl. Nat. Folk. 19: 211, 1871.

≡ *Godronia sororia* (P. Karst.) P. Karst., Rev. Monag. Ascom. 145, 1885. Tai, Sylloge Fungorum Sinicorum p. 151, 1979.

子囊盘突破寄主组织，单生至群生，杯状，边缘内卷，近无柄，直径1–3 mm，子实层表面黑色，子层托表面与子实层同色，略呈糠皮状；外囊盘被为角胞组织，厚27–64 μm，细胞多角形，褐色，5–13×3–8 μm；盘下层为交错丝组织，厚33–117 μm，菌丝无色至褐色，壁薄，宽1.5–3.5 μm；子实下层厚19–38 μm；子实层厚105–131 μm；子囊棒状至柱棒状，顶端钝宽，具8个子囊孢子，孔口在Melzer试剂中不变色，90–111×9–11.5 μm；子囊孢子梭形，壁平滑，无隔，无色，在子囊中呈不规则双列排列，15–20×4.8–5.7 μm；侧丝线形，宽0.7–1.5 μm，高于子囊顶端11–31 μm。

基物：枯死的松树上生。

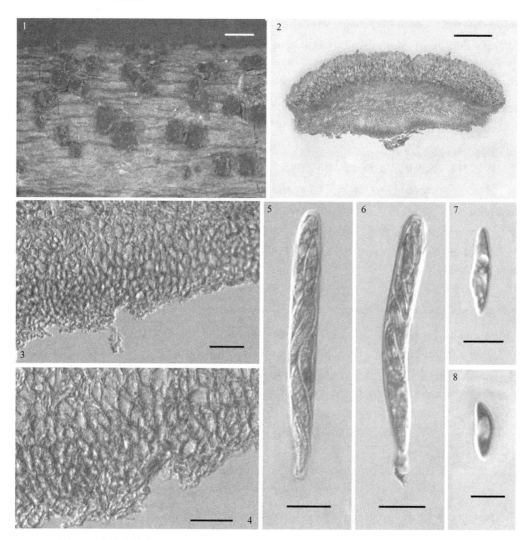

图52 成堆暗被盘菌 *Crumenulopsis sororia* (P. Karst.) J.W. Groves (HMAS 32107)
1. 腐木上生的子囊盘（干标本）；2. 子囊盘解剖结构；3、4. 外囊盘被结构；5、6. 子囊；7、8. 子囊孢子。比例尺：1 = 2 mm；2 = 200 μm；3–6 = 20 μm；7、8 = 10 μm

标本：吉林安图，海拔1530 m，1960 VII 20，枯死的松树上生，杨玉川、袁福生 333，HMAS 32107。

世界分布：中国、捷克、英国、芬兰、法国、挪威、瑞典。

讨论：该种的模式产地在欧洲（Seaver 1945），与原始描述比较，我国材料的子囊较小（90–111 × 9–11.5 μm vs. 可达 135 × 12 μm），子囊孢子也稍小（15–20× 4.8–5.7 μm vs. 15–22 × 5–6 μm），将上述差异视为种内变异。

小地锤菌属 Cudoniella Sacc.

Syll. Fung. (Abellini) 8: 41, 1889

Isosoma Svrcek, Česká Mykologie 43(2): 65, 1989
Helotium Pers., Syn. Meth. Fung. (Göttingen) 2: 677, 1801

子囊盘头状或者中部向上隆起，具柄，子实层表面半透明白色、白色、黄色、紫红色至灰色，子层托表面与子实层近同色，柄与子层托同色；外囊盘被为薄壁丝组织，细胞无色至很淡的褐色；盘下层为交错丝组织，菌丝无色；子囊柱棒状，具 8 个子囊孢子，孔口在 Melzer 试剂中变色或不变色；子囊孢子梭形、长梭形至椭圆形，壁平滑；侧丝线形。

模式种：*Cudoniella queletii* (Fr.) Sacc.。

讨论：Saccardo(1889) 建立 *Cudoniella* 时，错误地将其归入马鞍菌科 Helvellaceae。Nannfeldt(1932) 将其转入柔膜菌目。Dennis(1954，1968) 认为 *Cudoniella* 代表了柔膜菌属 *Helotium* Pers. 中子囊盘中部向上隆起的种类，描述了 4 个种。该属目前已知 30 个种(Kirk et al. 2008)，我国仅发现 1 个种。子囊盘大小、子囊孢子的形状和大小是区分种的主要依据。

灯芯草小地锤菌(参照)　　图 53

Cudoniella cf. **junciseda** (Velen.) Dennis, British Ascomycetes: 121, 1968.

子囊盘新鲜时近头状，中部向上隆起，干后凹陷，具柄，直径 1–2.8 mm，柄长可达 3 mm，子实层表面半透明，白色，子层托表面与子实层同色或略暗，柄与子层托同色；外囊盘被为薄壁丝组织，厚 22–40 μm，细胞近矩形，无色至淡褐色，9–14 × 0.9–1.2 μm；盘下层为交错丝组织，厚 46–328 μm，菌丝无色，薄壁，宽 1–2 μm；子实下层厚 18–27 μm；子实层厚 63–75 μm；子囊由产囊丝钩产生，柱棒状，具 8 个子囊孢子，孔口在 Melzer 试剂中不变色，58–70 ×7–9 μm；子囊孢子梭形，壁平滑，在子囊中呈不规则双列排列，11–13 × 2.5–3.5 μm；侧丝线形，宽 1.8–3 μm。

基物：湿土中的小枝上生。

标本：吉林蛟河林场石门岭，1991 VIII 29，土中小枝上，庄文颖 777，HMAS 271291。

世界分布：中国。

讨论：*Cudoniella junciseda* 的模式产地是英国，我国材料的形态特征与 Dennis(1968) 对该种的描述接近，但子囊盘中部明显向上隆起，子囊较原始描述的短而宽(58–70 × 7–9 μm vs. 80–120 × 6–8 μm)；鉴于上述差异，在此将我国材料处理为 *Cudoniella* cf. *junciseda*。

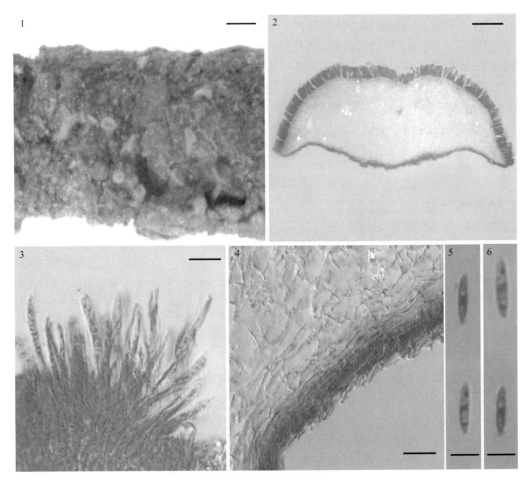

图 53 灯芯草小地锤菌（参照）*Cudoniella* cf. *junciseda* (Velen.) Dennis（HMAS 271291）
1. 自然基物上的子囊盘；2. 子囊盘解剖结构；3. 子囊；4. 囊盘被结构；5、6. 子囊孢子。比例尺：1 = 2 mm；2 = 200 μm；3、4 = 20 μm；5、6 = 10 μm

散胞盘菌属 Encoelia (Fr.) P. Karst.

Bidr. Känn. Finl. Nat. Folk 19: 18, 217, 1871

子囊盘杯状至盘状，无柄至具柄，子实层表面黄褐色、淡褐色、红褐色、褐色至黑褐色，子层托表面颜色略淡，呈糠皮状；外囊盘被为角胞组织至球胞组织，外层细胞松散结合；盘下层为交错丝组织；子囊柱棒状，具 8 个子囊孢子，孔口在 Melzer 试剂中通常不变色；子囊孢子椭圆形、长椭圆形至卵圆形；侧丝线形。

模式种：*Encoelia furfuracea* (Roth) P. Karst.。

讨论：*Encoelia* 属建立后，Overeem (1926) 将 *Peziza helvola* Jungh. 转入该属。Nannfeldt (1932) 以 *Encoelia* 作为模式属建立了散胞盘菌亚科，其分类观点被部分学者采纳 (Dennis 1968；Korf 1973；Zhuang 1988d)。近年来，Arendholz 和 Sharma (1984) 报道了一个种，Zhuang (1988c, 1999) 描述了 3 个种，Iturriaga (1994) 记载了委内瑞拉和圭亚那地区的 4 个种。Holst-Jensen 等 (1997a, 1997b, 1999) 通过 LSU、SSU 和 ITS 序列

分析结果表明，*Encoelia* 属与核盘菌科 Sclerotiniaceae 的成员聚类在一起，随即将其归入核盘菌科。Zhuang 等（2000）对散胞盘菌亚科 6 个属的 18S rDNA 进行序列分析，结果表明该亚科不是单系群，*Encoelia* 属与柔膜菌科 *Cordierites* 属聚类在一起。在没有充足的证据前，暂且将 *Encoelia* 属保留在柔膜菌科。该属目前已知 15 个种（Kirk et al. 2008），我国已知 5 个种（邓叔群 1963；戴芳澜 1979；Zhuang and Korf 1989；Zhuang 1998a；Zhuang and Yu 2001；Zhuang 2004）。子囊大小、子囊孢子的形状和大小、外囊盘被菌丝延伸物或者细胞排列方式是该属分种的主要依据。

中国散胞盘菌属分种检索表

1. 子囊孢子长度通常小于 10 μm ··· 2
1. 子囊孢子长度通常大于 10 μm ··· 3
   2. 子囊孢子椭圆形至卵圆形，5–7.3 × 2.2–2.8 μm ················· 古巴散胞盘菌 *E. cubensis*
   2. 子囊孢子为柱椭圆形，两端钝圆，6–10.5 × 2–2.5 μm ············· 糠麸散胞盘菌 *E. furfuracea*
   2. 子囊孢子为长椭圆形，有些一端略弯曲，6–8 × 2.0–2.5 μm ············ 黄散胞盘菌 *E. helvola*
3. 子囊孢子近椭圆形，一端略窄，10–13 × 3–4 μm ·················· 大龙山散胞盘菌 *E. dalongshanica*
3. 子囊孢子长椭圆形，有些一端略弯曲，11–14.5 × 3–4 μm ············ 簇生散胞盘菌 *E. fascicularis*

古巴散胞盘菌　图 54

Encoelia cubensis (Berk. & M.A. Curtis) Iturr., Samuels & Korf, Mycotaxon 52: 272, 1994. Zhuang (ed.), Higher Fungi of Tropical China p. 50, 2001. Zhuang, Mycosystema 23: 434, 2004.

≡ *Sphinctrina cubensis* Berk. & M.A. Curtis, J. Linn. Soc., Bot. 10(46): 370, 1869 [1868].

≡ *Patinellaria cubensis* (Berk. & M.A. Curtis) Dennis, Kew Bull. 9: 315, 1954.

= *Cenangium tahitense* Pat., Bull. Soc. Mycol. France 12: 135, 1896.

= *Cenangium xylariicola* Massee, J. Linn. Soc. Bot. 35: 102, 1901.

= *Humaria xylariicola* Henn. & E. Nyman, Monsunia 1: 34, 1901.

≡ *Humarina xylariicola* (Henn. & E. Nyman) Teng, Sinensia 9: 254, 1938. Teng, Fungi of China p. 289, 1963.

= *Mollisia obconica* Penz. & Sacc., Icones Fungorum Javanicorum p. 70, 1904.

= *Dermatea mycophaga* Massee, Kew Bull., 1908: 218, 1908.

子囊盘单生至群生，盘状，具柄至无柄，直径 1–1.5 mm，干标本子实层表面淡褐色、暗褐色至黑色，子层托暗褐色至黑色，表面呈糠皮状，柄与子层托同色；外囊盘被为角胞组织至球胞组织，外层细胞连接较松散，厚 46–65 μm，细胞多角形至不等径球形，淡褐色至褐色，直径 8–15 × 3–11 μm；盘下层为交错丝组织，厚 130–250 μm，菌丝近无色，胶化，宽 3.5–6 μm；子实下层厚 18–27 μm；子实层厚 65–75 μm；子囊近圆柱形至柱棒状，具 8 个子囊孢子，孔口在 Melzer 试剂中不变色，50–70 × 3.5–5 μm；子囊孢子为椭圆形至卵圆形，壁平滑，无色，单细胞，具 2 个大油滴，在子囊中呈单列排列，5–8 × 2.2–2.8 μm；侧丝线形，宽 1.5–2.2 μm。

基物：炭角菌（*Xylaria* spp.）、炭团菌（*Hypoxylon* spp.）、弯孢壳（*Eutypa* spp.）及其他核菌上生。

标本：广西隆林县金中山，海拔1700 m，1957 X 21，杂木林中炭角菌上生，徐连旺208，HMAS 33633。

世界分布：中国、印度尼西亚、马来西亚、乌干达、古巴、哥伦比亚、法属圭亚那、圭亚那、波多黎各、委内瑞拉、塔希提岛。

讨论：Teng(1938)首次在我国海南省报道了*Humarina xylariicola*，Zhuang(2004)研究表明，其正确名称为*Encoelia cubensis*。我国标本的形态特征与 Iturriaga(1994)的描述基本一致。

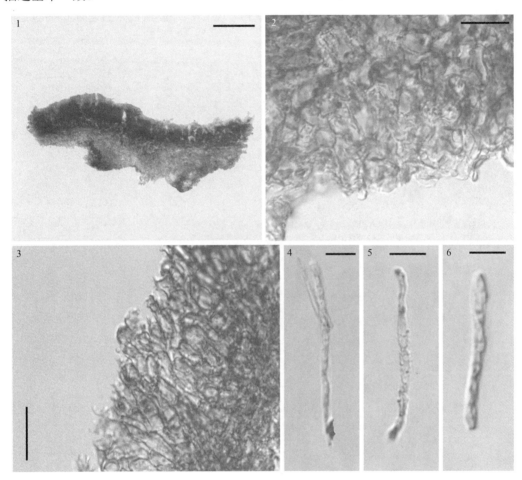

图 54　古巴散胞盘菌 *Encoelia cubensis* (Berk. & M.A. Curtis) Iturr.（HMAS 33633）
1. 子囊盘解剖结构；2、3. 囊盘被结构；4-6. 子囊内含子囊孢子。比例尺：1 = 100 μm；2、3 = 20 μm；4-6 = 10 μm

大龙山散胞盘菌　图 55

Encoelia dalongshanica W.Y. Zhuang, Mycotaxon 72: 332, 1999.

子囊盘浅杯状，单生至群生，无柄，直径小于 1 mm，子实层表面米色至浅褐色，子层托褐色，表面糠皮状；外囊盘被为球胞组织，厚 22-50 μm，外部细胞松散结合，偶见菌丝延伸物，细胞近球形，无色至褐色，直径 5-19 μm；盘下层为交错丝组织，厚 31-72 μm，菌丝无色，宽 1.5-2 μm；子实下层厚 8-15 μm；子实层厚 93-100 μm；子囊棒状，具 8 个子囊孢子，孔口在 Melzer 试剂中呈蓝色，75-87 × 8-10 μm；子囊孢子近椭圆形，一端略窄，无色，壁平滑，具2个大油滴，有一个深色核染色区，在子囊中呈不规则单列排列，10–13 × 3–4 μm；侧丝柱状，宽 1.5–2.0 μm。

基物：小竹子上生。

标本：广西上思大龙山，海拔 280 m，1998 I 1，小竹子上生，庄文颖 2331，HMAS 74842。

世界分布：中国。

讨论：该种与 Encoelia himalayensis Arendh. & R. Sharma (Arendholz and Sharma 1984) 最为相似，但子囊盘较小，子囊和子囊孢子略小，外囊盘被外有念珠状细胞延伸物 (Zhuang 1999)。

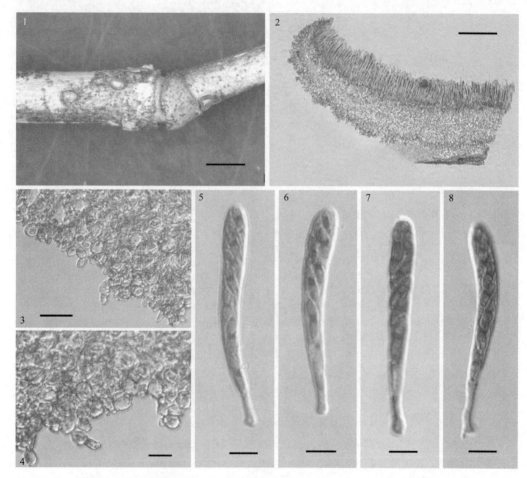

图 55 大龙山散胞盘菌 Encoelia dalongshanica W.Y. Zhuang (HMAS 74842)
1. 自然基物上的子囊盘；2. 子囊盘解剖结构；3、4. 囊盘被结构；5–8. 子囊。比例尺：1 = 2 mm；2 = 100 μm；3 = 20 μm；4–8 = 10 μm

簇生散胞盘菌 图 56

Encoelia fascicularis (Alb. & Schwein.) P. Karst., Bidr. Känn. Finl. Nat. Folk 19: 217, 1871.
　= *Cenangium populneum* (Pers.) Rehm, in Winter, Rabenh. Krypt.-Fl., Edn 2 (Leipzig) 1.3 (lief. 31): 220, 1896 [1888]. Teng, Fungi of China p. 257, 1963. Tai, Sylloge

Fungorum Sinicorum p. 95, 1979.

子囊盘盘状，单生至群生，边缘稍卷曲，无柄，直径可达 10 mm，子实层表面褐色至黑褐色，子层托黑褐色，表面糠皮状；外囊盘被为角胞组织，厚 22–55 μm，细胞多角形至近球形，无色至褐色，5.5–12 × 3–9 μm，壁略厚；盘下层为交错丝组织，厚 47–234 μm，菌丝近无色，宽 1.8–3.5 μm；子实下层厚 9–15 μm；子实层厚 85–97 μm；子囊柱棒状，具 8 个子囊孢子，孔口在 Melzer 试剂中呈蓝色，76–90 × 8–9 μm；子囊孢子为长椭圆形，有些一端略弯曲，壁平滑，在子囊中呈不规则单列排列，11–14.5 × 3–4 μm；侧丝线形，顶端略膨大，顶端宽 2–3 μm，基部宽 1.5–2 μm。

基物：枯枝上生。

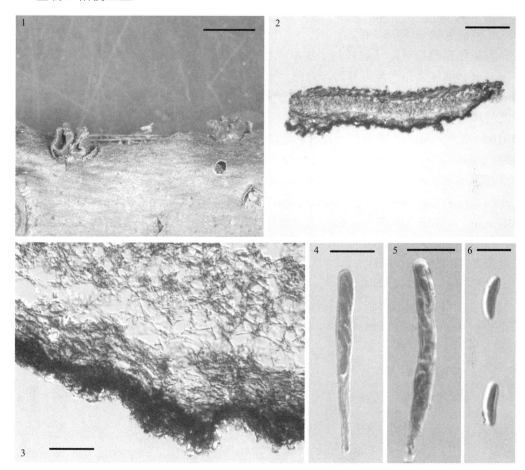

图 56　簇生散胞盘菌 Encoelia fascicularis (Alb. & Schwein.) P. Karst.（HMAS 34043）
1. 自然基物上的子囊盘；2. 子囊盘解剖结构；3. 囊盘被结构；4、5. 子囊；6. 子囊孢子。比例尺：1 = 5 mm；2 = 200 μm；3 = 50 μm；4 = 25 μm；5 = 20 μm；6 = 10 μm

标本：北京百花山，1964 IX 14，杨树枯枝上生，宗毓臣、郑儒永 377，HMAS 35790；百花山黄安坨，海拔 1000 m，1964 VI 14，杨树枯枝上生，宗毓臣，HMAS 34043；百花山黄安坨北，1956 IX 23，杨树枯枝上生，王云章、徐连旺 93，HMAS 24073。辽宁义县老爷岭，1983 V 30，杨树枯枝上生，潘学仁，HMAS 271257。吉林安图，1960 IX 4，枯枝上生，杨玉川、原俊荣 1056，HMAS 31233。陕西眉县太白山蒿坪寺，1963 VI，柏树枯枝上生，马启明、宗毓臣 2101，HMAS 33323。

世界分布：中国、法国、挪威、波兰、斯洛文尼亚、俄罗斯、加拿大。

讨论：该种多生于杨属（*Populus* spp.）植物的枝条上，我国曾将该种报道为 *Cenangium populneum* (Pers.) Rehm（邓叔群 1963；戴芳澜 1979），按照现代分类学观点，其正确名称为 *Encoelia fascicularis* (Alb. & Schwein.) P. Karst.。

糠麸散胞盘菌　图 57

Encoelia furfuracea (Roth) P. Karst., Bidr. Känn. Finl. Nat. Folk 19: 218, 1871.

≡ *Cenangium furfuraceum* (Roth) De Not., Porp. Rettif. Profilo Discomyc. p. 30 1864. Tai, Sylloge Fungorum Sinicorum p. 95, 1979.

子囊盘盘状至杯状，单生至群生，边缘稍卷曲，无柄，直径可达 10 mm，子实层表面黄褐色至黑褐色，子层托与子实层同色，表面糠皮状；外囊盘被为角胞组织，厚 41–75 μm，细胞多角形至近球形，无色至褐色，7–18 × 5–13 μm，壁略厚；盘下层为交错丝组织，厚 90–252 μm，菌丝近无色至淡褐色，宽 2.5–3.7 μm；子实下层厚 15–35 μm；子实层厚 94–117 μm；子囊棒状，具 8 个子囊孢子，孔口在 Melzer 试剂中呈蓝色，95–108 × 5.8–7 μm；子囊孢子为柱椭圆形，两端钝圆，壁平滑，在子囊中呈不规则双列排列，6–10.5 × 2–2.5 μm；侧丝线形，顶端略膨大，顶端宽 2.5–4.5 μm，基部宽 1.5–2 μm。

基物：腐木上生。

标本：河北，腐木上生，赵继鼎、杨作民 321，HMAS 33603。山西，1933 VIII，腐木上生，HMAS 33603（注：标本馆号重）。吉林安图长白山，海拔 1750 m，1960 VIII 16，腐木上生，杨玉川 600，HMAS 33602。陕西眉县太白山，1958 IX 19，腐木上生，张世俊 744，HMAS 33604。

世界分布：中国、英国、芬兰、西班牙、波兰、美国、加拿大。

讨论：我国材料的形态特征与 Dennis (1968) 基于英国材料的描述基本符合，但子囊略小（95–108 × 5.8–7 μm vs. 120 × 7 μm），在此视为种内变异。

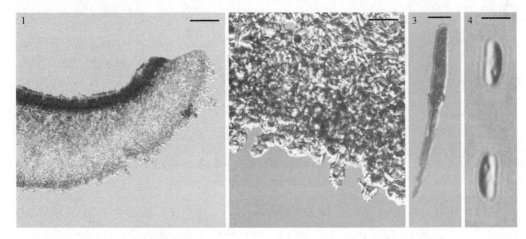

图 57　糠麸散胞盘菌 *Encoelia furfuracea* (Roth) P. Karst.（HMAS 33602）

1. 子囊盘解剖结构；2. 囊盘被结构；3. 子囊；4. 子囊孢子。比例尺：1 = 200 μm；2 = 20 μm；3 = 10 μm；4 = 5 μm

黄散胞盘菌 图 58

Encoelia helvola (Jungh.) Overeem, Icon. Fung. Malay. 13: 1, 1926. Zhuang & Korf, Mycotaxon 35: 304, 1989.

≡ *Peziza helvola* Jungh., Praem. Fl. Crypt. Javae: 30, 1838.

子囊盘盘状，单生至群生，质地坚韧，边缘不规则卷曲，短柄，直径可达 8 mm，子实层表面橙褐色，子层托黄褐色，表面有突起，柄与子层托同色或更深一些；外囊盘被为球胞组织至角胞组织，外被菌丝突起，厚 40–50 μm，细胞近球形至多角形，无色至淡褐色，5.5–9.2 × 5–7.3 μm，壁厚且玻璃质，菌丝突起高 40–50 μm；盘下层为交错丝组织，厚 230–250 μm，菌丝近无色，玻璃质，壁略厚，宽 1.8–3.5 μm；子实下层厚 9–15 μm；子实层厚 68–75 μm；子囊棒状，具 8 个子囊孢子，孔口在 Melzer 试剂中不变色，60–65 × 5–6 μm；子囊孢子为长椭圆形，有些一端略弯曲，壁平滑，成熟后无油滴，在子囊中呈单列至不规则单列排列，6–8 × 2.0–2.5 μm；侧丝线形，宽 1.5–2.0 μm，高于子囊顶端约 9 μm。

基物：竹节上生。

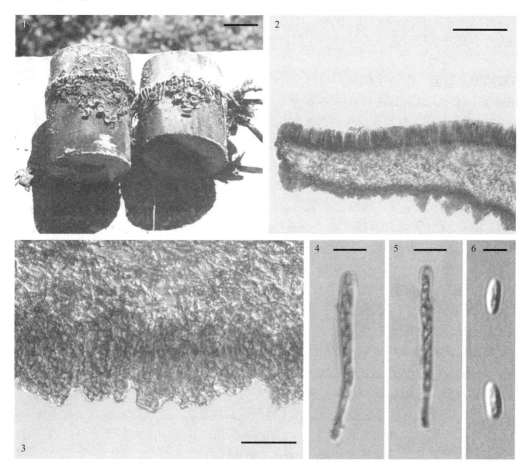

图 58 黄散胞盘菌 *Encoelia helvola* (Jungh.) Overeem（HMAS 54037）
1. 自然基物上的子囊盘；2. 子囊盘解剖结构；3. 囊盘被结构；4、5. 子囊；6. 子囊孢子。比例尺：1 = 10 mm；2 = 150 μm；3 = 30 μm；4、5 = 10 μm；6 = 5 μm

标本：云南西双版纳植物园，海拔 520 m，1988 X 22，竹节上生，Korf、庄文颖 311，HMAS 54037。

世界分布：中国、巴西、哥伦比亚。

讨论：我国材料的形态特征与 Overeem (1926) 对该种的描述一致。

拟散胞盘菌属 Encoeliopsis Nannf.

Nova Acta R. Soc. Scient. Upsal., Ser. 4, 8(2): 306, 1932

子囊盘盘状至壶形，无柄至近具柄，子实层表面灰白色、暗褐色至黑色，子层托表面比子实层色略暗，呈糠皮状；外囊盘被为角胞组织，细胞多角形，无色至褐色，外层细胞胶化；盘下层为交错丝组织，菌丝无色至淡褐色；子囊棒状，具 8 个子囊孢子，孔口在 Melzer 试剂中不变色；子囊孢子梭形至梭棒状，壁平滑，多具分隔；侧丝线形。

模式种：*Encoeliopsis rhododendri* (Ces. ex Rabenh.) Nannf.。

讨论：这是一个物种数量很少的属，Groves (1969b) 对该属进行了专著性研究。该属目前已知 4 个种(Kirk et al. 2008)，我国仅发现 1 个种。子囊盘和子囊的大小、子囊孢子的大小及分隔数目是该属分种的主要依据。

多隔拟散胞盘菌　图 59，图 60

Encoeliopsis multiseptata F. Ren & W.Y. Zhuang, Mycosystema 35: 513, 2016.

子囊盘盘状，单生至群生，边缘略内卷，无柄，直径 1–1.5 mm，子实层表面黑色，子层托表面暗褐色至黑色，略呈糠皮状，组织在 KOH 水溶液中无紫红色渗出物；外囊盘被分为两层，外层为角胞组织至交错丝组织，厚 11–42 μm，组织胶化，细胞多角形，壁略厚，无色至淡褐色，5–12 × 3.7–9 μm，内层为角胞组织，厚 18–37 μm，组织不胶化，细胞多角形，壁厚，淡褐色至褐色，6–15 × 3.7–9.5 μm；盘下层为交错丝组织，厚 39–73 μm，菌丝无色，薄壁，宽 1.5–2.5 μm；子实下层厚 14–21 μm；子实层厚 47–103 μm；子囊由产囊丝钩产生，近圆柱形，顶端钝宽，具 8 个子囊孢子，孔口在 Melzer 试剂中不变色，105–120 × 14.5–18.5 μm；子囊孢子长梭形，壁平滑，具多分隔(13–16 个)，无色，在子囊中呈不规则双列排列，29–55 × 5.8–7.5 μm；侧丝线形，宽 1.5–2.0 μm，多与子囊顶端平齐。

基物：腐木及腐烂的树皮上生。

标本：四川壤塘，海拔 3200 m，2013 VII 29，腐烂的油松树皮上生，曾昭清、朱兆香、任菲 8447，HMAS 266677 (主模式)。

世界分布：中国。

讨论：该种具有拟散胞盘菌属的基本特征，如外囊盘被外层细胞胶化、盘下层为交错丝组织、子囊在 Melzer 试剂中 J– 等。在 *Encoeliopsis* 属中，大型而多分隔的子囊孢子是该种区别于其他种的显著特征 (Groves 1969b) (表 3)。

表3　拟散胞盘菌属各种形态特征比较

种名	子囊大小/μm	子囊孢子大小/μm	孢子分隔
E. multiseptata F. Ren & W.Y. Zhuang	105–120 × 14.5–18.5	29–55 × 5.8–7.5	多分隔（13–16个）
E. bresadolae (Rehm) J.W. Groves	(70–)75–100(–110) × 7.5–11	(10–)13–18(–20) × 3–5.5	0个或1个分隔
E. ericae (Fr.) J.W. Groves	(70–)85–100(–115) × 6–10	(12–)15–22(–28) × 3–5	1个分隔
E. oricostata (Cash) J.W. Groves	(90–)100–115 × 7.5–11	(12–)14–18(–20) × 3–5	1个分隔
E. rhododendri (Ces.) Nannf.	(63–)70–80 × 10–14	(12–)14–18(–20) × 3.5–4.5	1个分隔

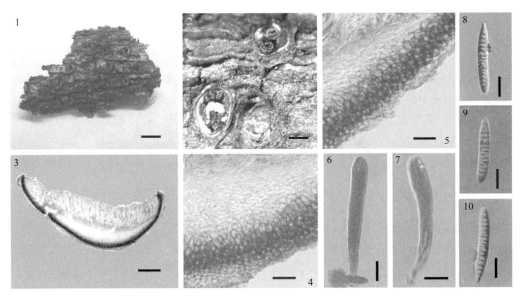

图59　多隔拟散胞盘菌 *Encoeliopsis multiseptata* F. Ren & W.Y. Zhuang（HMAS 266677）

1、2. 基物上的子囊盘；3. 子囊盘解剖结构；4、5. 囊盘被结构；6、7. 子囊；8-10. 子囊孢子。
比例尺：1 = 5 mm； 2= 1.5 mm；3 = 100 μm；4、5、8-10 = 10 μm；6、7 = 20 μm

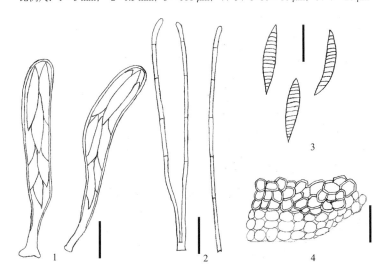

图60　多隔拟散胞盘菌 *Encoeliopsis multiseptata* F. Ren & W.Y. Zhuang（HMAS 266677）

1. 子囊；2. 侧丝；3. 子囊孢子；4. 外囊盘被结构。比例尺：1–4 = 20 μm

长孢盘菌属 Godronia Moug. & Lév.
Mougeot, Consid. Vég. Vosges p. 355, 1846

子囊盘杯状、球形至壶形，无柄至近无柄，子实层表面多黄褐色、褐色至黑褐色，子层托表面与子实层同色或略暗，近平滑至糠皮状；外囊盘被为厚壁丝组织；盘下层为角胞组织；子囊棒状至柱棒状，具8至多个子囊孢子，孔口在Melzer试剂中呈蓝色；子囊孢子线形至长棒状，具分隔；侧丝线形。

模式种：*Godronia muehlenbeckii* Moug. & Lév.。

讨论：Mougeot 和 Lévéillé 以 *Godronia muehlenbeckii* 为模式建立了 *Godronia* 属（Mougeot 1846）。Groves(1965)曾对该属进行专著性研究，记载了 24 个种；Schläpfer-Bernhard(1969)和Eriksson(1970)又增加了3个种。该属目前已知27个种(Kirk et al. 2008)，我国仅发现1个种(戴芳澜 1979)。戴芳澜(1979)还报道了另外2个种，其中 *Godronia sororia* (P. Karst.) P. Karst. 已被移入 *Crumenulopsis* 属，而对 *Godronia zelleri* Seaver 的报道是基于对 *Tympanis* 属一个种的错误鉴定(详见后文)。子囊盘的颜色、子囊大小以及子囊孢子的形状和大小是该属分种的主要依据。

壶形长孢盘菌 图61

Godronia urceolus (Alb. & Schwein.) P. Karst., Acta Soc. Fauna Flora Fenn. 2(6): 144, 1885. Tai, Sylloge Fungorum Sinicorum p. 152, 1979.

≡ *Peziza urceolus* Alb. & Schwein., Consp. Fung. (Leipzig) p. 332, 1805.

子囊盘壶形至球形，单生至聚生，无柄至近无柄，直径 0.5–1 mm，子实层表面褐色至黑褐色，子层托与子实层同色，表面略呈糠皮状；外囊盘被为厚壁丝组织，厚 44–63 μm，细胞无色至褐色，9–16 × 2.8–3.5 μm；盘下层为角胞组织，厚 51–115 μm，细胞多角形，暗褐色；子实下层厚 16–26 μm；子实层厚 94–125 μm；子囊柱状至柱棒状，基部渐细，具8个子囊孢子，孔口在Melzer试剂中呈蓝色，90–115 × 8–10 μm；子囊孢子线形，无色，壁平滑，具 5–9 个分隔，直或略弯曲，在子囊中呈多列排列，53–75 × 2–2.5 μm；侧丝线形，具分隔，宽 2–2.5 μm。

基物：多于枯枝上生。

标本：河南鸡公山，海拔 400 m，2003 XI 14，枯枝上生，庄文颖、刘超洋 5124，HMAS 271297。陕西眉县太白山蒿坪寺，海拔 1400 m，1963 V 14，枯枝上生，马启明、宗毓臣 2240，HMAS 33832。

世界分布：中国、德国、瑞典、美国。

讨论：该种子囊盘壶形，子囊孢子线形。我国材料与 Groves(1965)对该种的描述基本一致，子囊略小 [90–115 × 8–10 μm vs. (90–) 110–160 (180) × 8–13 μm]，将上述差异视为种内变异。

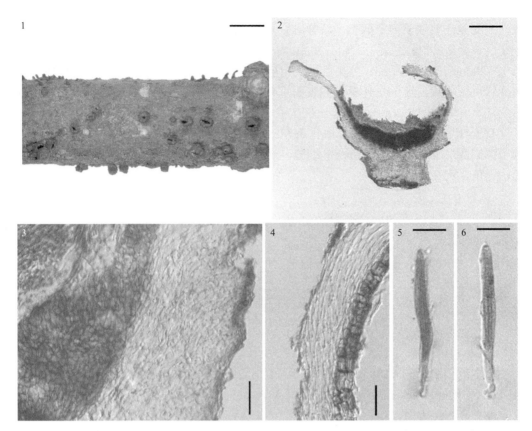

图 61 壶形长孢盘菌 *Godronia urceolus* (Alb. & Schwein.) P. Karst. (HMAS 33832)
1. 自然基物上的子囊盘；2. 子囊盘解剖结构；3、4. 囊盘被结构；5、6. 子囊。
比例尺：1 = 2 mm；2 = 200 μm；3–6 = 20 μm

假地舌菌属 **Hemiglossum** Pat.

Revue Mycol. 12: 135, 1890

  子囊盘不规则勺形、具少数分枝或呈裂片状，扁平，子实层着生于一侧，具柄；外囊盘被为角胞组织，由一层短棒状至短杆状的细胞构成，细胞平行排列，纵轴与外囊盘被表面垂直；盘下层为交错丝组织；子囊棒状，具 8 个子囊孢子，顶孔在 Melzer 试剂中呈蓝色；子囊孢子拟椭圆形至近梭形，单细胞；侧丝线形。

  模式种：*Hemiglossum yunnanense* Pat.。

  讨论：该属在柔膜菌目中的地位不大清楚 (Kirk et al. 2008)，Zhuang (1988d) 曾将其处理为柔膜菌科成员。该属建立时为单种属 (Patouillard 1890)，后在日本和刚果报道 2 个种并冠以 *Hemiglossum* 的属名。笔者仅观察了模式种，不清楚其他 2 个名称对应的物种是否同属，该属区分种的依据有待确定。

假地舌菌 图 62

Hemiglossum yunnanense Pat., Revue Mycol. 12: 135, 1890.

  子囊盘不规则勺形、具少数分枝或呈波浪式裂片状，扁平，子实层着生于一侧，边缘向下翻卷，共生于一个柄上，新鲜时宽 4–8 mm，干后高 10–17 mm，组织略胶化，子实层表面新鲜时红色，干后暗红褐色，子层托表面略粗糙，与子实层同色，柄褐红色，长 10–20 mm，宽 2–4 mm；外囊盘被为角胞组织，厚 15–22 μm，细胞平行排列成一层，短棒状至短杆状，纵轴与外囊盘被表面垂直，褐色，9–22 × 4–5 μm；盘下层为交错丝组织，厚度可达 220 μm，菌丝近无色；子实下层不发育；子囊棒状，具 8 个子囊孢子，无论有无 KOH 水溶液预处理，顶孔在 Melzer 试剂中均呈蓝色，55–65 × 4–5 μm；子囊孢子拟椭圆形至近梭形，无色，单细胞，部分内含小油滴，6–10 × 1.8–2.2 μm；侧丝线形，无色，宽 2 μm。

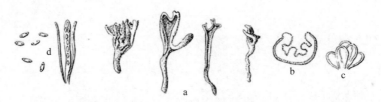

图 62　假地舌菌 *Hemiglossum yunnanense* Pat.(FH-Pat. 主模式)

a. 子实体；b. 子实体可育部分的横断面；c. 外囊盘被细胞；d. 子囊孢子、子囊及侧丝（引自 Patouillard 1890）

基物：地上和腐殖质层上生。

标本：云南大理，?1885，有苔藓的腐殖质层上或地上生，Pierre Jean Marie Delavay，FH-Pat.(主模式)。

世界分布：中国。

讨论：该种于 130 年前在我国云南发现，仅采到一次，由于材料珍贵，不可能提取 DNA 并用序列分析的方法探讨其系统发育地位。

该种子实体具有子实层的部位扁平并具柄，与地舌菌科(Geoglossaceae)真菌在外观上有些相似，但具有发育良好的外囊盘被组织，显然不属于地舌菌科。其外囊盘被存在一层平行排列的短棒状细胞，致使子层托表面略显粗糙，与曾称为"散胞盘菌亚科"的部分成员有些相似，Zhuang(1988d)将其处理为柔膜菌科成员。

笔者曾观察过该种的模式标本，仅留下实验记录而未曾绘制图片，本卷采用了 Patouillard(1890)发表该种时的原始图版。

霍氏盘菌属 Holwaya Sacc.

Syll. Fung. 8: 646, 1889

子囊盘盘状，具柄，子实层表面近黑色至黑色，子层托与子实层同色，表面呈糠皮状；外囊盘被为角胞组织，细胞壁褐色；子囊柱棒状，具 8 个子囊孢子，孔口在 Melzer 试剂中不变色；子囊孢子线形，无色，壁平滑，具多分隔；侧丝线形，顶端弯曲。

模式种：*Holwaya ophiobolus* (Ellis) Sacc.。

讨论：Saccardo(1889)以胶鼓菌属(*Bulgaria* Fr.)中的 *Bulgaria ophiobolus* Ellis 为模式建立了 *Holwaya* 属，指出其对应的无性阶段为 *Crinula* Fr. 属。根据现行的国际命名法规，一个真菌一个名称，虽然 *Crinula* 属建立较早，但锤舌菌纲命名专家组建议使用

Holwaya 为属名(Johnston et al. 2014)。Korf (1971)认为,该属包括一个种和两个亚种,将 *Holwaya ophiobolus* 处理为 *Holwaya mucida* Korf & Abawi 的同物异名,并将其归入柔膜菌科的散胞盘菌亚科。18S rDNA(Zhuang et al. 2000)和 LSU+SSU+5.8S rDNA(Wang et al. 2006a, 2006b)序列分析的结果表明,*Holwaya* 属与胶鼓菌科 Bulgariaceae 聚类在一起,Wang 等(2006a, 2006b)将其转入胶鼓菌科。笔者考虑到 *Holwaya* 属与胶鼓菌科在形态学方面的差异,在未得到充足的证据前暂且保留在柔膜菌科。该属目前仅含 1 个种(Kirk et al. 2008),我国已知其中的 1 个亚种(Yu et al. 2000)。子囊孢子的大小和分隔数是该属区分亚种的主要依据。

霍氏盘菌日本亚种 图 63

Holwaya mucida subsp. **nipponica** Korf & Abawi, Can. J. Bot. 49(11): 1881, 1971. Yu, Zhuang & Chen, Mycotaxon 75: 401, 2000.

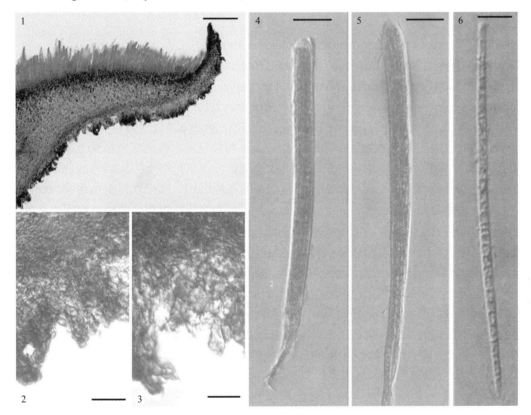

图 63 霍氏盘菌日本亚种 *Holwaya mucida* subsp. *nipponica* Korf & Abawi(HMAS 75549)
1. 子囊盘解剖结构;2、3. 囊盘被结构;4、5. 子囊;6.子囊孢子。比例尺:1 = 200 μm;2、4、5 = 20 μm;3、6 = 10 μm

　　子囊盘盘状,单生至群生,具柄,直径 5–8 mm,柄长 1–8 mm,子实层表面近黑色至黑色,子层托与子实层同色,表面略呈糠皮状,柄与子层托同色;外囊盘被为角胞组织,厚 37–75 μm,细胞多角形至近球形,淡褐色至褐色,7–15 × 5–11 μm;盘下层为交错丝组织,菌丝平行,厚 70–450 μm,菌丝淡褐色,宽 3–5 μm;子实下层厚 31–55 μm;子实层厚 165–188 μm;子囊由产囊丝钩产生,棒状至近柱状,具 8 个子囊孢子,孔口在 Melzer 试剂中不变色，142–180 × 10.5–13 μm；子囊孢子线形，基部较窄，壁平滑，具 7–28 个分隔，在子囊中呈簇排列，97–113 × 2.8–4.5 μm；侧丝线形，顶端弯曲，1–1.5 μm。

基物：腐木上生。

标本：吉林长白山，1998 IX 10，腐木上生，陈双林、庄文颖 2542，HMAS 75549。

世界分布：中国、日本。

讨论：与 *Holwaya mucida* 的原亚种相比，日本亚种的子囊孢子较长，子囊孢子分隔较多，在东亚分布。我国材料的形态特征与 Korf 和 Abawi(1971)对日本材料的描述一致。

膜盘菌属 Hymenoscyphus Gray

Nat. Arr. Brit. Pl. (London) 1: 673, 1821

Belospora Clem., Gen. Fung. (Minneapolis) p. 87, 1909
Ciboriella Seaver, North American Cup-fungi, (Inoperculates) p. 107, 1951
Hymenoscypha (Fr.) W. Phillips, Man. Brit. Discomyc. p. 111, 1887
Peziza trib. *Hymenoscypha* Fr., Syst. Mycol. (Lundae) 2(1): 117, 1822
Septatium Velen., Monogr. Discom. Bohem. Vol. 1 (Prague) p. 211, 1934

子囊盘盘状、平展至上凸，直径小于 1 mm 至数毫米，具柄、短柄至无柄，柄基部淡色、褐色至黑色，子实层表面白色、黄色至橙色；子层托与子实层同色或色淡，表面平滑，少数有微小的短毛或呈霜状；外囊盘被为矩胞组织、薄壁丝组织至角胞组织，菌丝无色，薄壁至微厚壁，覆盖层有或缺无；盘下层为交错丝组织至薄壁丝组织，菌丝无色，壁薄；柄表光滑至有短的菌丝末端伸出；子囊柱棒状，大多具 8 个子囊孢子，顶端圆形、锥形或乳突状，近无柄至具长柄，孔口在 Melzer 试剂中不变色或呈蓝色，多呈两条蓝线；子囊孢子梭形、椭圆形或上端钝圆、略向一侧弯曲、较宽，下端梭形且窄 scutuloid 形，对称或一侧略膨大，无色，具 0–4 个分隔，在子囊中单列、双列、不规则单列或不规则双列排列；侧丝线形，顶端略膨大或不膨大，与子囊顶部近等高或略高。腐生在陆地或半水生环境的木头、树枝、树叶、茎秆、果实等植物性基质上，不形成基物子座。

选模式种：栎果膜盘菌 *Hymenoscyphus fructigenus* (Bull.) Gray。

讨论：*Hymenoscyphus* 属由 S.F. Gray 于 1821 年建立，并未指定模式，Dennis(1964)将栎果膜盘菌 *H. fructigens* (Bull.) Gray 指定为选模式。膜盘菌属在很长时期为一个杂合体，历史上有无囊盖盘菌的"废纸篓"之称(Korf 1973)，曾包含 500 多个名称(http://www.indexfungorum.org/Names/names.asp)，与这些名称相关联的属名达 100 余个，其中大部分冠以 *Helotium* Pers. 1801 (non *Helotium* Tode 1790)的属名，后被纳入不同科的许多属中。根据习性、基物、显微结构、分子系统学等方面的证据，部分种已被排除出该属，例如，外囊盘被为角胞组织且子囊孢子最终变为褐色的种纳入 *Phaeohelotium* Kanouse (Hengstmengel 2009)；根据习性和分子系统学的研究结果，与树木形成菌根的种独立出来成立了 *Rhizoscyphus* W.Y. Zhuang & Korf(Zhang and Zhuang 2004)；寄生或腐生在苔藓和木贼上、子囊盘为玫红色、外囊盘被细胞较大的种也独立出来，建立了玫红盘菌属 Roseodiscus Baral（Baral and Krieglsteiner 2006）。

按照现代分类学观点，膜盘菌属已知 170 余种（Kirk et al. 2008；Han and Shin 2008；Queloz et al. 2011；Baral and Bemmann 2013；Johnston and Park 2013；Zheng and Zhuang 2013a, 2013b, 2014, 2015a, 2015b；Baral 2015；Gross and Han 2015；Gross et al. 2015a, 2015b；Liu and Zhuang 2015）。我国已发现 45 个种（Teng 1934；邓叔群 1963；戴芳澜 1979；王云章和臧穆 1983；Korf and Zhuang 1985a；Zhuang and Korf 1989；Zhuang 1995, 1996, 1998b；吴声华等 1996；李泰辉等 1997；Zhuang and Wang 1998a, 1998b；张艳辉 2002；Li et al. 2006，徐阿生 2006；吴兴亮等 2009；Zhang and Zhuang 2002a, 2002b, 2004；Zheng and Zhuang 2011, 2013a, 2013b, 2013c, 2014, 2015a, 2015b）。子囊盘的形状、颜色、大小，外囊盘被的结构，子囊的形状、大小，子囊孢子的形状、大小、分隔数目，以及基物类型等是该属区分种的主要依据。

中国膜盘菌属分种检索表

1. 子囊盘无柄 ·· 大胞膜盘菌 H. magnicellulosus
1. 子囊盘具柄 ··· 2
　　2. 成熟子囊具 4 个子囊孢子；子囊孢子近椭圆形，(16.1–)17.8–22.2 × 4.7–5.6 μm ···············
　　　　　　　　　　　　　　　　　　　　　　　　　　　　　　······ 四孢膜盘菌 H. tetrasporus
　　2. 成熟子囊具 8 个子囊孢子 ··· 3
3. 子囊孢子具分隔 ··· 4
3. 子囊孢子通常无分隔，偶具 1 分隔 ·· 8
　　4. 子囊孢子具 1–3 分隔 ·· 5
　　4. 子囊孢子具 1 分隔 ·· 6
5. 子囊孢子含多个油滴，21–36 × 4.5–6(–7) μm ································· 毛柄膜盘菌 H. lasiopodius
5. 子囊孢子无明显的油滴，12–22 × 4–5.5(–6.3) μm ························ 井冈膜盘菌 H. jinggangensis
　　6. 子囊孢子 9–14 × 2–3 μm ·· 喜叶膜盘菌 H. phyllophilus
　　6. 子囊孢子长度大于 15 μm ·· 7
7. 外囊盘被细胞 3–4 μm 宽；子囊孢子具小油滴 ·························· 变色膜盘菌 H. varicosporoides
7. 外囊盘被细胞 7–15 μm 宽；子囊孢子具大油滴 ································ 单隔膜盘菌 H. uniseptatus
　　8. 外囊盘被含多角形细胞 ·· 9
　　8. 外囊盘被为矩胞组织 ··· 12
9. 子囊孢子多油滴至双油滴，6.4–7.7 × 1.6–3 μm ································· 雪松膜盘菌 H. deodarum
9. 子囊孢子无油滴或具小油滴，较大 ·· 10
　　10. 子囊 70–78 × 6–7 μm；子囊孢子梭形，8.7–10.5 × 3.3–3.7 μm ··· 土黄膜盘菌(参照) H. cf. lutescens
　　10. 子囊平均长度大于 80 μm ·· 12
11. 子囊 86–95 × 5.5–6.5 μm；子囊孢子两端钝圆 ··································· 球胞膜盘菌 H. globus
11. 子囊 78–100 × 9–11(–12) μm；子囊孢子两端尖 ······························· 难变膜盘菌 H. immutabilis
　　12. 子囊孢子两端基本对称 ··· 13
　　12. 子囊孢子两端不对称 ·· 30
13. 子囊孢子 25–36 × 3–4.6 μm ·· 硬膜盘菌 H. sclerogenus
13. 子囊孢子长度小于 25 μm ··· 14
　　14. 子囊孢子两侧基本对称 ··· 15
　　14. 子囊孢子一侧略膨大 ·· 24
15. 子囊孢子 12–15.5 × 6–7.2 μm ··· 喜马拉雅膜盘菌(参照) H. cf. himalayensis

15. 子囊孢子宽度小于 6 μm		16
16. 子囊长度大于 70 μm		17
16. 子囊长度小于 70 μm		21
17. 子囊孢子不含油滴，11–14.5 × 3.3–4.4 μm	大膜盘菌	*H. macrodiscus*
17. 子囊孢子内含明显油滴		18
18. 子囊孢子两端圆，14.4–16.7 × 4–5.5 μm；子囊 70–85 × 8–14.5 μm	椭孢膜盘菌	*H. ellipsoideus*
18. 子囊孢子两端尖；子囊较窄		19
19. 子囊孢子含两个中等大小油滴，12–16.5 × 4.5–6 μm	山楂膜盘菌（参照）	*H.* cf. *crataegi*
19. 子囊孢子含纵向排列的大油滴		20
20. 外囊盘被菌丝较宽，有近等径细胞，10–25 × 4–12 μm	小膜盘菌	*H. calyculus*
20. 外囊盘被菌丝较窄，6–12 × 3–5 μm	云南膜盘菌	*H. yunnanicus*
21. 子囊孢子 7–8 × 2.5–3 μm；子囊(58–)61–70 × 5–6(–7) μm	海南膜盘菌	*H. hainanensis*
21. 子囊孢子长度大于 8 μm		22
22. 子囊孢子 13.2–14.3 × 3.3–3.6 μm	对称膜盘菌	*H. subsymmetricus*
22. 子囊孢子长度小于 13 μm		23
23. 外囊盘被细胞 10–14 × 6–8 μm；子囊孢子 8–13 × 2–2.5 μm	波状膜盘菌	*H. repandus*
23. 外囊盘被细胞 7–30 × 3–13 μm；子囊孢子 7–13 × 2–4.5 μm	无须膜盘菌	*H. imberbis*
24. 子囊孢子两端尖		25
24. 子囊孢子两端钝圆		27
25. 子囊孢子 (12–)13–20 × 3–4(–4.5) μm；子囊 95–115 × 7.5–8(–10) μm	叶生膜盘菌	*H. epiphyllus*
25. 子囊孢子较宽；子囊较短		26
26. 子囊盘近白色至淡黄色，0.5–2 mm；子囊 66–93 × 7–8.8 μm	苍白膜盘菌	*H. subpallescens*
26. 子囊盘白色，0.2–0.6 mm；子囊 77–97 × 9.4–11 μm	油滴膜盘菌	*H. macroguttatus*
27. 外囊盘被细胞 25–35 × 12–14 μm	弗里斯膜盘菌	*H. friesii*
27. 外囊盘被细胞较窄		28
28. 叶生；子囊盘白色至淡黄色，0.6–1.5 mm；外囊盘被菌丝近平行	叶产膜盘菌	*H. phyllogenus*
28. 木生；子囊盘黄色，2–4 mm；外囊盘被菌丝略波曲	余氏膜盘菌	*H. yui*
29. 子囊 25–38 × 4–5 μm；子囊孢子 6–8 × 1–1.5 μm	象牙膜盘菌	*H. eburneus*
29. 子囊和子囊孢子均较大		30
30. 子囊孢子无油滴		31
30. 子囊孢子具油滴		32
31. 子实层表面橙黄色；子囊孢子 7.8–11 × 2.8–3.3 μm	橙黄膜盘菌	*H. aurantiacus*
31. 子实层表面白色至极淡的黄色；子囊孢子 11–14.5 × 3.3–3.9 μm	青海膜盘菌	*H. qinghaiensis*
32. 子囊孢子一端或两端具纤毛		33
32. 子囊孢子不具纤毛		35
33. 子囊孢子 22–37 × 4–5.5 μm	双极毛膜盘菌	*H. fucatus*
33. 子囊孢子较小		34
34. 子囊盘直径 0.6–2.5 mm；子囊由简单分隔产生	盾膜盘菌	*H. scutula*
34. 子囊盘直径 0.2–0.7 mm；子囊由产囊丝钩产生	拟盾膜盘菌	*H. scutuloides*
35. 子囊孢子上端明显弯曲		36
35. 子囊孢子上端弯曲不明显		39
36. 子囊孢子 12–14.3 × 3.9–4.4 μm	小尾膜盘菌	*H. microcaudatus*
36. 子囊孢子较长		37
37. 子囊孢子 16.5–21(–25.5) × 3.3–5 μm	晚生膜盘菌	*H. serotinus*

37. 子囊孢子较小 ··· 38
  38. 外囊盘被细胞较短；子囊生于简单分隔 ·············· 短胞膜盘菌 *H. brevicellulosus*
  38. 外囊盘被细胞较长；子囊由产囊丝钩产生 ················ 小晚膜盘菌 *H. microserotinus*
39. 子囊孢子平均长度大于 18 μm ·· 40
39. 子囊孢子平均长度小于 18 μm ·· 41
  40. 外囊盘被细胞短矩形至方形，具折射性，6–30(–60) × 6–25 μm ·································
     ··· 晶被膜盘菌 *H. hyaloexcipulus*
  40. 外囊盘被细胞矩形，不具折射性，5–15 × 3–10 μm ············ 尾膜盘菌 *H. caudatus*
41. 木生或果实上生 ·· 42
41. 叶生 ··· 43
  42. 子囊盘散生至簇生，淡黄色至黄色，直径可达 6 mm；子囊孢子较宽，13.3–17.8 × 3.5–5 μm
     ·· 中华膜盘菌 *H. sinicus*
  42. 子囊盘散生，白色至近白色，直径 1–2 mm；子囊孢子较窄，12–20 × 3–4 μm ··········
     ·· 栎果膜盘菌 *H. fructigenus*
43. 外囊盘被细胞近等径 ·· 德氏膜盘菌 *H. dehlii*
43. 外囊盘被细胞非近等径，矩形或长形 ·· 44
  44. 柄基部的组织中存在方形结晶物，表面细胞近等径；覆盖层菌丝近平行 ····················
     ·· 拟白膜盘菌 *H. albidoides*
  44. 柄基部的组织中存在不规则形结晶物，表面细胞非等径；覆盖层菌丝交织 ················
     ·· 白蜡树膜盘菌 *H. fraxineus*

拟白膜盘菌　图 64

Hymenoscyphus albidoides H.D. Zheng & W.Y. Zhuang, Mycol. Prog. 13: 630, 2014.
Zheng & Zhuang, Mycosystema 34: 803, 2015.

子囊盘散生，盘状，平展至下凹，直径 0.6–2 mm，具柄，子实层表面近白色、污白色至米色，干后橙色至暗橙色，子层托与子实层同色，干后奶油橙色，柄与子层托同色，基部淡色至褐色，表面平滑，长度近似于子囊盘直径；外囊盘被为矩胞组织，厚 20–50 μm，细胞无色，壁厚 0.5–1 μm，9–35 × 5–13.5 μm，覆盖层 1–3 层，菌丝宽 2.5–3.5 μm；盘下层为薄壁丝组织和交错丝组织，外层为薄壁丝组织，厚 10–55 μm，内层为交错丝组织，厚 55–280 μm，菌丝无色，宽 2.5–6 μm；柄表面平滑，下部偶有短的菌丝伸出，基部表面细胞淡褐色至褐色，组织中含有正方形结晶体；子实下层不分化；子实层厚 80–95 μm；子囊由产囊丝钩产生，柱棒状，顶端宽乳突状，短柄，具 8 个子囊孢子，孔口在 Melzer 试剂中呈蓝色，为两条蓝线，75–95 × 7.5–8.8 μm；子囊孢子梭椭圆形，上端钝圆，下端尖，一侧略膨大，无色，单细胞，具 2–4 个大油滴，占据孢子的大部分空间，被少量细胞质隔开，在子囊中上部双列下部单列排列，15.4–18.7 × 3.5–5 μm；侧丝线形，宽 2–3 μm，与子囊顶部近等高至略高出约 5 μm。

基物：腐烂的苦木 [*Picrasma quassioides* (D. Don) Benn] 叶片。

标本：安徽金寨天堂寨，海拔 700–900 m，2011 VIII 22，苦木叶脉上生，陈双林、庄文颖、郑焕娣、曾昭清 7727，7725，HMAS 264140（主模式），264141；金寨天堂寨，海拔 900–1100 m，2011 VIII 24，苦木叶脉上生，陈双林、庄文颖、郑焕娣、曾昭清 7842，HMAS 264142。

世界分布：中国。

讨论：该种与 *H. albidus* 和 *H. fraxineus* 在形态特征上非常接近，不易区分；但其 ITS 和钙调蛋白(calmodulin)基因序列与后两个种存在明显差异，在单基因和多基因联合分析构建的系统发育树中，它独立于后两个种，并形成独立分支。形态上，*H. albidus* 的子囊产生于简单分隔，较宽(85–100 × 10–12 μm)(White 1944；Dennis 1956)；*H. fraxineus* 外囊盘被覆盖层由多层菌丝构成，呈交错丝组织，柄基部组织中的结晶体为不规则形(Zheng and Zhuang 2014)。

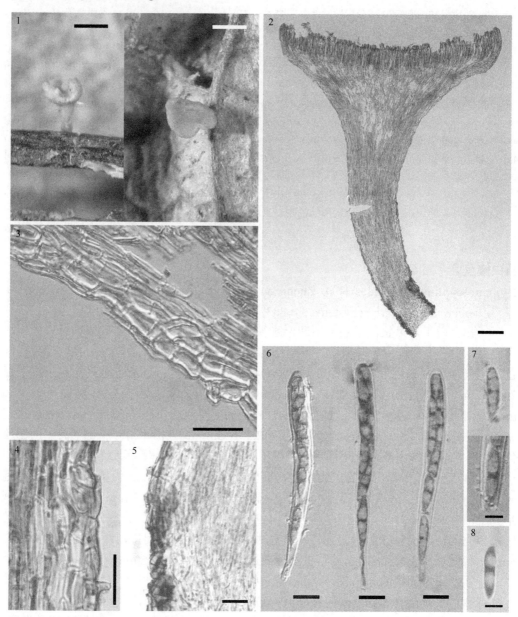

图 64 拟白膜盘菌 *Hymenoscyphus albidoides* H.D. Zheng & W.Y. Zhuang (1–7. HMAS 264140；8. HMAS 264142)
1. 自然基物上的子囊盘(干标本)；2. 子囊盘解剖结构；3. 子囊盘侧面囊盘被结构；4. 柄中部的结构；5. 柄基部的结构；6. 子囊；7、8. 子囊孢子。比例尺：1 = 0.5 mm；2 = 100 μm；3–5 = 20 μm；6 = 10 μm；7、8 = 5 μm

橙黄膜盘菌 图 65
Hymenoscyphus aurantiacus H.D. Zheng & W. Y. Zhuang, Mycotaxon 130: 1026, 2015.

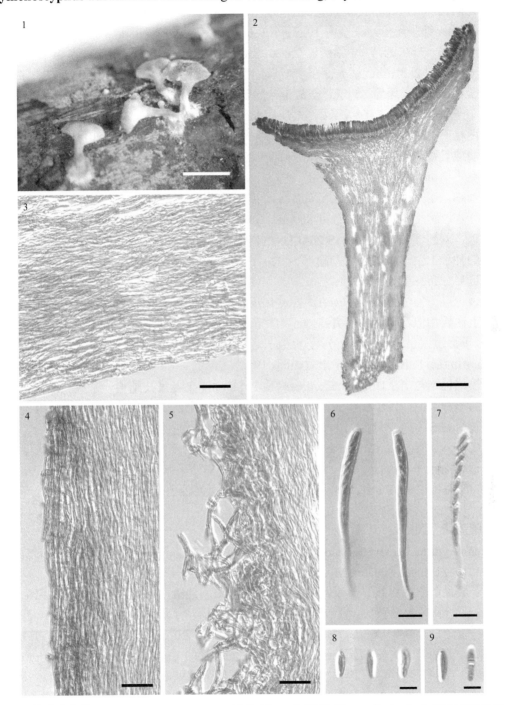

图 65　橙黄膜盘菌 *Hymenoscyphus aurantiacus* H.D. Zheng & W.Y. Zhuang（1–4、6、8. HMAS 264143；5、7、9. HMAS 264144）
1. 自然基物上的子囊盘（干标本）；2. 子囊盘解剖结构；3. 子囊盘侧面囊盘被结构；4–5. 柄中部的结构；6、7. 子囊；8、9. 子囊孢子。比例尺：1 = 1.0 mm；2 = 200 μm；3–5 = 20 μm；6、7 = 10 μm；8、9 = 5 μm

子囊盘散生或几个簇生，盘状，平展至微下凹，直径 0.8–3 mm，具柄，子实层表面橙黄色，干后淡肉色至淡橙色，子层托较子实层色淡，干后奶白色至奶油橙色，柄与子层托同色，有乳白色至橘红色的菌丝，长 0.5–1.5 mm；外囊盘被为薄壁丝组织，厚 20–50 μm，细胞无色，大小为 10–35 × 2–6 μm，覆盖层缺无；盘下层为薄壁丝组织和交错丝组织，外层为薄壁丝组织，厚 20–150 μm，内层为交错丝组织，厚 30–180 μm，菌丝无色，宽 2–3 μm；柄表面平滑或有伸出的指状菌丝末端，部分相互交错；子实下层不分化；子实层厚约 85 μm；子囊由产囊丝钩产生，柱棒状，顶端钝圆，具柄至长柄，具 8 个子囊孢子，孔口在 Melzer 试剂中呈蓝色，为两条蓝线，63–80 × 5–6 μm；子囊孢子两端不对称的长椭圆形，上端宽且尖，下端窄且圆，无色，单细胞至偶具 1 分隔，无油滴或具微小油滴，在子囊中单列或不规则单列排列，7.8–11 × 2.8–3.3 μm；侧丝线形，宽 1–2 μm。

基物：腐烂的小枝、长苔藓的腐木、腐烂的种子。

标本：湖北五峰后河，海拔 800 m，2004 IX 12，腐烂的树枝和长苔藓的腐木上生，庄文颖、刘超洋 5501，HMAS 264143（主模式）；五峰后河，海拔 800 m，2004 IX 12，腐烂的种子上生，庄文颖、刘超洋 5492，HMAS 264144。

世界分布：中国。

讨论：该种与 *H. nitidulus* (Berk. & Broome) W. Phillips 在外囊盘被结构和子囊孢子形态上比较相似，但后者子囊盘较小（直径 0.4 mm），短柄至近无柄，子实层表面为粉黄色，子囊短粗（55–65 × 7 μm），子囊孢子略窄（8–13 × 2.5 μm），生于发草 [*Deschampsia caespitosa* (L.) P. Beauv.] 叶子上（Dennis 1956）。

模式标本与产于印度的 *H. cremeus* M.P. Sharma 在囊盘被结构、子囊及子囊孢子大小上与该种类似，但子囊盘较小（直径约 1 mm），子实层表面为柠檬黄色，子囊孢子梭形，较窄（7.5–11 × 2–3.5 μm），生于 *Segretia* 属植物叶片上（Sharma 1991）。

Hymenoscyphus aurantiacus 两份标本在子囊盘柄的表面特征上存在一些差异，主模式的柄表面较平滑，HMAS 264144 柄上外被短小的毛状物，但它们的 ITS、28S 和 β-tubulin 基因序列完全一致，因此，上述差异应视为种内变异。

短胞膜盘菌 图 66

Hymenoscyphus brevicellulosus H.D. Zheng & W.Y. Zhuang, Sci. China Life Sci. 56: 92, 2013. Zheng & Zhuang, Mycosystema 34: 803, 2015.

子囊盘散生，盘状，平展，直径 0.3–1.4 mm，具柄，子实层白色、奶白色至浅棕色，干后近白色至淡黄色，子层托较子实层色淡，柄与子层托同色，表面平滑，基部淡色至淡褐色，长 0.4–1 mm；外囊盘被为矩胞组织，厚 20–50 μm，外侧 2–3 层为短长方形至等径的细胞，内侧为长条形细胞，无色，壁厚约 1 μm，6–25(–40) × 4–10 μm，覆盖层由 1–2 层菌丝构成，菌丝宽 3–4 μm；盘下层为薄壁丝组织和交错丝组织，外层为薄壁丝组织，厚 35–80 μm，内层为交错丝组织，厚 55–180 μm，菌丝无色，宽 2.5–5(–7) μm；柄基部表面偶有少数菌丝延伸物，具分隔，长约 10 μm，柄基部的菌丝偶为淡褐色；子实下层不分化；子实层厚 60–75 μm；子囊产生于简单分隔，柱棒状，顶端宽乳突状，具柄，具 8 个子囊孢子，孔口在 Melzer 试剂中呈蓝色，为两条蓝线，52–77 × 5.5–

7.7 μm；子囊孢子梭椭圆形，上端钝圆且向一侧弯曲，下端渐尖，无色，单细胞，具(1–)2(–4)个大油滴和个别小油滴，在子囊中双列或不规则双列排列，12–19.8 × 2.5–3.5(–3.9) μm；侧丝线形，宽 1.5–2.5 μm。

基物：腐树叶。

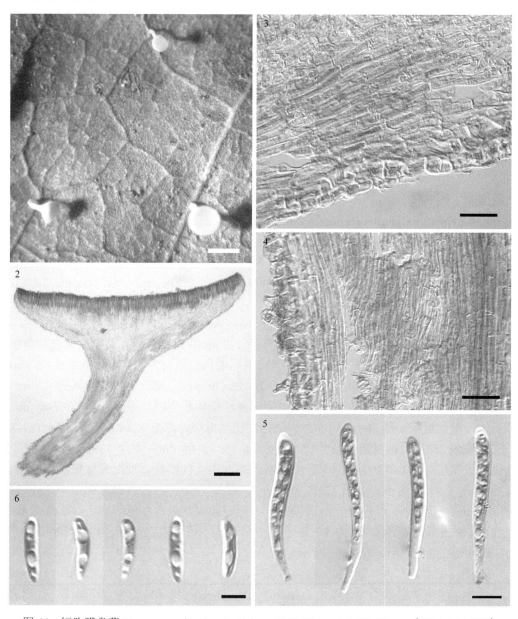

图 66 短胞膜盘菌 *Hymenoscyphus brevicellulosus* H.D. Zheng & W.Y. Zhuang（HMAS 264018）
1. 自然基物上的子囊盘（干标本）；2. 子囊盘解剖结构；3. 囊盘被结构；4. 柄中部的结构；5. 子囊；6. 子囊孢子。
比例尺：1 = 0.5 mm；2 = 100 μm；3–4 = 20 μm；5 = 10 μm；6 = 5 μm

标本：安徽金寨天堂寨，海拔 900–1000 m，2011 VIII 24，腐树叶上生，陈双林、庄文颖、郑焕娣、曾昭清 7841，HMAS 264018（主模式）；金寨天堂寨，海拔 700–900 m，2011 VIII 22，腐树叶上生，陈双林、庄文颖、郑焕娣、曾昭清 7728，HMAS 264015；

金寨天堂寨，海拔 900–1000 m，2011 VIII 24，腐树叶上生，陈双林、庄文颖、郑焕娣、曾昭清 7823，7830，7843，HMAS 264016，264017，264019。

世界分布：中国。

讨论：该种与 *H. ginkgonis* J.G. Han & H.D. Shin 和 *H. microserotinus* (W.Y. Zhuang) W.Y. Zhuang 的囊盘被结构和子囊孢子形状类似，*H. ginkgonis* 子囊 (72–98 × 8–11 μm) 和子囊孢子 (17–22 × 3–4 μm) 较大，生于银杏的落叶上 (Han and Shin 2008)；*H. microserotinus* 主模式的子囊盘为黄色，子囊 (58–67 × 7.5–8.8 μm) 和子囊孢子 (长宽比：3.8–4.4 vs. 4.0–6.0) 均较宽 (Zhuang 1996)。

ITS 序列分析支持 *H. brevicellulus* 作为独立的种，它与 *H. ginkgonis* 和 *H. microserotinus* 的 ITS 序列相似性分别为 95.5%和 94.6%；与 *H. ginkgonis* 聚类在一起的支持率小于 50%，*H. microserotinus* 与上述两种的系统发育关系稍远 (Zheng and Zhuang 2013a)。

小膜盘菌 图 67

Hymenoscyphus calyculus (Sowerby) W. Phillips, Man. Brit. Discomyc. (London) p. 136, 1887. ss. Dennis 1956. Zhuang, Mycotaxon 67: 373, 1998. Li, Zhao, Chai & Zhong, Southwest China Journal of Agricultural Sciences 19 (1): 162, 2006. Wu, Song, Li, Liu, Tan & Zhu, Guizhou Science 27: 2, 2009. Zheng & Zhuang, Mycosystema 34: 803, 2015.

≡ *Peziza calyculus* Sowerby, Col. Fig. Engl. Fung. Mushr. 1: pl. 116, 1797.

子囊盘散生，盘状，平展到微下凹，直径 1–2 mm，具柄，粗壮，子实层表面黄色，干后淡橙色至肉橙色，子层托较子实层色淡，干后淡色至奶白色，柄粗壮，长 0.5–0.8 mm，表面具短毛状物；外囊盘被为矩胞组织，厚 25–70 μm，细胞无色，壁厚约 1 μm，10–25 × 4–12 μm，覆盖层缺无；盘下层为薄壁丝组织和交错丝组织，厚 80–340 μm，外层为薄壁丝组织，厚 25–110 μm，内层为交错丝组织，厚 50–190 μm，菌丝无色，宽 1.5–2.5 μm；柄表面被有菌丝延伸物，具分隔，长 15–60 μm，宽约 4 μm；子实下层不分化；子实层厚 110–125 μm；子囊由产囊丝钩产生，柱棒状，顶端宽乳突状至钝圆，具柄，具 8 个子囊孢子，孔口在 Melzer 试剂中呈蓝色，为两条蓝线，102–125 × 8.3–11 μm；子囊孢子近梭形，两端较尖，一侧略膨大，无色，单细胞，具 2–4 个至多个油滴，占据孢子的大部分空间，在子囊中单列或不规则双列排列，14.4–22(–25.5) × 4.4–5.6 μm；侧丝线形，宽 1.5–2 μm。

基物：硬木、腐木、腐根。

标本：河南灵宝燕子山，海拔 1000 m，2013 IX 16，腐树枝上生，郑焕娣、曾昭清、朱兆香 8651，HMAS 273908；栾川重渡沟，海拔 1500 m，2013 IX 19，树枝上生，郑焕娣、曾昭清、朱兆香 8740，8748，HMAS 273909，273910；栾川重渡沟，海拔 1500 m，2013 IX 20，无皮的硬木上生，郑焕娣、曾昭清、朱兆香 8779，HMAS 248783 (L)；栾川重渡沟，海拔 1500 m，2013 IX 20，腐烂的竹子上生，郑焕娣、曾昭清、朱兆香 8823，HMAS 273911；栾川重渡沟，海拔 1500 m，2013 IX 21，无皮的硬木上生，郑焕娣、曾昭清、朱兆香 8829，HMAS 248784 (L)；焦作云台山，海拔 800 m，2013 IX

24，湿木头上生，郑焕娣、曾昭清、朱兆香 8882，HMAS 273912。湖北兴山龙门河，海拔 1800 m，2004 IX 16，腐烂根上生，庄文颖、刘超洋 5818，HMAS 264145；兴山龙门河，海拔 1800 m，2004 IX 16，腐木上生，庄文颖、刘超洋 5823，HMAS 264146。

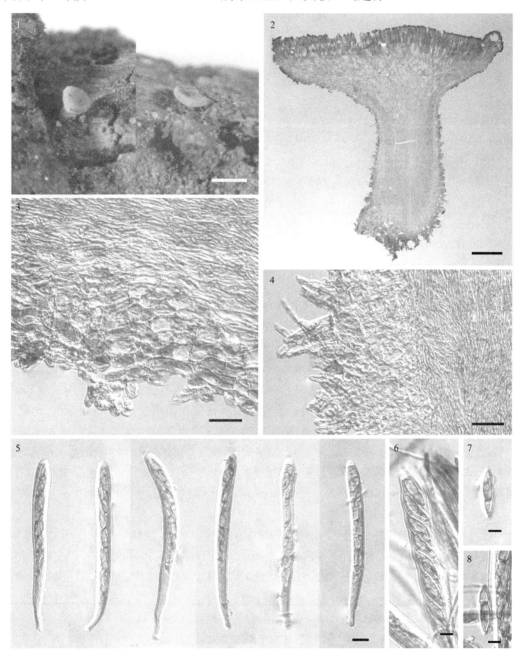

图 67　小膜盘菌 Hymenoscyphus calyculus (Sowerby) W. Phillips（HMAS 264145）
1. 自然基物上的子囊盘（干标本）；2. 子囊盘解剖结构；3. 囊盘被结构；4. 柄中部的结构；5. 子囊；6. 子囊中的子囊孢子；7、8. 子囊孢子。比例尺：1 = 1.0 mm；2 = 200 μm；3、4 = 20 μm；5 = 10 μm；6–8 = 5 μm

世界分布：中国、印度、韩国、爱沙尼亚、奥地利、比利时、捷克、丹麦、芬兰、法国、德国、匈牙利、冰岛、爱尔兰、意大利、卢森堡、挪威、西班牙、瑞典、瑞士、英国。

讨论：在研究了该种的主模式后，Dumont and Carpenter(1982)认为它很可能与核盘菌科的 *Poculum firmum* (Pers. ex Gray) Dumount [= *Rutstroemia firma* (Pers.) P. Karst.] 互为同物异名，若如此 *H. calyculus* 则需更名。

中国材料与 Dennis(1956)对该种的描述基本一致。毕志树等(1990)曾在粤北地区报道该种，笔者没有观察相关材料，但他们描述的子囊孢子较典型材料大很多 $[25–38(–45) × 4–5\ \mu m]$，估计鉴定有误。该种在广西、云南、台湾也有报道。

尾膜盘菌　图 68

Hymenoscyphus caudatus (P. Karst.) Dennis, Persoonia 3: 76, 1964. Zhuang, Mycotaxon 56: 33, 1995. Zhuang, Mycotaxon 66: 441, 1998. Zhuang, Mycotaxon 67: 373, 1998. Zhuang & Wang, Mycotaxon 69: 345, 1998. Zhang & Zhuang, Mycotaxon 81: 36, 2002. Zheng & Zhuang, Journal of Fungal Research 9 (4): 213, 2011. Zheng & Zhuang, Mycosystema 34: 803, 2015.

≡ *Peziza caudata* P. Karst., Fungi Fenniae Exsiccati, Fasc. 6: 547, 1866.

≡ *Helotium caudatum* (P. Karst.) Velen., Monogr. Discom. Bohem. Vol. 1 (Prague) p. 206, 1934.

子囊盘散生，平展至微下凹，直径 0.5–1.5 mm，具柄，子实层表面白色至黄色，干后淡黄色至淡褐色，子层托近白色至奶白色，较子实层色淡或同色；柄表面平滑，长 0.3–1.4 mm；外囊盘被为矩胞组织，厚 15–70 μm，细胞无色，5–15 × 3–10 μm，覆盖层由 1–4 层菌丝构成，宽 2–3 μm；盘下层为薄壁丝组织和交错丝组织，外层为薄壁丝组织，厚 10–30 μm，内层为交错丝组织，厚 25–110 μm，菌丝无色，壁薄，宽 2–5 μm；柄表面平滑或近基部被有菌丝延伸物；子实下层不分化；子实层厚 95–140 μm；子囊产生于简单分隔，柱棒状，顶端宽乳突状，短柄，具 8 个子囊孢子，孔口在 Melzer 试剂中呈蓝色，为两条蓝线，76–125 × 7–12 μm；子囊孢子梭椭圆形，上端钝圆，下端窄且渐尖，一侧平直，另一侧弯曲，无色，单细胞，具 1 个至多个油滴，在子囊中双列或上部双列下部单列排列，14.5–25.5 × 3.5–6.0 μm；侧丝线形，宽约 2 μm。

基物：腐树叶、草本植物茎。

标本：内蒙古白狼，海拔 1350 m，1991 VIII 18，单子叶植物茎上生，庄文颖 678，HMAS 69618。吉林蛟河林场石门岭，海拔 768 m，1991 VIII 29，叶上生，庄文颖 768，HMAS 82051；蛟河县三河，海拔 580 m，1991 VIII 31，草本植物茎上生，庄文颖 799，HMAS 82052；蛟河林场，六道河，海拔 700 m，1991 IX 1，草本植物茎上生 (?)，庄文颖 804，HMAS 82053；蛟河林场，六道河，海拔 700 m，1991 IX 1，腐叶上生，庄文颖 805，HMAS 82054。黑龙江伊春带岭凉水林场，海拔 400 m，1996 VIII 28，叶脉生，王征、庄文颖 1306，HMAS 82058；伊春带岭凉水林场，海拔 400 m，1996 VIII 29，草本茎上生，王征、庄文颖 1323，HMAS 82059；伊春带岭凉水林场，海拔 400 m，1996 VIII 30，草本植物茎上生，王征、庄文颖 1354，HMAS 82060。安徽黄山云古寺，海拔 800－1000 m，1993 IX 26，叶上生，林英任、王云、庄文颖、余盛明、吴旺杰 1078，HMAS 82055；黄山十八道弯，海拔 1300－1700 m，1993 IX 27，草本植物茎上生，林英任、王云、庄文颖、余盛明、吴旺杰 1102，HMAS 82056；黄山十八道弯，海拔 1300－1700 m，1993 IX 27，草本植物茎上生，林英任、王云、庄文颖、余盛明、吴旺杰 1105，HMAS 82057；金寨天堂寨，海拔 700-900 m，2011 VIII 22，腐树叶上生，陈双林、庄文颖、郑焕娣、曾昭清 7730，HMAS 264147；金寨天堂寨，海拔 900-1000 m，2011 VIII 24，腐树叶上生，陈双林、庄文颖、郑焕娣、曾昭清 7822，7831，HMAS 264148，264149。江西庐山东林寺，1996 X 17，叶脉上生，王征、庄文颖 1449，HMAS 82061；庐山东林寺，1996 X 17，发黑的叶脉上生，王征、庄文颖 1452，HMAS 82062；庐山石门涧，1996 X 18，草本植物茎上生，王征、庄文颖 1459，HMAS 82063；庐山植物园，1996 X 19，单子叶植物茎上生，王征、庄文颖 1468，HMAS 82064；井冈山自然保护区，海拔 800 m，1996 X 22，草本植物茎上生，王征、庄文颖 1481，1482，1493，HMAS 82065，82066，82067；井冈山，海拔 800 m，1996 X 25，草本植物茎上生，庄文颖、王征 1541，1542，HMAS 82068，

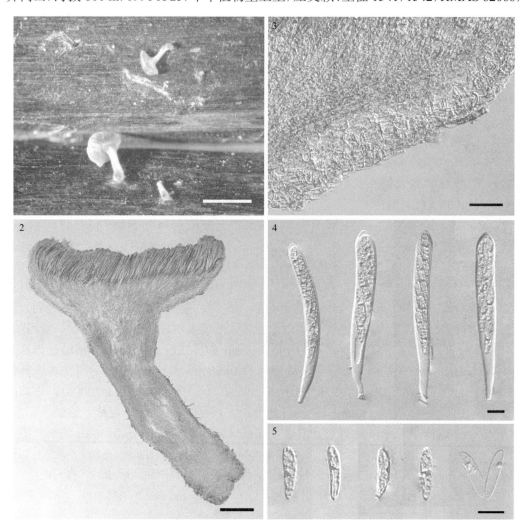

图 68　尾膜盘菌 *Hymenoscyphus caudatus* (P. Karst.) Dennis（1. HMAS 82060；2–5. HMAS 188543）
1. 自然基物上的子囊盘（干标本）；2. 子囊盘解剖结构；3. 子囊盘侧面囊盘被结构（子层托中部）；4. 子囊；5. 子囊孢子。
比例尺：1 = 1.0 mm；2 =100 μm；3 = 20 μm；4 = 10 μm；5 = 5 μm

82069；茨坪，海拔 860 m，1996 X 26，单子叶植物茎上生，王征、庄文颖 1554，1555，1556，HMAS 82070，82071，82072；茨坪，海拔 860 m，1996 X 27，草本植物茎上生，庄文颖、王征 1578，1583，HMAS 82073，82074。河南栾川龙峪湾，海拔 1500 m，2013 IX 18，草本植物茎上生，郑焕娣、曾昭清、朱兆香 8722，HMAS 273917；栾川重渡沟，海拔 1500 m，2013 IX 21，草本植物茎上生，郑焕娣、曾昭清、朱兆香 8836，HMAS 273918；信阳鸡公山，海拔 250 m，2003 XI 13，草本植物茎上生，庄文颖、农业 4340，HMAS 264150。湖北神农架红石子沟，海拔 2400 m，2004 IX 16，草本植物茎上生，庄文颖 5708，HMAS 264151；神农架黄宝坪，海拔 1750 m，2014 IX 16，腐树叶上生，郑焕娣、曾昭清、秦文韬、陈凯 9641，HMAS 273921；湖北神农架小龙潭，海拔 2100 m，2014 IX 13，草本植物茎上生，郑焕娣、曾昭清、秦文韬、陈凯 9453，9454，HMAS 273919，273920；湖北神农架大九湖 5 号湖，海拔 1700 m，2014 IX 17，草本植物茎（？叶轴）上生，郑焕娣、秦文韬、陈凯、曾昭清 9787，9788，HMAS 273922，273923；湖北神农架大九湖，海拔 1700 m，2014 IX 18，草本植物茎上生，郑焕娣、曾昭清、秦文韬、陈凯 9795，HMAS 248787 (L)；神农架板桥，海拔 1100 m，2014 IX 19，草本植物茎上生，曾昭清、郑焕娣、秦文韬、陈凯 9931，HMAS 273924。海南昌江霸王岭，海拔 1150 m，2000 XII 7，腐树叶上生，张艳辉、余知和、庄文颖 3680-1，HMAS 188537。四川九寨沟，海拔 2000 m，2013 VIII 3，小枝上生，曾昭清、朱兆香、任菲 8594，8596，8601，HMAS 273914，252921，273915；九寨沟，海拔 2500 m，2013 VIII 4，小枝上生，曾昭清、朱兆香、任菲 8620，HMAS 273916。云南屏边大围山，海拔 1900 m，1999 XI 4，草本植物茎上生，庄文颖、余知和 3243，HMAS 188541；屏边大围山，海拔 1900 m，1999 XI 5，腐树叶上生，庄文颖、余知和 3314，HMAS 188540；思茅菜阳河，海拔 1300 m，1999 X 13，腐树叶上生，庄文颖、余知和 3034，HMAS 188543。陕西留坝岩坊，海拔 950 m，1991 IX 21，叶脉上生，庄文颖 852，HMAS 61875；佛坪天华山，海拔 1300 m，1991 IX 26，草本植物上生，庄文颖 887，HMAS 61876。青海班玛红军沟，海拔 3590 m，2013 VII 26，腐木上生，曾昭清、朱兆香、任菲 8364，HMAS 273913。

世界分布：中国、印度、日本、爱沙尼亚、捷克、芬兰、德国、冰岛、意大利、波兰、斯洛伐克、英国、墨西哥、美国、哥伦比亚、厄瓜多尔、秘鲁、委内瑞拉、新西兰。

讨论：在观察 *H. albopunctus* 和 *H. phyllogenus* 的模式后，Dumont (1981b) 认为这两个种与 *H. caudatus* 无法区分，将它们处理为 *H. caudatus* 的异名。综合分析这 3 个种的形态特征 (White 1943; Dennis 1956; Sharma 1991; Lizoň 1992; Baral et al. 2006)，它们的子囊孢子明显不同，*H. caudatus* 的子囊孢子较大，两端和两边均不对称，油滴大而多；*H. albopunctus* 子囊孢子的油滴小且窄；与 *H. caudatus* 相比，*H. phyllogenus* 的子囊孢子较小，为两端对称的梭椭圆形，无或少油滴 (White 1943)。因此，应在种的等级上加以区分。据 Kimbrough 和 Atkinson (1972) 报道，该种在培养中产生 *Idriella* 型的无性阶段。该种系我国广布种，据记载，它在北京也有分布 (Wang and Pei 2001)。

山楂膜盘菌（参照） 图 69

Hymenoscyphus cf. **crataegi** Baral & R. Galán, in Baral, Galán, López, Arenal, Villarreal, Rubio, Collado, Platas & Peláez, Sydowia 58: 148, 2006. Zheng & Zhuang,

Mycosystema 32 (Supp1): 154, 2013. Zheng & Zhuang, Mycosystema 34: 803, 2015.

子囊盘散生，盘状，平展至微下凹，直径 0.6–1 mm，具柄，子实层表面近白色，干后橙色至橙褐色，子层托表面较子实层色淡，干后淡肉色，柄与子层托同色，平滑，长 0.4–0.8 mm；外囊盘被为矩胞组织，厚 20–40 μm，不胶化或轻微胶化，细胞无色，4–25 × 3–8 μm，覆盖层由 1–3 层菌丝构成，宽 1–2 μm；盘下层为薄壁丝组织和交错丝组织，外层为薄壁丝组织，厚 0–30 μm，内层为交错丝组织，厚 30–125 μm，菌丝无色，宽 2–4 μm；子实下层不分化或发育不良，厚 0–30 μm；子实层厚 85–125 μm；子囊产生于简单分隔，柱棒状，顶端宽乳突状至钝圆，短柄，具 8 个子囊孢子，孔口在 Melzer 试剂中呈蓝色，为两条蓝线，77–108 × 7.7–10 μm；子囊孢子宽梭形，无色，单细胞，具 2 个大油滴，在子囊中单列排列，12–16.5 × 4.5–6 μm；侧丝线形，宽 1–2 μm。

基物：草本植物茎、腐树叶。

标本：广西大明山，海拔 1200 m，1998 XII 18，草本植物茎上生，庄文颖 1804，HMAS 264153；大明山，海拔 1200 m，1998 XII 18，树叶上生，庄文颖 1805，HMAS 264154。

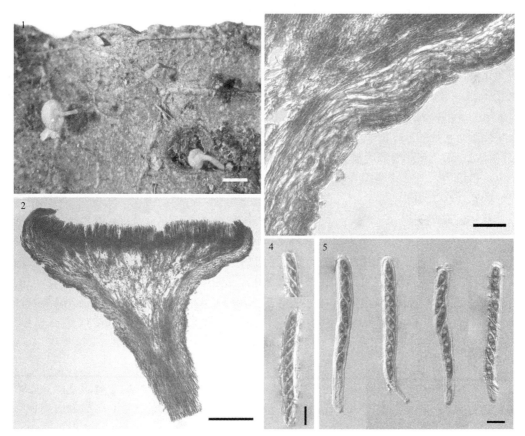

图 69　山楂膜盘菌（参照）*Hymenoscyphus* cf. *crataegi* Baral & R. Galán（1、4. HMAS 264154；2、3、5. HMAS 264153）

1. 自然基物上的子囊盘(干标本)；2. 子囊盘解剖结构；3. 子囊盘侧面囊盘被结构；4.子囊孢子；5. 子囊。比例尺：1 = 0.5 mm；2 =100 μm；3 = 20 μm；4、5 = 10 μm

世界分布：中国。

讨论：*Hymenoscyphus crataegi* 的模式产地在西班牙，中国材料的形态特征与原始描述基本吻合，该种原始描述的子囊盘较小(0.4–0.6 mm)，外囊盘被细胞较大[(12–43 × 10–16 μm)]，子囊较小(60–80 × 6–7.5 μm)，孔口在 Melzer 试剂中不变色或呈极淡的蓝色，子囊孢子较窄(14–17.5 × 3–4.5 μm)；但图示中的孢子宽度为 4.8–5.3 μm(Baral et al. 2006)，与我国材料的接近。

该种与 *H. globus* 和 *H. immutabilis* 相似，但后两者的外囊盘被组织中都存在多角形细胞，子囊由产囊丝钩产生(White 1943；Dennis 1956；Zhang and Zhuang 2004)。

德氏膜盘菌　图 70

Hymenoscyphus dehlii M.P. Sharma, Himalayan Botanical Researches (New Delhi) p. 176, 1991. Zheng & Zhuang, Mycosystema 32 (Suppl): 156, 2013. Zheng & Zhuang, Mycosystema 34: 803, 2015.

子囊盘散生，盘状，平展至下凹，直径 0.3–0.8 mm，具柄，子实层表面近白色，干后奶白色至淡橙褐色，子层托较子实层色淡，干后奶白色，柄与子层托同色或略淡，近平滑，长 0.4–0.7 mm；外囊盘被为矩胞组织，厚 25–55 μm，细胞无色，大长方形至近等径，12–33 × 8–33 μm，覆盖层由 1 层菌丝构成，宽 3–4 μm；盘下层为薄壁丝组织和交错丝组织，外层为薄壁丝组织，厚 20–55 μm，内层为交错丝组织，厚 50–140 μm，菌丝无色，宽 3–8 μm；柄下部和基部有褐色、具分隔的菌丝延伸物，长 5–35 μm，宽 4–6 μm；子实下层不分化；子实层厚约 90 μm；子囊产生于简单分隔，柱棒状，顶端乳突状或圆形，具柄，具 8 个子囊孢子，孔口在 Melzer 试剂中呈蓝色，为两条蓝线，58–78 × 6.0–7.2 μm；子囊孢子近梭形至梭椭圆形，上端较宽，下端窄且渐尖，一侧略膨大，无色，单细胞，具 2 个至多个油滴，在子囊中双列排列，12.2–15.5 × 2.8–3.3 μm；侧丝线形，宽 1.5–2 μm。

基物：腐烂树叶。

标本：黑龙江伊春五营丰林，海拔 280 m，2014 VIII 27，腐烂树叶上生，郑焕娣、曾昭清、秦文韬 9224，HMAS 275505。河南焦作云台山，海拔 1000 m，2013 IX 25，腐烂树叶上生，郑焕娣、曾昭清、朱兆香 8917、8929、8930，HMAS 273925、275503、275504。湖北神农架黄宝坪，海拔 1750 m，2014 IX 16，腐烂树叶上生，郑焕娣、曾昭清、秦文韬、陈凯 9640，HMAS 275506；五峰后河，海拔 800 m，2004 IX 13，腐烂树叶上生，庄文颖、刘超洋 5595，HMAS 264160。

世界分布：中国、印度。

讨论：*Hymenoscyphus dehlii* 的模式标本产于印度，中国材料在子囊盘大小、颜色、子囊和子囊孢子大小、叶生习性等特征上与原始描述基本一致，但子囊盘颜色稍淡(近白色而非奶白色)(Sharma 1991)，视为种内变异。

Hymenoscyphus macroguttatus 的子囊孢子形态与该种相似，但外囊盘被细胞较小(12–22 × 5–7.5 μm)，柄平滑，缺少菌丝延伸物，子囊由产囊丝钩产生并较大(77–97 × 9.4–11 μm)，子囊孢子较宽[13.5–17.8 × 4–5(–5.5) μm]。

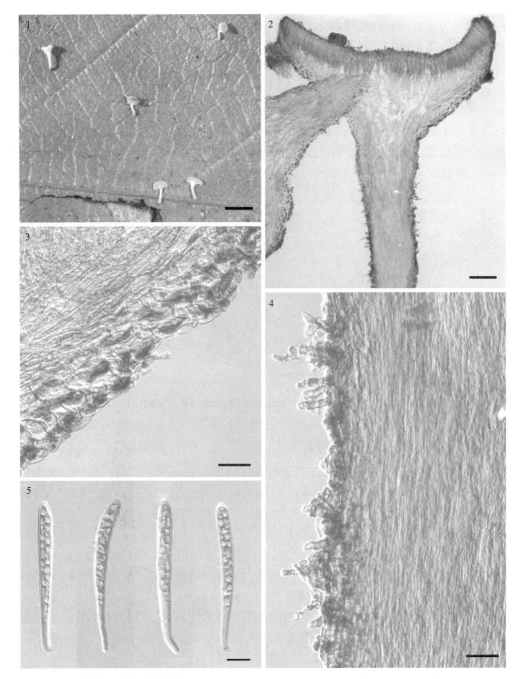

图70 德氏膜盘菌 *Hymenoscyphus dehlii* M.P. Sharma (HMAS 264160)
1. 自然基物上的子囊盘(干标本); 2. 子囊盘解剖结构; 3. 囊盘被结构(子层托中部); 4. 柄的结构(中部); 5. 子囊。
比例尺: 1 = 1 mm; 2 =100 μm; 3、4 = 20 μm; 5 = 10 μm

象牙膜盘菌　图71

Hymenoscyphus eburneus (Roberge) W. Phillips, Man. Brit. Discomyc. (London) p. 145, 1887. Korf & Zhuang, Mycotaxon 22: 500, 1985. Zhuang, Mycotaxon 67: 373, 1998.
≡ *Peziza eburnea* Roberge, in Desmazières, Annls Sci. Nat., Bot., Sér. 3, 16: 323, 1851.

子囊盘散生，盘状，边缘略隆起，直径小于 0.4 mm，具柄，回水后子实层表面奶白色，干后淡橙色，子层托表面被微绒毛(边缘较显著)，干后淡色，柄与子层托同色，平滑；外囊盘被为矩胞组织，厚 8–17 μm，细胞无色，宽 2–2.5 μm；边缘菌丝向外延伸呈短小的毛状物，宽 2 μm；盘下层为交错丝组织，厚 6–20 μm，菌丝无色，宽 1.5–2 μm；子实下层不分化；子实层厚 33–35 μm；子囊由产囊丝钩产生，柱棒状，顶端钝圆，具 8 个子囊孢子，孔口在 Melzer 试剂中呈蓝色，27–31 × 3.7–3.8 μm；子囊孢子近梭形，一端略宽，无色，单细胞，具 2 个油滴，在子囊中多为单列排列，3.7–4.4 × 1.2–1.4 μm；侧丝线形，宽 1–1.2 μm。

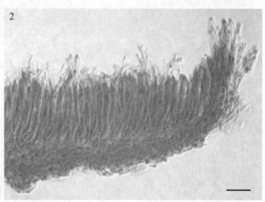

图 71　象牙膜盘菌 *Hymenoscyphus eburneus* (Roberge) W. Phillips (HMAS 51840)
1. 子囊盘解剖结构；2.子囊盘侧面及边缘的结构。比例尺：1 = 50 μm；2 = 10 μm

基物：单子叶植物的茎基及茎秆。

标本：四川青城山，1981 IX 16，鹅观草属植物(*Roegneria* sp.)茎秆基部生，R.P. Korf & R.Y. Zheng CH 2347，HMAS 51840。广西武鸣大明山，海拔 1200 m，1997 XII 22，未鉴定的茅草茎秆上生，庄文颖、吴文平 1918，HMAS 75845。

世界分布：中国、英国。

讨论：根据 Dennis(1956)对该种的描述，其子囊盘白色，直径约 0.2 mm，短柄，边缘细绒毛状；外囊盘被由与表面平行、宽约 3 μm 的菌丝构成；子囊 25–38 × 4–5 μm；子囊孢子梭形，6–8 × 1–1.5 μm，枯草上生。

我国对该种的报道是依据采自四川的一份标本(CUP-CH 2349)(Korf and Zhuang 1985a)，来自生长中的大型草本植物的茎秆基部，未提供形态特征描述。

椭孢膜盘菌　图 72

Hymenoscyphus ellipsoideus H.D. Zheng & W.Y. Zhuang, Mycosystema 34: 962, 2015.

子囊盘散生，平展至微上凸，直径 0.15–0.7 mm，具柄，子实层表面白色，干后淡橙色，子层托干后淡色，柄与子层托同色平滑，长 0.3–0.5 mm；外囊盘被为矩胞组织，厚 8–30 μm，细胞无色，5–20 × 5–12 μm；覆盖层由 2–3 层菌丝构成，宽 2 μm；盘下层为薄壁丝组织和交错丝组织，厚 40–85 μm，外层为薄壁丝组织，厚 20–35 μm，内层为交错丝组织，厚 30–85 μm，菌丝无色，宽 2–3 μm；子实下层不分化；子实层厚 90–95 μm；子囊产生于简单分隔，柱棒状，顶端钝圆或宽乳突状，短柄，具 8 个子囊孢子，孔口在 Melzer 试剂中不变色或为两条蓝线，70–85 × 8–14.5 μm；子囊孢子椭圆形，无色，单细胞，具 2 个至多个油滴，在子囊中双列或不规则双列排列，14.4–16.7 × 4–5.5 μm；侧丝线形，宽 1–2 μm。

基物：腐树叶。

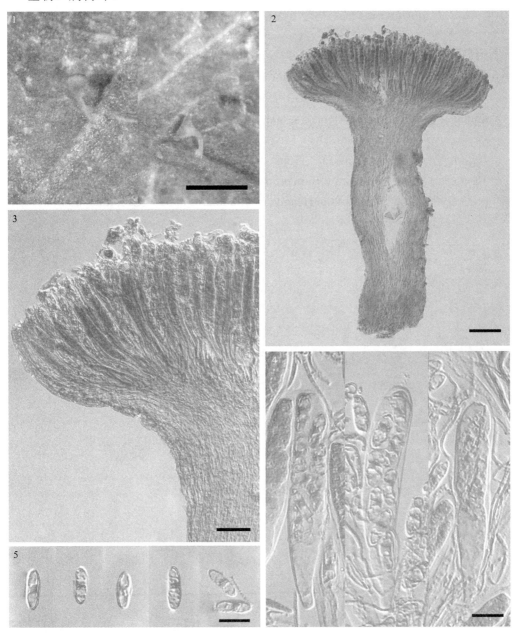

图 72 椭孢膜盘菌 *Hymenoscyphus ellipsoideus* H.D. Zheng & W.Y. Zhuang (HMAS 188552)
1. 自然基物上的子囊盘(干标本)；2. 子囊盘解剖结构；3. 囊盘被和子实层结构；4. 子囊；5. 子囊孢子。
比例尺：1 = 0.5 mm；2 = 50 μm；3 = 20 μm；4 = 10 μm；5 = 5 μm

标本：云南西畴小桥沟，海拔 1400 m，1999 XI 11，腐树叶上生，庄文颖、余知和 3394，HMAS 188552(主模式)；西畴小桥沟，海拔 1400 m，1999 XI 11，腐树叶上生，庄文颖、余知和 3402，HMAS 188553。

世界分布：中国。

讨论：该种与 *H. albopunctus* 和 *H. phyllogenus* 形态相似，与它们的区别在于外囊盘被细胞较宽，子囊孢子为对称的椭圆形；*H. albopunctus* 的子囊孢子较窄（14–16 × 3.2–4 μm），*H. phyllogenus* 的子囊孢子无油滴（White 1943; Dennis 1956）。

叶生膜盘菌　图 73

Hymenoscyphus epiphyllus (Pers.) Rehm ex Kauffman, Pap. Mich. Acad. Sci. 9: 177, 1929 [1928]. Zhuang, Mycotaxon 67: 373, 1998. Zhang & Zhuang, Mycotaxon 81: 36, 2002. Zheng & Zhuang, Mycosystema 34: 803, 2015.

≡ *Peziza epiphylla* Pers., Tent. Disp. Meth. Fung. (Lipsiae) p. 72, 1797.

≡ *Helotium epiphyllum* (Pers.) Fr., Summa Veg. Scand., Section Post. (Stockholm): 356, 1849. Tai, Sylloge Fungorum Sinicorum p. 154, 1979. Wang & Zang, Fungi of Xizang p. 23, 1983. Zang, Fungi of the Hengduan Moumtains p. 51, 1996.

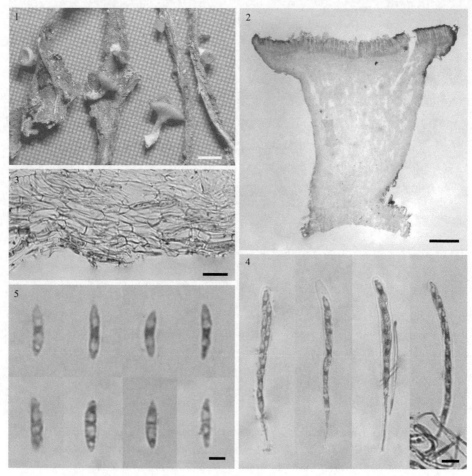

图 73　叶生膜盘菌 *Hymenoscyphus epiphyllus* (Pers.) Rehm ex Kauffman（HMAS 82075）

1. 自然基物上的子囊盘(干标本)；2. 子囊盘解剖结构；3. 外囊盘被结构；4. 子囊；5. 子囊孢子。比例尺：1 = 1.0 mm；2 = 200 μm；3 = 20 μm；4 = 10 μm；5 = 5 μm

子囊盘盘状，直径 1–5 mm，具短柄，干后柄长可达 2 mm，子囊盘表面黄色至橘黄色，干后淡黄色至淡褐色，子层托表面淡黄色，干后黄色至浅褐色；外囊盘被上部为矩胞组织，基部为角胞组织，厚 15–93 μm，细胞大小为 8–28 × 4–15 μm，覆盖层为 0–4 层细胞，细胞宽 2.5–7 μm，盘下层为交错丝组织，厚 25–750 μm，菌丝宽 1–6 μm，子实下层厚 37–85 μm，子实层厚 100–150 μm；子囊由产囊丝钩产生，柱棒状，具 8 个子囊孢子，孔口在 Melzer 试剂中呈蓝色，为两条蓝线，95–115 × 7.5–8 (–10) μm；子囊孢子梭形至椭圆梭形，无隔，具 1–4 个大油滴，在子囊中不规则单列或双列排列，(12–)13–20 × 3–4 (–4.5) μm；侧丝线形，宽 1.1–3 μm。

标本：内蒙古桑都尔阿尔山，海拔 1210 m，1991 VIII 14，桦木属（*Betula* sp.）植物落叶上生，庄文颖 622，HMAS 61894。江西井冈山保护区，海拔 800 m，1996 X 22，落叶上生，王征、庄文颖 1489，HMAS 82075；井冈山保护区，海拔 800 m，1996 X 22，树根及树皮上生，庄文颖、王征 1491，HMAS 82076。

世界分布：中国、爱沙尼亚、奥地利、保加利亚、丹麦、芬兰、德国、意大利、挪威、西班牙、瑞典、英国、加拿大、墨西哥、美国、阿根廷、智利、新西兰。

白蜡树膜盘菌　图 74

Hymenoscyphus fraxineus (T. Kowalski) Baral, Queloz & Hosoya, IMA Fungus 5(1): 80, 2014. Zheng & Zhuang, Mycosystema 34: 803, 2015.

≡ *Chalara fraxinea* T. Kowalski, For. Path. 36(4): 265, 2006.

= *Hymenoscyphus pseudoalbidus* Queloz, Grünig, Berndt, T. Kowalski, T.N. Sieber & Holdenr., For. Path. 41(2): 140, 2011. Zheng & Zhuang, Mycological Progress 13: 634, 2014.

子囊盘散生，盘状，平展至下凹，直径 0.8–2 mm，具柄，子实层表面近白色、污白色至米色，干后淡黄色带褐色、暗橙色至肉褐色，子层托较子实层色淡，干后奶油橙色，柄与子层托同色，部分基部黑色，与子囊盘直径相当或稍长；外囊盘被为矩胞组织，厚 30–40 μm，细胞无色，10–35 × 5–15 μm，部分表面覆盖有交织的菌丝，宽约 3 μm；盘下层为薄壁丝组织和交错丝组织，厚 30–250 μm，外层为薄壁丝组织，厚 30–70 μm，内层为交错丝组织，厚 0–165 μm，菌丝无色，宽 4–5.5 μm；柄中下部表面为多角形至等径的细胞，靠近基部的细胞褐色，排列致密，直径 7–15 μm，组织中可见不规则结晶体；子实下层不分化；子实层厚 100–110 μm；子囊由产囊丝钩产生，柱棒状，顶端宽乳突状至圆形，短柄，具 8 个子囊孢子，孔口在 Melzer 试剂中呈蓝色，为两条蓝线，85–102 × 7.7–9.5 μm；子囊孢子梭椭圆形，上端钝圆，下端窄且渐尖，一侧略膨大，无色，单细胞，具 2 个至多个大油滴，在子囊中双列或上部双列下部单列排列，15.4–18.7 × 4–5 μm；侧丝线形，宽 2–3 μm。

基物：腐烂的水曲柳（*Fraxinus mandschurica* Rupr.）叶片。

标本：吉林蛟河拉法山，海拔 300 m，2012 VII 22，水曲柳叶轴和叶柄上生，图力古尔、庄文颖、朱兆香、郑焕娣、曾昭清、任菲 7994，HMAS 264152；蛟河前进林场，海拔 450 m，2012 VII 23，水曲柳叶轴、叶柄和叶脉上生，图力古尔、庄文颖、朱兆香、郑焕娣、曾昭清、任菲 8096，8097，HMAS 264174，266596；蛟河前进林场，海拔

450 m，2012 Ⅶ 24，水曲柳叶轴、叶柄和叶脉上生，图力古尔、庄文颖、朱兆香、郑焕娣、曾昭清、任菲 8099，8100，HMAS 266580，266581；长白山，海拔 750 m，2012 Ⅶ 27，水曲柳叶轴和叶柄上生，图力古尔、庄文颖、朱兆香、郑焕娣、曾昭清、任菲 8216，8218，HMAS 266582，266583。

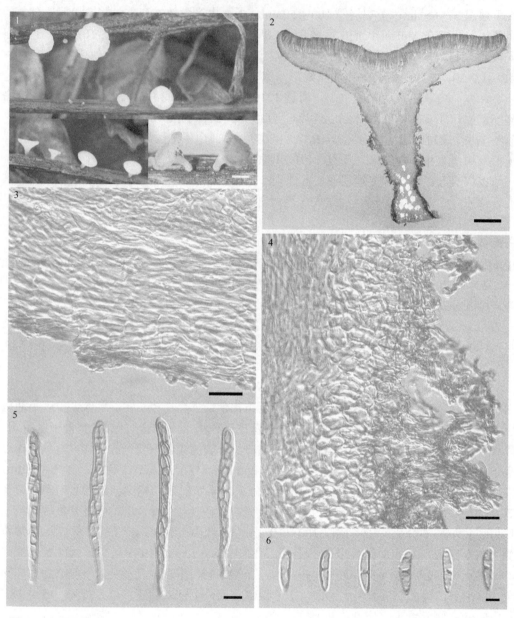

图 74　白蜡膜盘菌 *Hymenoscyphus fraxineus* (T. Kowalski) Baral, Queloz & Hosoya（HMAS 264174）
1. 自然基物上的子囊盘(右下：干标本)；2. 子囊盘解剖结构；3. 子囊盘侧面囊盘被结构；4. 柄中部的结构；5. 子囊；6. 子囊孢子。比例尺：1 = 1 mm；2 =100 μm；3、4 = 20 μm；5 = 10 μm；6 = 5 μm

世界分布：中国、欧洲广布。

讨论：近年来，由 *H. fraxineus* 造成的白蜡树梢枯病在欧洲多国爆发(Jankovsky and Holdenrieder 2009；Ogris et al. 2010；Queloz et al. 2011；Chandelier et al. 2011；Hietala and Solheim 2011；Husson et al. 2011；Kirisits et al. 2012；Koltay et al. 2012)，造成严重的经济损失，引起了欧洲学者的高度重视，对病原菌的致病性(Kowalski and Holdenrieder 2008；Gross et al. 2015a, 2015b)、快速检测(Ioos et al. 2009；Chandelier et al. 2010；Johansson et al. 2010)、种群遗传(Gross et al. 2012a；Kraj et al. 2012)、活性化合物(Andersson et al. 2012a, 2012b)、生活史(Gross et al. 2012b；Kraj et al. 2012；Kral and Kowalski 2014)，以及寄主对其侵染的反应机制(Kjær et al. 2012a, 2012b；McKinney et al. 2012)等多方面进行了研究。

Hymenoscyphus fraxineus 与 *H. albidus* (Gillet) W. Phillips 和 *H. albidoides* 在形态上非常相似，较难区分。*H. albidus* 与 *H. fraxineus* 的区别是子囊由简单分隔产生，在培养基上不产生无性阶段，无致病性，ITS、CAL 和 EF-1α 基因序列也有差异(Queloz et al. 2011; Kirisits et al. 2013; Gross et al. 2015a, 2015b)；*H. albidoides* 子囊盘柄的表面近平滑，缺少覆盖层，子囊略小(75–95 × 7.5–8.8 μm)，无致病性，ITS、CAL 和 BTU 基因序列也不相同(Zheng and Zhuang 2014)。

我国标本的形态特征和 DNA 序列与欧洲典型材料的基本一致，采自吉林的材料生于水曲柳的叶柄和叶片上，并未引起树木的梢枯病，或许病原菌具有寄主专化性，但需引起重视并加以监测。我国材料的 ITS 和 CAL 基因序列种内变异程度比欧洲的稍大。

栎果膜盘菌 图 75

Hymenoscyphus fructigenus (Bull.) Gray, British Plants 1: 673, 1821. Zhuang, Mycotaxon 67: 373, 1998. Zhang & Zhuang, Mycotaxon 81: 36, 2002. Zheng & Zhuang, Mycosystema 34: 803, 2015.

≡ *Peziza fructigena* Bull., Herb. Fr. 5: tab. 228, 1785.

≡ *Helotium fructigenum* (Bull.) Fuckel, Jb. Nassau. Ver. Naturk. 23-24: 314, 1870 [1869-70]. Teng, Sinensia 5: 456, 1934; Fungi of China p. 265, 1963; Sylloge Fungorum Sinicorum p. 154, 1979.

子囊盘盘状至平展，直径 0.5–3 mm，近无柄至具长柄，子实层表面乳白色至白色，干后淡黄色至淡橙色，子层托与子实层同色，柄与子层托同色，柄长可达 4 mm；外囊盘被为矩胞组织至薄壁丝组织，厚 20–88 μm，细胞无色，5–35 × 3–10 μm，覆盖层由 3 层至多层菌丝构成，宽约 2 μm；盘下层为交错丝组织，厚 25–183 μm，菌丝无色，宽 2–6 μm；子实下层不分化；子实层厚 105–120 μm；子囊为柱棒状，顶端钝圆，具 8 个子囊孢子，孔口在 Melzer 试剂中呈蓝色，为两条蓝线，65–113 × 6–8.8 μm；子囊孢子近梭形、梭椭圆形至短棒状，一端较窄，末端偶尔具纤毛，无色，单细胞，少数具 1 分隔，具多油滴，在子囊中不规则双列、双列或单列排列，12–20 × 3–4.5 μm；侧丝线形，宽 1.5–3 μm。

基物：腐烂的植物种子。

标本：北京百花山，海拔 1400 m，1995 IX 19，腐烂橡树(*Quercus* sp.)种子上生，庄文颖、王征 1233，HMAS 71816；百花山，海拔 1400 m，1995 IX 20，橡树种子上生，庄文颖、王征 1259，HMAS 71817；东灵山，1998 VIII 19，橡树种子上生，王征 0264，HMAS 75893。湖北神农架黄宝坪，海拔 1750 m，2014 IX 16，腐烂的果实上生，郑焕

娣、曾昭清、秦文韬、陈凯 9651，HMAS 275507；神农架大九湖，海拔 1700 m，2014 IX 18，腐烂种子上生，郑焕娣、曾昭清、秦文韬、陈凯 9801，9804，HMAS 275508，275509。

世界分布：中国、韩国、安道尔、爱沙尼亚、奥地利、比利时、捷克、丹麦、芬兰、德国、爱尔兰、意大利、挪威、波兰、罗马尼亚、斯洛文尼亚、西班牙、瑞典、瑞士、英国、加拿大、美国。

讨论：该种被 Dennis(1964) 指定为 *Hymenoscyphus* 属的选模式种。除了子囊盘柄和子囊较短以及个别子囊孢子末端具有少量纤毛外，采自北京的材料与 Dennis(1956, 1968) 对英国材料的描述一致。

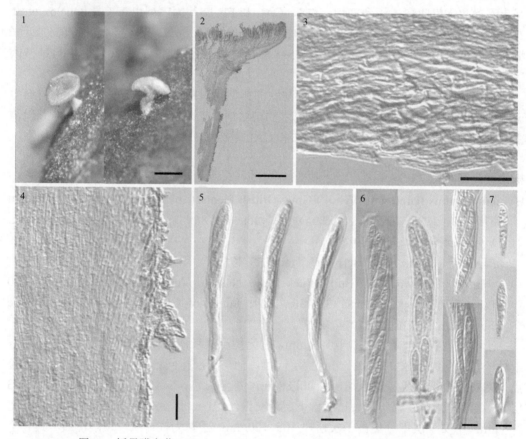

图 75 栎果膜盘菌 *Hymenoscyphus fructigenus* (Bull.) Gray (HMAS 71817)
1. 自然基物上的子囊盘(干标本)；2. 子囊盘解剖结构；3. 囊盘被结构(子层托中部)；4. 柄的结构(中部)；5. 子囊；6. 子囊中的子囊孢子；7. 子囊孢子。比例尺：1 = 0.5 mm；2 = 200 μm；3、4 = 20 μm；5 = 10 μm；6、7 = 5 μm

双极毛膜盘菌 图 76

Hymenoscyphus fucatus (W. Phillips) Baral & Hengstm., in Hengstmengel, Persoonia 16(2): 193, 1996. Zhang & Zhuang, Mycotaxon 81: 37, 2002. Zheng & Zhuang, Mycosystema 34: 803, 2015.

≡ *Hymenoscyphus scutula* var. *fucatus* W. Phillips, Man. Brit. Discomyc. (London) p. 137, 1887. Zhuang, Mycotaxon 56: 34, 1995. Zhuang, Mycotaxon 67: 373, 1998.

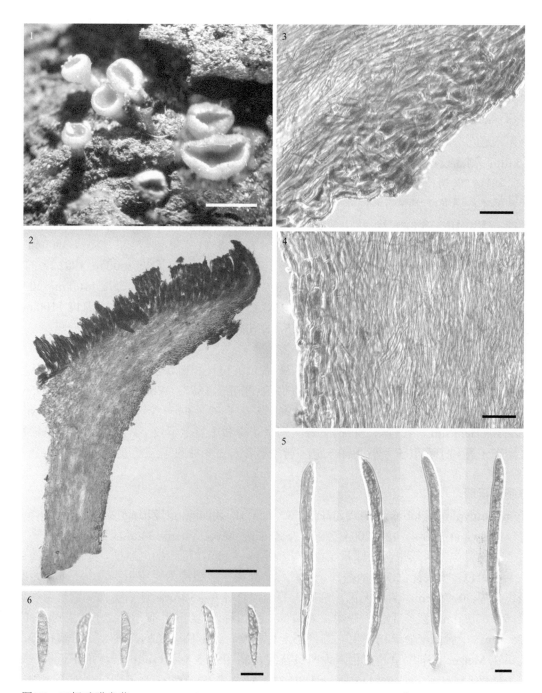

图 76 双极毛膜盘菌 *Hymenoscyphus fucatus* (W. Phillips) Baral & Hengstm.（1. HMAS 264029；2–6. HMAS 264028）

1. 自然基物上的子囊盘（干标本）；2. 子囊盘解剖结构；3. 囊盘被结构；4. 柄的结构；5. 子囊；6. 子囊孢子。
比例尺：1 = 1.0 mm；2 = 200 μm；3–4 = 20 μm；5–6 = 10 μm

  子囊盘单生至几个簇生，盘状、平展至微下凹，直径 0.3–2.5 mm，具柄，子实层表面浅黄色至污黄色，干后淡橙色、橙褐色至红褐色，子层托较子实层色淡，柄与子层托同色，平滑，长 0.5–2.5 mm；外囊盘被为矩胞组织，厚 30–80 μm，细胞无色，10–40 ×

4–7 μm，覆盖层由 3–6 层菌丝构成，菌丝宽 1.5–3 μm；盘下层为薄壁丝组织和交错丝组织，外层为薄壁丝组织，厚 30–85 μm，内层为交错丝组织，厚 10–220 μm，菌丝无色，宽 2–4 μm；子实下层不分化；子实层厚 125–140 μm；子囊由产囊丝钩产生，柱棒状，顶端乳突状，具柄，具 8 个子囊孢子，孔口在 Melzer 试剂中呈蓝色，为两条蓝线，118–156 × 7–11 μm；子囊孢子梭椭圆形至梭形，一侧略膨大，在一端或两端具纤毛或缺无，无色，单细胞，具 2 个至多个油滴，在子囊中双列或不规则双列排列，22–37 × 4–5.5 μm；侧丝线形，宽 2–3 μm。

基物：腐树枝、腐树根。

标本：黑龙江伊春带岭凉水林场，海拔 400，1996 VIII 30，草本茎上生，王征、庄文颖 1358，HMAS 82077。四川马尔康，海拔 2939 m，2013 VII 30，腐根上生，曾昭清、朱兆香、任菲 8495，8500，HMAS 275510，275511；康定木格错，海拔 3500 m，1997 VIII 28，腐枝上生，王征 2178，HMAS 75902。甘肃迭部，海拔 2600 m，1992 IX 11，草本植物茎上生，庄文颖 1017，HMAS 61883。新疆布尔津禾木乡，海拔 1100 m，2003 VIII 5，腐树枝上生，庄文颖、农业 4703，HMAS 264028；布尔津禾木乡，海拔 1100 m，2003 VIII 5，根上生，庄文颖、农业 4725，HMAS 264029。

世界分布：中国、德国、英国、北美洲。

讨论：中国标本的基物为草本植物茎和腐烂的树枝和树根，而在其他地区，其基物为沼泽或水生环境的蓼属（*Polygonum*）植物茎（Phillips 1887；White 1944；Dennis 1956；Hengstmengel 1996）。Hengstmengel（1996）发表了该种的一个变种 *H. fucatus* var. *badensis* Hengstm.，它与原变种的主要区别是子囊和子囊孢子较小。考虑到不同采集物之间在子囊和子囊孢子大小上有一定区别，笔者未在变种的等级上进行区分。

球胞膜盘菌 图 77

Hymenoscyphus globus W.Y. Zhuang & Yan H. Zhang, in Zhang & Zhuang, Nova Hedwigia 78(3-4): 480, 2004. Zheng & Zhuang, Mycosystema 34: 803, 2015.

子囊盘散生至簇生，陀螺状至盘状，直径 1–4 mm，近无柄至短柄，子实层表面黄色至淡黄色，子层托色淡，柄基部干后色深；外囊盘被边缘为矩胞组织，中下部为角胞组织，厚 30–75 μm，菌丝无色，细胞近等径，直径 9–25 μm；盘下层为交错丝组织，厚 90–650 μm，菌丝无色，壁薄，宽 1.5–2.5 μm；子实下层不分化；子实层厚 130–135 μm；子囊由产囊丝钩产生，圆柱形至柱棒状，顶端圆，长柄，具 8 个子囊孢子，孔口在 Melzer 试剂中呈淡蓝色，为两条蓝线，86–95 × 5.5–6.5 μm；子囊孢子近椭圆形至长椭圆形，无色，具 0(–1)分隔，具 2(–3)个小油滴，在子囊中不规则单列或不规则双列排列，7.5–11.5× 2.5–3.5(–4) μm；侧丝线形，宽约 2 μm。

基物：湿腐木。

标本：江西井冈山茨坪，海拔 860 m，1996 X 26，湿腐木上生，王征、庄文颖 1558，1551，1559，HMAS 82107（主模式），82106，82108。河南栾川龙峪湾，海拔 1500 m，2013 IX 18，腐木上生，郑焕娣、曾昭清、朱兆香 8688，HMAS 275512；栾川重渡沟，海拔 1500 m，2013 IX 19，腐烂的根上生（水边），郑焕娣、曾昭清、朱兆香 8755，HMAS 275513；栾川重渡沟，海拔 1500 m，2013 IX 19，腐树枝上生（水边），郑焕娣、曾昭清、朱兆香 8756，HMAS 275514；栾川重渡沟，海拔 1500 m，2013 IX 19，腐烂的根上生（水中），郑焕娣、曾昭清、朱兆香 8767，HMAS 275515；栾川重渡沟，海拔 1500 m，2013 IX 20，腐烂的树皮上生，郑焕娣、曾昭清、朱兆香 8803，HMAS 275516。湖北神农架神农源，海拔 2250 m，2014 IX 13，腐木上生，郑焕娣、曾昭清、秦文韬、陈凯 9441，HMAS 275517。

世界分布：中国。

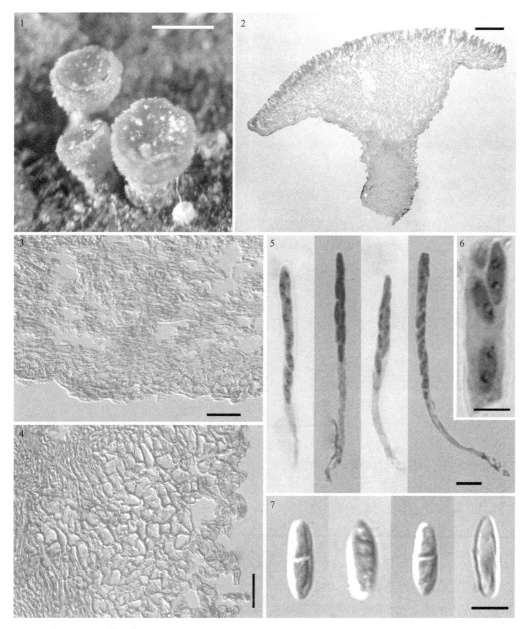

图 77 球胞膜盘菌 *Hymenoscyphus globus* W.Y. Zhuang & Yan H. Zhang（HMAS 82107）
1. 自然基物上的子囊盘（干标本）；2. 子囊盘解剖结构；3. 囊盘被结构（子层托中部）；4. 柄的结构（中部）；5. 子囊；6. 子囊中的子囊孢子；7. 子囊孢子。比例尺：1 = 0.5 mm；2 = 200 μm；3、4 = 20 μm；5 = 10 μm；6、7 = 5 μm

讨论：该种与 *H. epiphyllus* 和 *H. immutabilis* 的外囊盘被均有近等径的细胞且子囊孢子形状相近，与后两者的区别在于子囊盘较大、子囊较小、顶孔 J–、子囊孢子也较小，木生而非树叶上生(Dennis 1956, 1964)。

海南膜盘菌　图 78

Hymenoscyphus hainanensis Xiao X. Liu & W.Y. Zhuang, Journal of Fungal Research 13: 130, 2015.

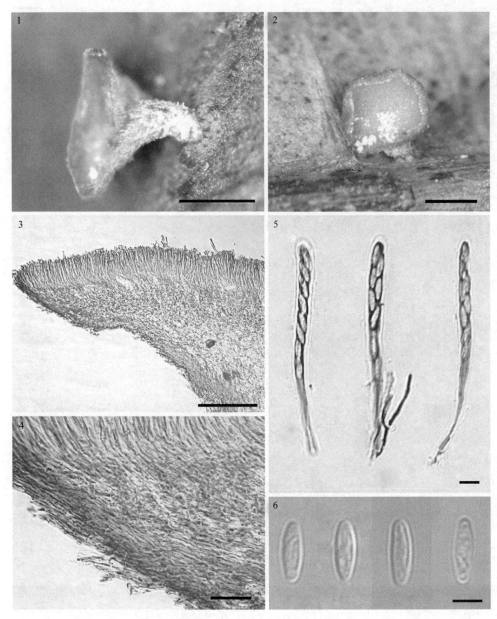

图 78　海南膜盘菌 *Hymenoscyphus hainanensis* Xiao X. Liu & W.Y. Zhuang (HMAS 271241)
1、2. 自然基物上的子囊盘(干标本)；3. 子囊盘解剖结构；4. 子囊盘侧面的囊盘被结构；5. 子囊；6. 子囊孢子。
比例尺：1、2 = 1 mm；3 = 200 μm；4 = 50 μm；5、6 = 5 μm

子囊盘散生，盘状，平展至微下凹，直径 0.6–1.6 mm，具柄至长柄，子实层表面淡米色至米色，干后淡褐色，子层托较子实层色深，柄表面近白色，略柔毛状；外囊盘被为矩胞组织，厚 60–160 μm，细胞基部无色，13–33 × 5–8 μm，覆盖层由 4–5 层菌丝构成，淡褐色，菌丝宽 3–4 μm；盘下层为交错丝组织，厚 80–400 μm，菌丝基本无色至淡褐色，宽 1.5–5 μm；子实下层不分化；子实层厚 78–90 μm；子囊由产囊丝钩产生，长棒状，顶端钝圆，具柄，具 8 个子囊孢子，孔口在 Melzer 试剂中呈蓝色，为两条蓝线，(58–)61–70 × 5–6(–7) μm；子囊孢子梭椭圆形，末端圆，无色，单细胞，含多个小油滴，在子囊中不规则双列至单列排列，7–8 × 2.5–3 μm；侧丝线形，顶端略膨大，顶部宽约 2.5 μm，基部宽约 1.5 μm。

基物：腐树叶。

标本：海南乐东尖峰岭，海拔 1000 m，2000 XII 10，腐树叶上生，庄文颖、张艳辉、余知和 3761，3763，HMAS 271241（主模式），271242。

世界分布：中国。

讨论：该种与生于桤木属（*Alnus* sp.）植物和槭树（*Acer* sp.）叶片上的 *H. rufescens* (Kanouse) T. Schumach. 在子囊和子囊孢子长度以及叶生习性等特征上相似，但后者子囊盘较大（2–5 mm），杏黄色且在水中挤压时有红色的汁液渗出，子囊较宽（35–60× 7–8 μm，Kanouse 1941；42–75× 7–10 μm，Dumont 1975），子囊孢子椭圆形且较宽（7–8× 3.5 μm），囊盘被结构也存在差异。

喜马拉雅膜盘菌（参照）　图 79

Hymenoscyphus cf. himalayensis (K.S. Thind & H. Singh) K.S. Thind & M.P. Sharma, Nova Hedwigia 32(1): 130, 1980. Zheng & Zhuang, Journal of Fungal Research 9(4): 213, 2011. Zheng & Zhuang, Mycosystema 34: 803, 2015.

子囊盘散生，盘状，平展至微下凹，直径 0.5–1.2 mm，具柄，子实层表面白色，干后淡黄色至浅橙色，吸水后纯白色，子层托与子实层同色或较淡，柄干后白色，长达 0.6 mm；外囊盘被为矩胞组织，厚 25–40 μm，细胞无色，10–25 × 3–7 μm，覆盖层由 1–2 层菌丝构成，宽 2 μm；盘下层为薄壁丝组织和交错丝组织，外层为薄壁丝组织，厚 15–30 μm，内层为交错丝组织，厚 15–170 μm，菌丝无色，壁薄，宽 2–5 μm；子实下层不分化；子实层厚 135–140 μm；子囊产生于简单分隔，柱棒状，顶端钝圆，长柄，具 8 个子囊孢子，孔口在 Melzer 试剂中不变色或为两条蓝线，118–140 × 8–10 μm；子囊孢子阔椭圆形，无色，单细胞，具 1–2 个大且亮的油滴，在子囊中斜向单列排列，12–15.5 × 6–7.2 μm；侧丝线形，宽 1–2 μm。

基物：腐树叶。

标本：海南通什五指山，海拔 1200 m，2000 XII 16，腐树叶上生，张艳辉、庄文颖、余知和 3875，HMAS 188544。云南屏边大围山，海拔 1600 m，1999 XI 5，腐树叶上生，庄文颖、余知和 3338，HMAS 188545。

世界分布：中国、印度。

讨论：该种模式产地为印度，中国材料的形态与原始描述基本一致，但模式标本子囊盘的柄上有绒毛状菌丝延伸物，子囊无柄并较短（80–100 × 8–10 μm），子囊孢子在子囊中上部双列下部单列排列（Thind and Singh 1969），因此将我国材料处理为"*Hymenoscyphus* cf. *himalayensis*"。

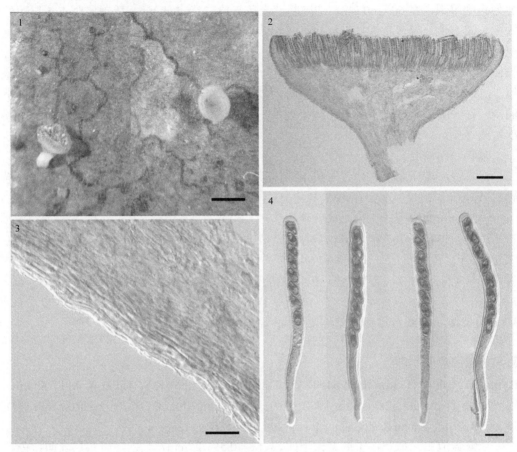

图 79　喜马拉雅膜盘菌（参照）*Hymenoscyphus* cf. *himalayensis* (K.S. Thind & H. Singh) K.S. Thind & M.P. Sharma（HMAS 188544）

1. 自然基物上的子囊盘（干标本）；2. 子囊盘解剖结构；3. 囊盘被结构；4. 子囊。

比例尺：1 = 0.5 mm；2 =100 μm；3 = 20 μm；4 = 10 μm

晶被膜盘菌　图 80

Hymenoscyphus hyaloexcipulus H.D. Zheng & W.Y. Zhuang, Sci. China Life Sci. 56: 93, 2013. Zheng & Zhuang, Mycosystema 34: 803, 2015.

　　子囊盘散生，盘状，平展至微下凹，直径 0.3–1 mm，具柄，子实层表面近白色至淡黄色，干后近白色至淡橙色，子层托较子实层色淡，柄半透明，干后近白色，平滑，长 0.2–1 mm；外囊盘被为矩胞组织，厚 20–55 μm，由 3–4 层短长方形细胞构成，无色，壁薄至微加厚 6–30(–60) × 6–25 μm；盘下层为薄壁丝组织和交错丝组织，外层为薄壁丝组织，厚 20–50 μm，内层为交错丝组织，厚 30–150 μm，菌丝无色，壁薄，宽 3–4 μm；柄表面近平滑；子实下层不分化或发育不良，0–40 μm；子实层厚 120–165 μm；子囊产生于简单分隔，柱棒状，顶端宽乳突状，近无柄，具 8 个子囊孢子，孔口在 Melzer 试剂中呈蓝色，为两条蓝线，110–128 × 9–12.5 μm；子囊孢子梭椭圆形，上端较宽，下端尖，一侧略膨大，部分中部缢缩，无色，单细胞，具(1–)2(–4)个大油滴，在子囊中单列或上部双列下部单列排列，17.5–25.5 × 5.0–6.5 μm；侧丝线形，宽 1.5–2.5 μm。

基物：腐树叶。

标本：云南屏边大围山，海拔 1900 m，1999 XI 4，叶脉上生，庄文颖、余知和 3290，HMAS 188542（主模式）。海南昌江霸王岭，海拔 1150 m，2000 XII 7，叶脉上生，张艳辉、余知和、庄文颖 3682，HMAS 188538。

世界分布：中国。

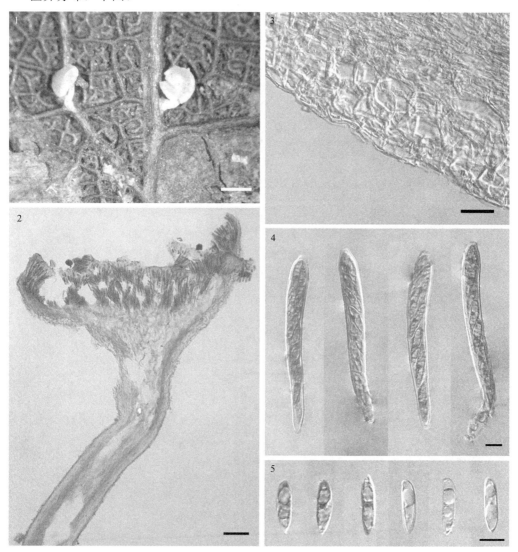

图 80　晶被膜盘菌 *Hymenoscyphus hyaloexcipulus* H.D. Zheng & W.Y. Zhuang（HMAS 188542）
1. 自然基物上的子囊盘（干标本）；2. 子囊盘解剖结构；3. 囊盘被结构；4. 子囊；5. 子囊孢子。
比例尺：1 = 0.5 mm；2 =100 μm；3 = 20 μm；4、5 = 10 μm

讨论：在宏观和微观形态特征上，该种与 *H. caudatus* 非常相似，区别在于后者的外囊盘被细胞(4–22 × 3–8 μm)和子囊孢子 [(14–)16–22(–26) × 4–5(–6) μm] 均较窄（Dumont and Carpenter 1982）。两个种的 ITS 序列相似性为 86.6%，在系统树中处于不同的分支，亲缘关系较远。

Hymenoscyphus hyaloexcipulus 的两份标本分别来自海南和云南，在子囊盘大小和子囊孢子油滴状态上有一定的差异，ITS 序列相差 5 个碱基，将其视为种内变异。

无须膜盘菌　图 81

Hymenoscyphus imberbis (Bull.) Dennis, Persoonia 3(1): 75, 1964. Zhang & Zhuang, Mycosystema 21: 493, 2002. Zheng & Zhuang, Mycosystema 34: 803, 2015.

≡ *Peziza imberbis* Bull., Herb. Fr. 10: tab. 467, fig. 2, 1790.

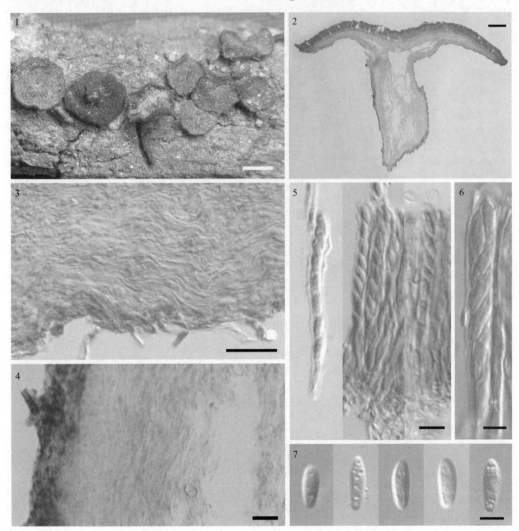

图 81　无须膜盘菌 *Hymenoscyphus imberbis* (Bull.) Dennis（HMAS 82050）
1. 自然基物上的子囊盘(干标本)；2. 子囊盘解剖结构；3.囊盘被结构(子层托中部)；4. 柄的结构(中部)；5、6. 子囊；7. 子囊孢子。比例尺：1 = 1 mm；2 = 200 μm；3、4 = 20 μm；5 = 10 μm；6、7 = 5 μm

子囊盘单生，干后平展至盘状，直径可达 5 mm，具柄，柄长可达 5 mm，子实层表面奶油色，干后褐色，子层托表面干后褐色，有时柄的基部发黑；外囊盘被为矩胞组织，厚 10–63 μm，细胞无色，壁薄，7–30 × 3–13 μm，盘下层为交错丝组织至薄壁丝组织，厚 5–100 (–420) μm，菌丝无色，宽 1–3 μm；子实层厚 65–90 μm；子囊为柱棒状，具 8 个子囊孢子，孔口在 Melzer 试剂中呈蓝色，为两条蓝线，58–77 × 5–6.5 μm；子囊孢子近梭形、椭圆形至矩圆形，无隔或具 1 个分隔 (>50%的孢子)，具 2–4 个油滴或多个微小的油滴，7–13 × 2–4.5 μm；侧丝线形，宽 1–2.3 μm。

标本：吉林敦化黄泥河，海拔 350 m，2000 VIII 17，枯枝上生，庄文颖、余知和、张艳辉 3572，HMAS 82037；蛟河林场石门岭，1991 VIII 29，土中湿木上生，庄文颖 82，HMAS 82050。

世界分布：中国、爱沙尼亚、奥地利、丹麦、法国、德国、爱尔兰、卢森堡、挪威、瑞典、英国、阿根廷、美国。

讨论：尽管 *Peziza imberbis* Bull. 1790 是 *Peziza nivea* Batsch 1786 的多余名称 (superfluous name)，但它被 Fries 认可 (sanctioned name) (Lizoň 1992)。与英国的材料 (Dennis 1956) 比较，HMAS 82037 的子囊孢子略窄 (7–13 × 2–3 μm vs. 8–11 × 3–4 μm)。

难变膜盘菌　图 82

Hymenoscyphus immutabilis (Fuckel) Dennis, Persoonia 3(1): 76, 1964. Zhuang, Mycotaxon 67: 373, 1998. Yu, Zhuang, Chen & Decock, Mycotaxon 75: 400, 2000. Zhang & Zhuang, Mycotaxon 81:37, 2002. Zheng & Zhuang, Journal of Fungal Research 9 (4): 213, 2011. Zheng & Zhuang, Mycosystema 34: 803, 2015.

≡ *Helotium immutabile* Fuckel, Jb. Nassau. Ver. Naturk. 25–26: 50, 1871. Tai, Sylloge Fungorum Sinicorum p. 154, 1979.

子囊盘散生，盘状、平展至微上凸，直径 1–2 mm，近无柄至短柄，子实层表面白色，干后淡橙色，子层托与子实层同色或较淡，柄与子层托同色，近平滑，长 0.2–1 mm；外囊盘被为矩胞组织至角胞组织，厚约 35 μm，细胞无色，壁薄至微加厚，11–16 × 6–10 μm，覆盖层缺无；盘下层为薄壁丝组织和交错丝组织，厚 95–200 μm，外层为薄壁丝组织，厚 30–70 μm，内层为交错丝组织，厚 50–180 μm，菌丝无色，宽 4–5 μm；子实下层不分化；子实层厚 85–100 μm；子囊由产囊丝钩产生，柱棒状，顶端圆，具柄，具 8 个子囊孢子，孔口在 Melzer 试剂中呈蓝色，为两条蓝线，78–100 × 9–11(–12) μm；子囊孢子梭椭圆形，上部较宽，下部较窄，无色，单细胞，无油滴或具微小油滴，在子囊中单列或不规则双列排列，8.9–13.3 × 3.3–4.2 μm；侧丝线形，宽 1–2 μm。

基物：腐树叶。

标本：北京百花山，海拔 1400 m，1995 IX 20，腐烂杨树 *Populus* sp. 叶上生，庄文颖、王征 1251，1273，1274，HMAS 71806，71808，71809；百花山，海拔 1400 m，1995 IX 20，腐烂叶子上生，庄文颖、庄剑云 1275，HMAS 71807；百花山，海拔 1400 m，1995 IX 19，腐烂叶子上生，庄文颖、王征 1230，HMAS 71810；百花山，海拔 1400 m，1995 IX 19，腐烂叶子上生，庄文颖、符春兰 1265，HMAS 71811。安徽黄山前山，海拔 1000 m，1993 IX 28，腐叶及叶脉上生，林英任、王云、庄文颖、余盛明、吴旺杰 146，HMAS 82078。湖北神农架天子垭至黄宝坪，海拔 2000 m，2014 IX 16，腐烂的叶脉上生，郑焕娣、曾昭清、秦文韬、陈凯 9775，HMAS 275518。云南屏边大围山，海拔 1900 m，1999 XI 4，腐树叶上生，庄文颖、余知和 3288，HMAS 188546。

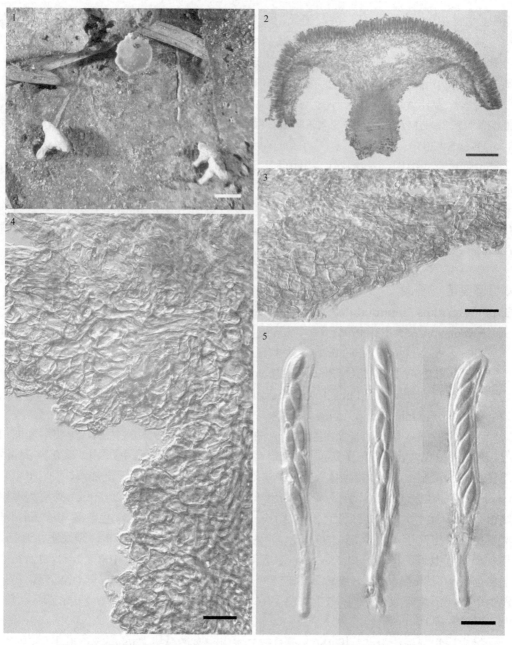

图 82 难变膜盘菌 *Hymenoscyphus immutabilis* (Fuckel) Dennis (HMAS 71809)
1. 自然基物上的子囊盘(干标本); 2. 子囊盘解剖结构; 3. 子囊盘侧面的囊盘被结构; 4. 与柄交界处的囊盘被结构; 5. 子囊。比例尺: 1 = 1 mm; 2 = 200 μm; 3、4 = 20 μm; 5 = 10 μm

世界分布: 中国、日本、保加利亚、捷克、法国、德国、波兰、斯洛伐克、西班牙、瑞士、英国、美国。

讨论: 该种与 *H. crataegi* 和 *H. globus* 较为近似, *H. crataegi* 的子囊盘较小(0.4–0.6 mm), 外囊盘被为矩胞组织, 子囊孢子具 1–3 个大油滴(Baral et al. 2006); *H. globus* 的子囊孢子两端圆, 较窄 [7.5–11.5 × 2.5–3.5(–4) μm], 具 2(–3) 个油滴(Zhang and Zhuang 2004)。

井冈膜盘菌　图 83

Hymenoscyphus jinggangensis Yan H. Zhang & W.Y. Zhuang, Mycosystema 21(4): 494, 2002. Zheng & Zhuang, Journal of Fungal Research 9(4): 214, 2011. Zheng & Zhuang, Mycosystema 34: 803, 2015.

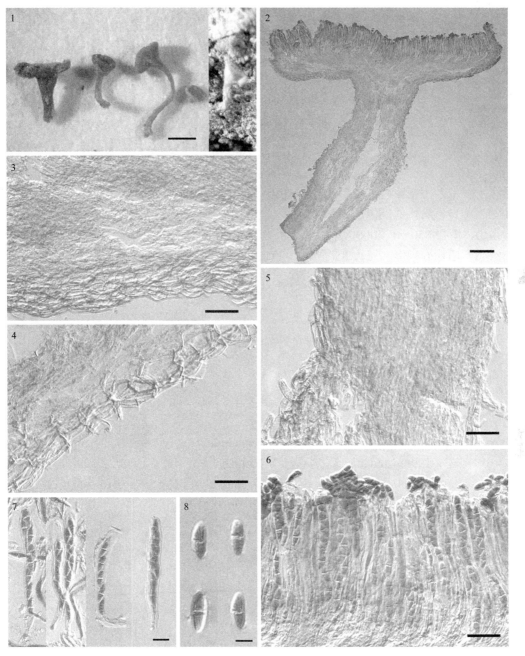

图 83　井冈膜盘菌 *Hymenoscyphus jinggangensis* Yan H. Zhang & W.Y. Zhuang（1–3、5–8. HMAS 82036；4. HMAS 264156）

1. 子囊盘(干标本)；2. 子囊盘解剖结构；3、4. 子囊盘侧面的囊盘被结构；5. 柄中部的结构；6. 子实层；7. 子囊；8. 子囊孢子。比例尺：1 = 0.5 mm；2 = 100 μm；3–6 = 20 μm；7 = 10 μm；8 = 5 μm

子囊盘散生，盘状、平展至微下凹，直径 0.6–3 mm，具短柄或长柄，子实层表面白色，干后肉橙色，子层托与子实层同色，柄与子层托同色，平滑，长 0.2–1.7 mm；外囊盘被为矩胞组织，厚 20–40 μm，细胞近等径，无色，10–25 × 5–17 μm；盘下层为薄壁丝组织和交错丝组织，外层为薄壁丝组织，厚 10–40 μm，内层为交错丝组织，厚 20–200 μm，菌丝无色，宽 2–3 μm；子实下层不分化；子实层厚 70–110 μm；子囊柱棒状，顶端乳突状至钝圆，短柄，具 8 个子囊孢子，孔口在 Melzer 试剂中呈蓝色，为两条蓝线，65–106 × 6–11 μm；子囊孢子近椭圆形，两端较窄，无色，具 1–3(–4)分隔，无油滴或具多个小油滴，在子囊中单列或不规则双列排列，12–22 × 4–5.5(–6.3) μm；侧丝线形，宽 1–2 μm。

基物：腐木、腐树枝。

标本：江西井冈山，海拔 800 m，1996 X 25，湿的腐枝上生，庄文颖、王征 1543，HMAS 82036（主模式）。湖北五峰后河，海拔 800 m，2004 IX 13，腐木上生，庄文颖、刘超洋 5607, 5612，HMAS 264155, 264156。湖南南岳祝融峰，海拔 700 m，2002 IV 11，湿腐木上生，庄文颖、张艳辉 4160，HMAS 264157。海南通什五指山，海拔 850 m，2000 XII 17，腐烂的硬木上生，张艳辉、庄文颖、余知和 3923，HMAS 188547；通什五指山，海拔 850 m，2000 XII 17，腐木上生，张艳辉、庄文颖、余知和 3927，HMAS 188548；通什五指山，海拔 850 m，2000 XII 17，无皮的硬木上生，张艳辉、庄文颖、余知和 3928，HMAS 188549。

世界分布：中国。

讨论：该种的鉴别特征是子囊盘白色、中等大小，外囊盘被细胞较大，子囊孢子 1–3(–4)隔。*Hymenoscyphus varicosporoides* Tubaki 与 *H. jinggangensis* 在子囊盘颜色和子囊孢子具分隔等特征上相似，但前者的外囊盘被菌丝较窄，子囊孢子具一个分隔，子囊和孢子均较窄。

毛柄膜盘菌　图 84

Hymenoscyphus lasiopodius (Pat.) Dennis, Persoonia 2(2): 190, 1962. Zhuang, Mycotaxon 67: 373, 1998. Zhuang & Wang, Mycotaxon 66: 433, 1998; Zhang & Zhuang, Mycotaxon 81:37, 2002. Zheng & Zhuang, Journal of Fungal Research 9(4): 214, 2011. Zheng & Zhuang, Mycosystema 34: 803, 2015.

≡ *Belonidium lasiopodium* Pat., Bull. Soc. Mycol. Fr. 16: 184, 1900.

= *Hymenoscyphus adlasiopodium* Zheng Wang, in Wang & Pei, Mycotaxon 79: 308, 2001.

子囊盘单散生，盘状、平展至微下凹，直径 0.8–2 mm，具柄，子实层表面黄色至淡橙色，干后淡枯草色、浅褐色至红褐色，子层托和柄近白色，较淡或与子实层同色，柄与子层托同色，表面近平滑，长 0.7–1.5 mm；外囊盘被为矩胞组织，与子层托表面平行或成小角度，厚 20–35 μm，细胞无色，10–22 × 4–9 μm，覆盖层由 1–2 层菌丝构成，菌丝宽 2 μm；盘下层为薄壁丝组织和交错丝组织，外层为薄壁丝组织，厚约 20 μm，内层为交错丝组织，厚 20–100 μm，菌丝无色，宽 1.5–2 μm；子实下层不分化；子实层厚 125–135 μm；子囊由产囊丝钩产生，柱棒状，顶端钝圆，具柄，具 8 个子囊孢子，孔口在 Melzer 试剂中呈蓝色，为两条蓝线，96–128 × 9–15 μm；子囊孢子梭形，无色，具 1–3 分隔，具多个油滴，在子囊中双列或不规则双列排列，21–36 × 4.5–6(–7) μm；侧丝线形，宽 2–2.5 μm。

基物：腐木、腐树枝。

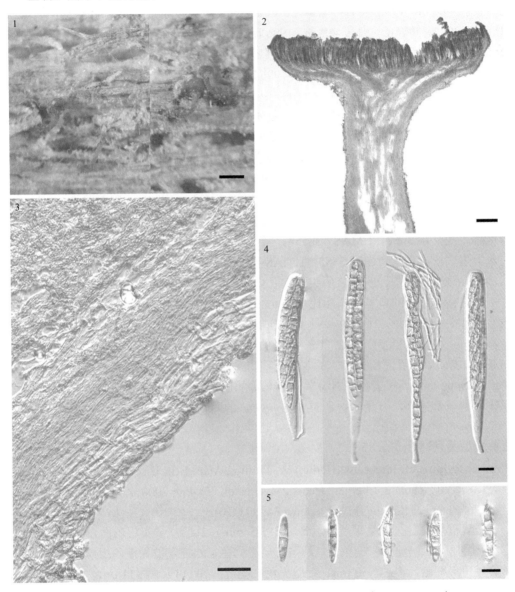

图 84　毛柄膜盘菌 *Hymenoscyphus lasiopodius* (Pat.) Dennis（HMAS 188551）
1. 自然基物上的子囊盘(干标本)；2. 子囊盘解剖结构；3. 囊盘被结构；4. 子囊；5. 子囊孢子。比例尺：1 = 0.5 mm；2 = 100 μm；3 = 20 μm；4、5 = 10 μm

标本：北京百花山，海拔 1200 m, 1995 IX 18, 薹草(*Carex* sp.)枯根上生，庄文颖、王征 1204, 1196, 1195, HMAS 71803, 71805, 71819；百花山，1995 IX 18, 薹草 *Carex* sp. 枯根上生，王征、庄文颖 1205, HMAS 71804；百花山，海拔 1400 m, 1995 IX 19, 薹草 *Carex* sp. 枯根上生，王征、庄文颖 1221, HMAS 71820；百花山，海拔 1400 m, 1995 IX 20, 薹草 *Carex* sp. 枯根上生，庄文颖、王征 1255, HMAS 71821；百花山，海

拔1600 m，1995 IX 20，薹草 Carex sp. 枯根上生，庄文颖、王征1271，HMAS 71822；东灵山，1998 VIII 18，薹草 Carex sp. 枯根上生，王征242，HMAS 75878；东灵山，海拔1100 m，1998 VIII 19，薹草 Carex sp. 枯根上生，王征261，HMAS 75880；戒台寺，海拔400 m，1996 IX 17，薹草 Carex sp. 枯根上生，王征、庄文颖、张小青1428，HMAS 82082；妙峰山，海拔400 m，1996 IX 18，薹草 Carex sp. 枯根上生，王征1430，HMAS 82083；潭柘寺，1988 X 8，薹草 Carex sp. 枯根上生，R.P. Korf、庄文颖465，HMAS 57692；潭柘寺，海拔400 m，1996 IX 17，薹草 Carex sp. 枯根上生，王征、庄文颖1402，HMAS 82080；潭柘寺，海拔400 m，1996 IX 17，薹草 Carex sp. 枯根上生，王征、庄文颖1409，HMAS 82081。安徽黄山云古寺，海拔800-1000 m，1993 IX 26，枯枝上生，林英任、王云、庄文颖、余盛明、吴旺杰1092，HMAS 82079。江西井冈山自然保护区，海拔800 m，1996 X 22，草本植物茎上生，王征、庄文颖1483，HMAS 82085；井冈山龙潭，海拔1300 m，1996 X 24，潮湿的腐叶上生，王征、庄文颖1533，HMAS 82086；庐山黄龙潭，1996 X 20，草本植物茎上生，王征、庄文颖、田金秀1470，HMAS 82084。海南昌江霸王岭，海拔1100 m，2000 XII 6，腐树枝上生，吴文平、余知和、张艳辉、庄文颖3667，HMAS 188550。云南西畴小桥沟，海拔1400 m，1999 XI 11，腐木上生，庄文颖、余知和3385，HMAS 188551。

世界分布：中国、欧洲、牙买加、厄瓜多尔。

讨论：与该种的典型材料相比(Dumont and Carpenter 1982)，中国材料子囊盘柄的表面基本缺少毛状物，子囊孢子具1-3分隔，视为种内差异。

Wang 和 Pei(2001)以北京东灵山的一份标本(HMAS 75878)为模式建立 *H. adlasiopodium*。笔者对模式标本的观察表明，该种的宏观和微观特征均与 *H. lasiopodius* (Pat.) Dennis 一致，子囊孢子具分隔。该名称的原始作者没有观察到成熟的子囊孢子，误认为孢子无分隔，因此，它是 *H. lasiopodius* 的同物异名。

土黄膜盘菌(参照)　图85

Hymenoscyphus cf. **lutescens** (Hedw.) W. Phillips, Man. Brit. Discomyc. (London) p. 131, 1887. Yu, Zhuang, Chen & Decock, Mycotaxon 75: 400, 2000. Zhuang, Mycotaxon, 79: 376. Zheng & Zhuang, Mycosystema 34: 803, 2015.

子囊盘单生，盘状至平展，直径1.3-1.5 mm，具柄，子实层表面白色，干后暗橙色，子层托干后奶油色带橙色调，柄与子层托同色；外囊盘被为矩胞组织，子层托中下部具多角形细胞，厚30-50 μm，细胞无色，壁薄，10-44 × 5.5-11 μm；盘下层为薄壁丝组织和交错丝组织，厚55-165 μm，外层为薄壁丝组织，厚30-70 μm，内层为交错丝组织，厚25-165 μm，菌丝宽2-4 μm；子实下层厚40-55 μm；子实层厚77-88 μm；子囊由产囊丝钩产生，柱棒状，顶端圆形，具柄，具8个子囊孢子，孔口在Melzer试剂中不变色，70-78× 6-7 μm；子囊孢子梭椭圆形至梭形，无色，单细胞，多无油滴，0(-1)个分隔，在子囊中单列、不规则单列至不规则双列排列，8.7-12 × 2.5-3.7 μm；侧丝线形，宽2-3 μm。

基物：落叶松松针。

标本：吉林长白山，海拔1000 m，1998 IX 12，落叶松松针上生，陈双林、庄文颖

2623，HMAS 78011。

世界分布：中国。

讨论：中国标本的特征与 Dennis（1956）对 *H. lutescens* 的描述有一定差异。例如，子实层干后为暗橙色而非红褐色、子囊孔口碘反应为 J–而非 J+、外囊盘被菌丝与外表面的角度较小、子囊孢子较小（8.7–10.5× 3.3–3.7 μm vs. 10–15× 3–4 μm）、生于落叶松松针上而非松树的球果上等。因此处理为"*Hymenoscyphus* cf. *lutescens*"。

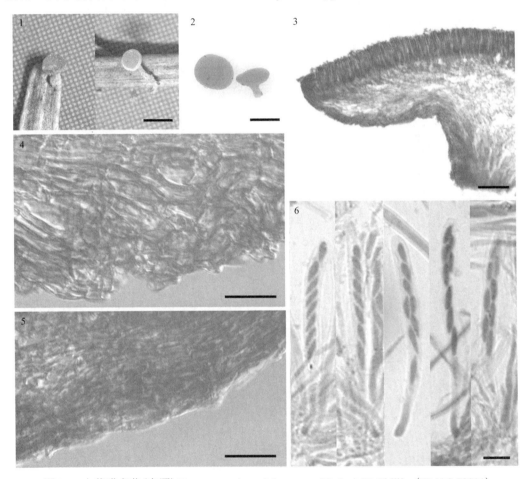

图 85　土黄膜盘菌（参照）*Hymenoscyphus* cf. *lutescens* (Hedw.) W. Phillips（HMAS 78011）
1. 自然基物上的子囊盘（干标本）；2. 回水后的子囊盘；3. 子囊盘解剖结构；4. 子囊盘侧面的囊盘被结构；5. 近边缘囊盘被结构；6. 子囊和子囊孢子。比例尺：1、2 = 1 mm；3 = 100 μm；4、5 = 20 μm；6 = 10 μm

大膜盘菌　图 86

Hymenoscyphus macrodiscus H.D. Zheng & W.Y. Zhuang, Mycotaxon 130: 1028, 2015.

子囊盘散生，盘状，平展，直径 3–8 mm，具柄，子实层表面黄色，干后淡巧克力色，子层托较子实层色淡，柄与子层托同色，粗糙，长 1–8 mm；外囊盘被为矩胞组织，厚 75–100 μm，菌丝略波曲，轻微胶化，宽 5–8 μm，覆盖层由交错丝组织构成，厚达 35 μm，菌丝宽 2–3 μm；盘下层为薄壁丝组织和交错丝组织，厚 125–300 μm，外层为薄壁丝组织，厚 50–110 μm，内层为交错丝组织，厚 50–200 μm，菌丝无色，宽 2–3 μm；

子实下层不分化；子实层厚约 150 μm；子囊由产囊丝钩产生，柱棒状，顶端钝圆，长柄，具 8 个子囊孢子，孔口在 Melzer 试剂中呈蓝色，为两条蓝线，112–150 × 6–7.5 μm；子囊孢子椭圆形，两端较尖，一侧略膨大，无色，单细胞，无油滴或具微小油滴，在子囊中斜向单列排列，11–14.5 × 3.3–4.4 μm；侧丝线形，宽 2–3 μm。

基物：腐木。

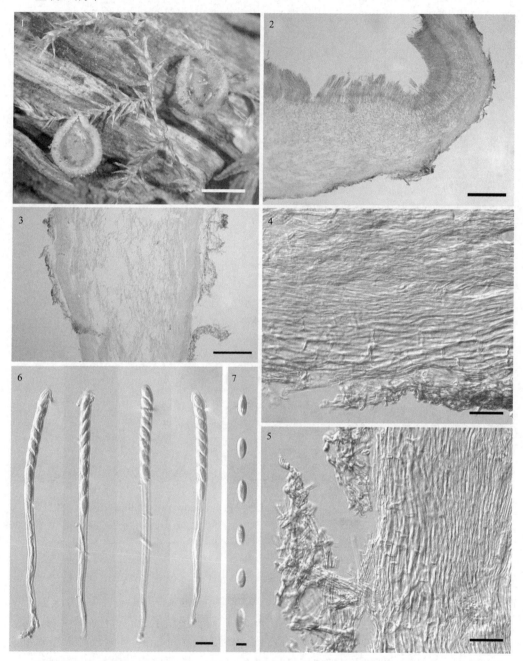

图 86　大膜盘菌 Hymenoscyphus macrodiscus H.D. Zheng & W.Y. Zhuang（HMAS 264158）
1. 自然基物上的子囊盘(干标本)；2. 子囊盘解剖结构；3. 柄的结构；4. 侧面的囊盘被结构；5. 柄中部的结构；6. 子囊；7. 子囊孢子。比例尺：1 = 2 mm；2、3 = 200 μm；4、5 = 20 μm；6 = 10 μm；7 = 5 μm

标本：新疆伊犁果子沟，海拔 1800 m，2003 VIII 11，腐木上生，庄文颖、农业 4860，HMAS 264158（主模式）。

世界分布：中国。

讨论：该种的子囊孢子在形状和大小上与 *H. immutabilis* 的相似，但后者的子囊盘较小（1–2 mm），外囊盘被中存在多角形细胞，覆盖层缺无，子囊短粗 [78–100 × 9–11(–12) μm]，叶生。*Hymenoscyphus sinicus* 在习性、宏观特征和显微结构上与该种近似，但覆盖层由平行排列的菌丝构成，子囊较宽（90–145 × 7–11 μm），子囊孢子较大（13.3–17.8 × 3.5–5 μm），具 2 个至多个油滴。

油滴膜盘菌　图 87

Hymenoscyphus macroguttatus Baral, Declercq & Hengstm., in Baral, Galán, López, Arenal, Villarreal, Rubio, Collado, Platas & Peláez, Sydowia 58(2): 157, 2006. Zheng & Zhuang, Mycosystema 32 (Suppl): 157, 2013. Zheng & Zhuang, Mycosystema 34: 803, 2015.

≡ *Hymenoscyphus pteridicola* K.S. Thind & M.P. Sharma, Nova Hedwigia 32(1): 125, 1980. (Nom. illegit., Art. 53.1). [non *Hymenoscyphus pteridicola* (P. Crouan & H. Crouan) Kuntze, Revis. Gen. Pl. (Leipzig) 3(2): 485, 1898.].

= *Crocicreas cyathoideum* var. *pteridicola* (P. Crouan & H. Crouan) S.E. Carp., Brittonia 32(2): 270, 1980.].

= *Hymenoscyphus menthae* (W. Phillips) Baral, ss. Baral,, in Baral & Krieglsteiner, Beih. Z. Mykol. 6: 131, 1985.

= *Hymenoscyphus scutula* var. *solani* s.s. Korf & Zhuang, Mycotaxon 22: 500, 1985.

　　子囊盘散生，盘状、平展至微上凸，直径 0.2–0.6 mm，具柄，子实层表面白色，干后淡橙黄色，子层托干后奶白色，柄干后白色，平滑，长 0.5–1 mm；外囊盘被为矩胞组织，厚约 30 μm，细胞无色，12–22 × 5–7.5 μm，覆盖层由 2–4 层菌丝构成，菌丝宽 2–3 μm；盘下层为薄壁丝组织和交错丝组织，厚 30–85 μm，外层为薄壁丝组织，厚约 30 μm，内层为交错丝组织，厚 30–60 μm，菌丝无色，宽 2–3 μm；子实下层不分化；子实层厚约 95 μm；子囊由产囊丝钩产生，棒状，顶端圆或宽乳突状，具柄，具 8 个子囊孢子，孔口在 Melzer 试剂中呈蓝色，为两条蓝线，77–97 × 9.4–11 μm；子囊孢子梭椭圆形，上端较宽，下端较窄且渐尖，一侧略膨大，无色，单细胞，具 2 个大油滴，在子囊中双列排列，13.5–17.8 × 4–5(–5.5) μm；侧丝线形，宽 1–1.5 μm。

基物：草本植物茎、腐树叶。

标本：黑龙江伊春五营丰林，海拔 280 m，2014 VIII 27，草秆上生，郑焕娣、曾昭清、秦文韬 9222，HMAS 275521。江西井冈山大井，海拔 800 m，1996 X 23，草本茎上生，庄文颖、王征 1505，1511，HMAS 82127，82087；井冈山茨坪，海拔 860 m，1996 X 26，小枝上生，王征、庄文颖 1564，HMAS 82090。河南栾川重渡沟，海拔 1500 m，2013 IX 20，草本植物茎上生，郑焕娣、曾昭清、朱兆香 8802，HMAS 275520。湖北五峰后河，海拔 800 m，2004 IX 13，草本植物茎及叶脉上生，庄文颖、刘超洋 5610，HMAS 264159。四川青城山，1981 IX 18，茎上生，郑儒永、R.P. Korf CUP-CH 2388，

HMAS 51841；青城山，1981 IX 19，虎杖（*Polygonum cuspidatum*）茎上生，郑儒永、R.P. Korf 2413，HMAS 51842；壤塘，海拔 3200 m，2013 VII 29，草秆上生，曾昭清、朱兆香、任菲 8448，HMAS 275519。

世界分布：中国、印度。

讨论：Baral 等（2006）在研究了 *H. menthae* 的模式标本后认为，该名称是 *H. consobrinus* (Boud.) Hengstm. 的晚出同物异名，后者具优先权；该种的概念被误用于子囊产生于简单分隔、具有多油滴和两端对称子囊孢子的物种。同时指出，"*H. menthae*"（1985）虽然被广泛使用，但其形态特征与 *H. pteridicola* K.S. Thind & M.P. Sharma（1980）模式标本的无异，由于后者是 *H. pteridicola* (P. Crouan & H. Crouan) Kuntze（1898）的晚出同名，因而拟定新名称 *H. macroguttatus*。

我国材料的形态特征与 *H. macroguttatus* 模式标本的基本一致，后者的子囊盘较大（直径 1.5 mm）、颜色略深（浅黄色），子囊孢子稍窄（16–22.5 × 3–4.5 μm），在此处理为种内变异（Dennis 1956；Thind and Sharma 1980；Hengstmengel 1996）。

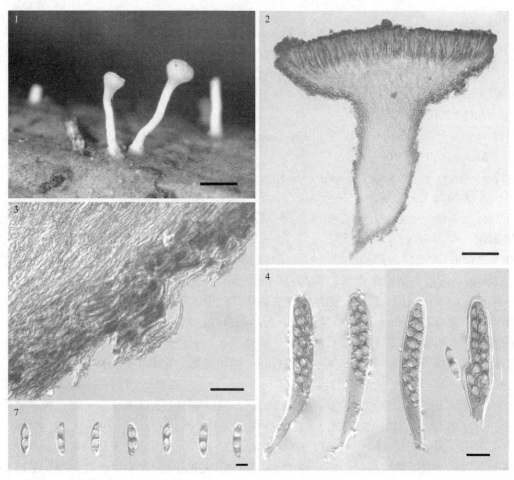

图 87 油滴膜盘菌 *Hymenoscyphus macroguttatus* Baral, Declercq & Hengstm.（HMAS 264159）
1. 自然基物上的子囊盘（干标本）；2. 子囊盘解剖结构；3. 子囊盘侧面的囊盘被结构；4. 子囊；5. 子囊孢子。
比例尺：1 = 0.5 mm；2 = 100 μm；3 = 20 μm；4 = 10 μm；5 = 5 μm

大胞膜盘菌 图 88

Hymenoscyphus magnicellulosus H.D. Zheng & W.Y. Zhuang, Mycotaxon 123: 20, 2013.
Zheng & Zhuang, Mycosystema 34: 803, 2015.

子囊盘散生，陀螺状、平展至微上凸，直径 0.6–2 mm，无柄，子实层表面近白色，干后淡褐色，子层托较子实层色淡；外囊盘被厚 20–55 μm，靠近边缘处为薄壁丝组织，菌丝宽 3–5 μm，向子层托中部渐变为矩胞组织，细胞 8–30 × 4–11 μm，近基部为角胞组织，细胞多角形或近等径，直径 5–15 μm，最大达 25 × 11 μm；盘下层为交错丝组织，厚 30–250 μm，菌丝无色，壁薄，宽 1.5–4 μm；子实下层不分化；子实层厚 95–150 μm；子囊由产囊丝钩产生，柱棒状，顶端钝圆，具柄，具 8 个子囊孢子，孔口在 Melzer 试剂中不变色或为两条淡蓝色线，88–129 × 9–12 μm；子囊孢子椭圆形，一侧略膨大，无色，无隔，偶具 1 分隔，具 1–2 个大油滴，在子囊中斜单列或不规则单列排列，12.5–19(–22) × 4.5–6.7 μm；侧丝线形，宽 1–3 μm。

基物：腐木、腐树皮、腐树叶。

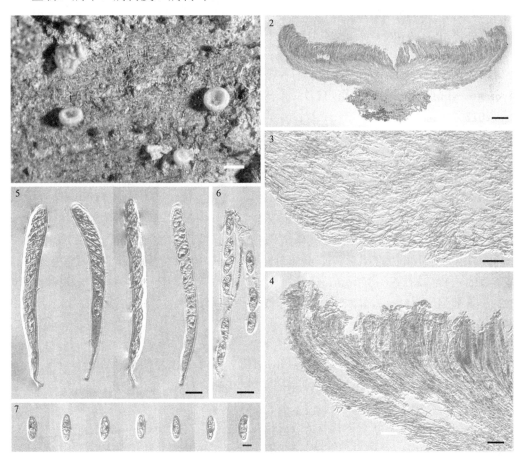

图 88 大胞膜盘菌 *Hymenoscyphus magnicellulosus* H.D. Zheng & W.Y. Zhuang (HMAS 188555)
1. 自然基物上的子囊盘(干标本)；2. 子囊盘解剖结构；3. 囊盘被结构；4. 子囊盘边缘及侧面的囊盘被结构；5. 子囊；6、7. 子囊孢子。比例尺：1 = 0.5 mm；2 = 100 μm；3、4 = 20 μm；5、6 = 10 μm；7 = 5 μm

标本：云南屏边大围山，海拔 1900 m，1999 XI 4，腐烂的树皮上生，庄文颖、余知和 3254，HMAS 188555（主模式）。海南昌江霸王岭，海拔 1150 m，腐木上生，2000 XII 7，庄文颖、余知和、张艳辉 3669，HMAS 188556；陵水吊罗山，海拔 1080 m，2000 XII 14，腐树叶上生，庄文颖、张艳辉、余知和 3866，HMAS 188557；通什五指山，海拔 1600 m，2000 XII 16，腐木上生，张艳辉、庄文颖、余知和 3876，HMAS 188558。

世界分布：中国。

讨论：该种与西班牙报道的 *H. tamaricis* R. Galán, Baral & A. Ortega 习性相似，并且外囊盘被细胞较大，但后者的子囊盘较大 [(1–)1.5–7(–9) mm]，子实层表面浅黄褐色，子囊盘具粗壮的柄，盘下层菌丝较宽（直径 3–9 μm），子囊细长（125–140 × 8.2–8.5 μm），仅生长于 *Tamarix* 属植物的腐木或树枝上（Galán and Baral 1997）。

该种与 *Hymenoscyphus immutabilis* 均产生白色子囊盘和近等径的外囊盘被细胞，但后者的子囊盘具柄，子囊较小（80–100 × 8–9 μm），子囊孢子梭形、较小（10–13 × 4–4.5 μm），多生于落叶树的叶片上（White 1943；Dennis 1956；Dumont 1981b）。

该种还与 *Hymenoscyphus fagineus* (Pers.) Dennis 相似，子囊盘白色、无柄至近无柄，但后者的外囊盘细胞为矩形，子囊（65–80 × 8–9 μm）和子囊孢子（8–16 × 4–5 μm）均较小，生于 *Fagus silvatica* 的果皮上（Dennis 1956；Lizoň 1992）。

小尾膜盘菌　图 89

Hymenoscyphus microcaudatus H.D. Zheng & W.Y. Zhuang, Sci. China Life Sci. 56: 95, 2013. Zheng & Zhuang, Mycosystema 34: 803, 2015.

子囊盘散生，盘状、平展至微下凹，直径 1–2.8 mm，具柄，子实层表面黄色，干后橙色，子层托较子实层色淡，柄与子层托同色，有时中上部黑色，近平滑，长 1–2 mm；外囊盘被为矩胞组织，厚 30–55 μm，细胞无色，5–45(–75) × 5–8 μm；盘下层为薄壁丝组织和交错丝组织，外层为薄壁丝组织，厚 55–85 μm，内层为交错丝组织，厚 80–220 μm，菌丝无色，宽 4–6(–8) μm；柄基部不黑至黑色，表面被较密的毛状物，菌丝褐色，具分隔，长 15–30 μm；子实下层不分化；子实层厚约 90 μm；子囊产生于简单分隔，柱棒状，顶端尖圆，短柄，具 8 个子囊孢子，孔口在 Melzer 试剂中呈蓝色，为两条蓝线，78–92 × 6.6–8.3 μm；子囊孢子梭椭圆形，上端钝圆且略弯曲，下端渐窄，无色，单细胞，具(1–)2 个大油滴，在子囊中上部双列下部单列排列，12–14.3 × 3.9–4.4 μm；侧丝线形，宽 2–2.5 μm。

基物：腐树叶。

标本：安徽金寨天堂寨，海拔 900–1000 m，2011 VIII 24，腐烂的叶柄上生，陈双林、庄文颖、郑焕娣、曾昭清 7824，HMAS 264020（主模式）。

世界分布：中国。

讨论：该种的子囊孢子形状与 *H. caudatus* 的相似，但后者的子囊盘白色至淡黄色、较小（0.75–1.0 mm），外囊盘被细胞较短（4–22 × 3–8 μm），子囊 [(90–)105–140(–150) × 8–12(–15) μm] 和子囊孢子 [(14–)16–23(–26) × 4–5(–6) μm] 均较大（Dumont and Carpenter 1982）。该种还与 *Hymenoscyphus subpallescens* 在囊盘被结构、子囊和子囊孢子大小上近似，但后者的子囊盘颜色较淡（污白色、淡米色至淡黄色），子囊孢子近梭形，两端尖（Dennis 1975）。

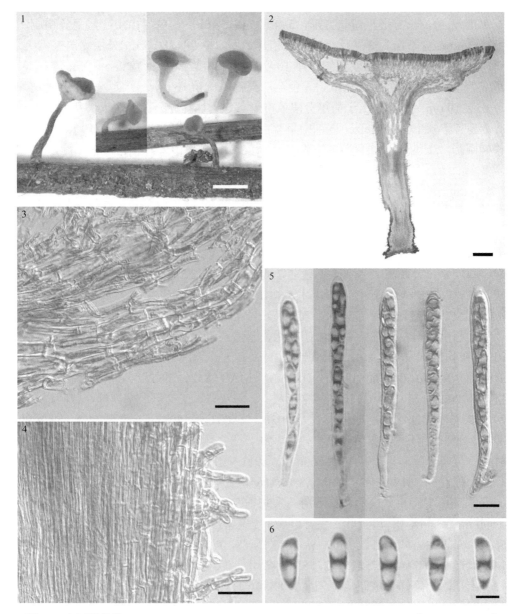

图 89 小尾膜盘菌 *Hymenoscyphus microcaudatus* H.D. Zheng & W.Y. Zhuang（HMAS 264020）
1. 自然基物上的子囊盘（干标本）；2. 子囊盘解剖结构；3. 子囊盘侧面的囊盘被结构；4. 柄中部的结构；5. 子囊；6. 子囊孢子。比例尺：1 = 0.5 mm；2 = 200 μm；3、4 = 20 μm；5 = 10 μm；6 = 5 μm

小晚膜盘菌　图 90

Hymenoscyphus microserotinus (W.Y. Zhuang) W.Y. Zhuang, in Zhuang & Liu, Mycotaxon 99: 128, 2007. Zheng & Zhuang, Mycosystema 34: 803, 2015.

≡ *Lanzia microserotina* W.Y. Zhuang, Mycosystema 8–9: 32, 1996.

子囊盘散生，盘状、平展至微下凹，直径 0.2–2 mm，具柄，子实层表面近白色、米黄色至黄色，干后淡黄色、橙色至灰褐色，子层托米色，干后奶白色至淡橙色，柄与子层托同色，近平滑，基部黑或不黑，长 0.3–1.1 mm；外囊盘被为矩胞组织，厚 15–55

μm，细胞无色，长方形至短长方形，5–40 × 4–15 μm，覆盖层由 1–3 层菌丝构成，菌丝宽 2–3 μm；盘下层为薄壁丝组织和交错丝组织，厚 20–280 μm，外层为薄壁丝组织，厚 10–65 μm，内层为交错丝组织，厚 10–250 μm，菌丝无色，宽 2–5(–7) μm；柄表面平滑或近基部有少数伸出的菌丝，无色至淡褐色，长 8–16 μm；子实下层不分化；子实层厚 65–110 μm；子囊产生于简单分隔或产囊丝钩，柱棒状，顶端宽乳突状至圆形，具 8 个子囊孢子，孔口在 Melzer 试剂中呈蓝色，为两条蓝线，53–98 × 6–10 μm；子囊孢子梭椭圆形，上端钝圆且弯曲，下端窄且渐尖，一侧略膨大，无色，单细胞，具 2–4 个至多个油滴，在子囊中双列或不规则双列排列，10–20 × 3–4.5(–5) μm；侧丝线形，宽 1.5–3 μm。

基物：草本植物茎、腐树叶。

标本：河北雾灵山五台沟，海拔 1250 m，1989 VIII 26，腐树叶上生，庄文颖 501，HMAS 264161。吉林蛟河庆岭，海拔 400 m，2012 VII 21，腐树叶上生，图力古尔、庄文颖、郑焕娣、曾昭清、朱兆香、任菲 7965，HMAS 275637。黑龙江伊春五营丰林，海拔 280 m，2014 VIII 27，草秆上生，郑焕娣、曾昭清、秦文韬 9219，9220，9221，HMAS 275527，275528，275529。安徽黄山，海拔 1300–1700 m，1993 IX 27，草本植物茎和叶脉上生，林英任、王云、庄文颖、余盛明、关 1142，HMAS 68520（主模式）；黄山，1994 IX 14 (or VI 10)，腐树叶上生，Y.R. Lin、S.M. Yu、B. Deng、H.Y. Xing、W.B. Li、B.X. Liu HP217，HP221，HP268，HMAS 68521，68522，68523；金寨天堂寨，海拔 700–900 m，2011 VIII 22，腐树叶上生，陈双林、庄文颖、郑焕娣、曾昭清 7726，7729，7731，7732，HMAS 264162，264030，264031，264032；金寨天堂寨，海拔 900–1100 m，2011 VIII 23，腐树叶上生，陈双林、庄文颖、郑焕娣、曾昭清 7800，HMAS 264163；金寨天堂寨，海拔 900–1000 m，2011 VIII 24，叶脉上生，庄文颖、郑焕娣、曾昭清、陈双林 7814，7838，HMAS 264164，264165。河南灵宝燕子山，海拔 1000–1200 m，2013 IX 16 郑焕娣、曾昭清、朱兆香 8639，HMAS 275522；栾川龙峪湾，海拔 1500 m，2013 IX 18，腐树叶上生，郑焕娣、曾昭清、朱兆香 8694，8700，HMAS 275523，275524；栾川龙峪湾，海拔 1500 m，2013 IX 18，叶轴上生，郑焕娣、曾昭清、朱兆香 8714，8715-1，HMAS 275525，275532；栾川重渡沟，海拔 1500 m，2013 IX 21，草本植物茎上生，郑焕娣、曾昭清、朱兆香 8834，HMAS 275526。湖北神农架大九湖 5 号湖，海拔 1700 m，2014 IX 17，腐树叶上生，郑焕娣、秦文韬、陈凯、曾昭清 9784，HMAS 275530；神农架板桥，海拔 1100 m，2014 IX 19，草本植物茎上生，曾昭清、郑焕娣、秦文韬、陈凯 9845，HMAS 275531；五峰后河，海拔 800 m，2004 IX 12，叶脉上生，庄文颖、刘超洋 5504，HMAS 264166；五峰后河，海拔 800 m，2004 IX 13，腐树叶上生，庄文颖、刘超洋 5576，HMAS 264167；五峰后河，海拔 800 m，2004 IX 13，草本植物茎上生，庄文颖、刘超洋 5587，HMAS 264168。四川巫溪，海拔 1900 m，1994 VIII 3，叶脉上生，张小青 1908，HMAS 69637。甘肃白龙江林管局舟曲林业局舟曲二场大水沟口，海拔 1800–1900 m，1998 VII 22，腐树叶上生，陈双林 79a，83a，83b，HMAS 264169，264170，264171；白龙江林管局迭部林业局洛大林场水磨沟，海拔 2100 m，1998 VII 22，细枝上生（?草本植物茎），陈双林 125c，HMAS 264172。青海民和西沟，海拔 2600 m，2004 VIII 10，腐树叶上生，庄文颖、刘超洋 5251，HMAS 264173。

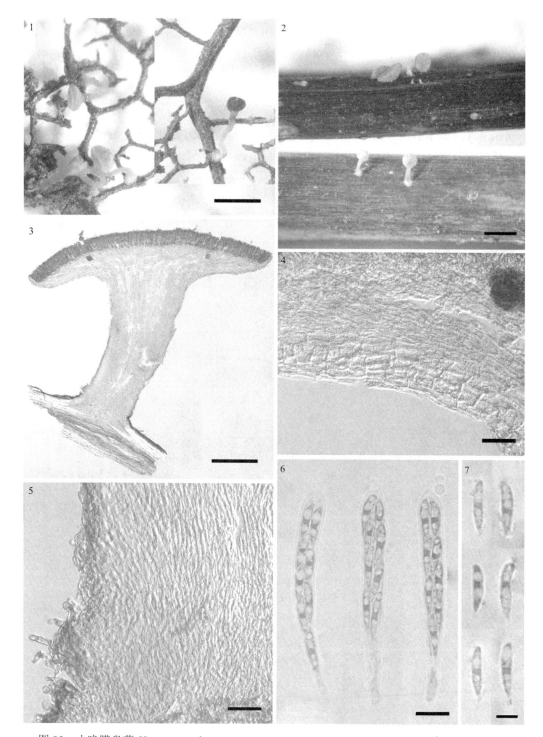

图 90 小晚膜盘菌 *Hymenoscyphus microserotinus* (W.Y. Zhuang) W.Y. Zhuang (HMAS 68520)
1、2. 自然基物上的子囊盘(干标本); 3. 子囊盘解剖结构; 4. 子囊盘侧面的囊盘被结构; 5. 柄近基部的结构; 6. 子囊; 7. 子囊孢子。比例尺: 1、2 = 0.5 mm; 3 = 200 μm; 4、5 = 20 μm; 6 = 10 μm; 7 = 5 μm

世界分布:中国。

讨论:由于该种的子囊盘柄的基部色暗, Zhuang(1996)将其置于核盘菌科 *Lanzia*

属。Zhuang 和 Liu(2007)根据形态特征和 ITS 基因序列分析的结果，将其转入 *Hymenoscyphus* 属。它与 *H. brevicellulosus* 和 *H. ginkgonis* 的区别详见 *H. brevicellulosus* 的讨论。

叶产膜盘菌　图 91

Hymenoscyphus phyllogenus (Rehm) Kuntze, Revis. Gen. Pl. (Leipzig) 3(2): 486, 1898. Zhuang, Mycotaxon 56: 34, 1995. Zhuang, Mycotaxon 67: 373, 1998. Zheng & Zhuang, Mycosystema 34: 803, 2015.

≡ *Helotium phyllogenum* Rehm, Ascomyceten, fasc. 16: 7 & no. 768, 1885.

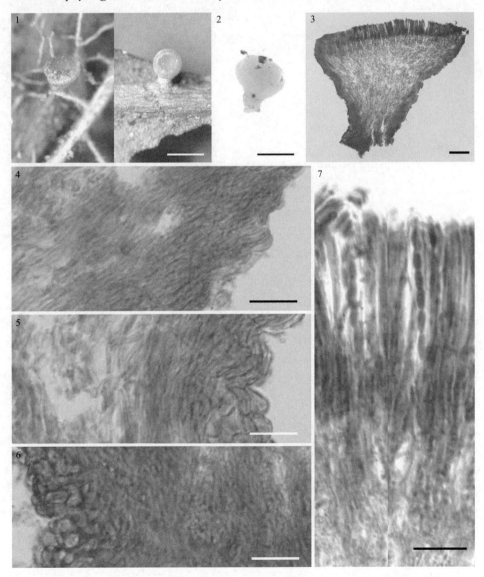

图 91　叶产膜盘菌 *Hymenoscyphus phyllogenus* (Rehm) Kuntze (HMAS 61878)
1. 自然基物上的子囊盘(干标本)；2. 回水后的子囊盘；3. 子囊盘解剖结构；4. 子囊盘侧面的囊盘被结构；5. 近柄处囊盘被结构；6. 柄基部结构；7. 子实层。比例尺：1、2 = 0.5 mm；3 = 100 μm；4–7 = 20 μm

子囊盘散生，盘状，下凹，直径 0.6–1.5 mm，短柄，子实层表面白色至淡黄色，干后暗橙色，子层托同色，干后奶油橙色，柄与子层托同色；外囊盘被为矩胞组织，厚 25–75 μm，细胞无色，微厚壁，7–26 × 4–10 μm，覆盖层 2–3 层或部分缺无；盘下层为薄壁丝组织和交错丝组织，厚 55–220 μm，外层为薄壁丝组织，厚 40–55 μm，内层为交错丝组织，厚 15–190 μm，菌丝无色，宽 3–4 μm；柄表面平滑，基部有多角形细胞；子实下层厚 25–40 μm；子实层厚 77–93 μm；子囊由产囊丝钩产生，柱棒状，顶端圆形，具柄，具 8 个子囊孢子，孔口在 Melzer 试剂中呈蓝色，为两条蓝线，70–89 × 6.0–8.8 μm；子囊孢子近梭形，无色，单细胞，无油滴，在子囊中单列排列，8.5–12 × 3.5–5 μm；侧丝线形，宽 2–3.5 μm。

基物：腐树叶。

标本：安徽黄山十八道弯，海拔 1300–1700 m，1993 IX 27，腐烂的叶脉上生，林英任、王芸、庄文颖、余盛明、吴旺杰 1127，1128，HMAS 61877，61878。

世界分布：中国、奥地利、德国、匈牙利、英国。

讨论：与 White(1943) 和 Dennis(1956) 对 *H. phyllogenus* 的描述相比，中国标本的子囊盘较大，外囊盘被菌丝较宽，子囊由产囊丝钩产生而非源自简单分隔，子囊孢子为梭形且较小 (8.5–12 × 4–5 μm vs. 11–14 × 3.8–5 μm 和 12–16 × 4–6 μm)。以上视为种内变异。

喜叶膜盘菌

Hymenoscyphus phyllophilus (Desm.) Kuntze, Revis. Gen. Pl. (Leipzig) 3(2): 485, 1898. Zhuang, Mycotaxon 87: 470, 2003.

≡ *Peziza phyllophila* Desm., Annls Sci. Nat., Bot., Sér. 2, 17: 98, 1842.

[= *Hymenoscyphus* taxonomic sp. #2, Yu, Zhuang, Chen & Decock, Mycotaxon 75: 402, 2000.]

子囊盘盘状，直径 0.1–0.2 mm，具柄，子实层表面白色，半透明；外囊盘被为角胞组织；盘下层为交错丝组织；子囊圆柱形，具 8 个子囊孢子，孔口在 Melzer 试剂中不变色，50–65 × 6.5–8 μm；子囊孢子近梭形，两端钝圆，无色，具 1 个分隔，具多个油滴或 4 个中等大小的油滴，在子囊中不规则双列排列，9–14 × 2–3 μm；侧丝线形，宽 2–2.5 μm。

基物：单子叶植物茎。

标本：吉林长白山，海拔 1000 m，1998 IX 12，单子叶植物茎上生，陈双林、庄文颖 2621，HMAS 78012。

世界分布：中国、奥地利、丹麦、芬兰、法国、冰岛、挪威、瑞典、英国。

讨论：我国对该种的报道基于一份标本，最初报道为 "*Hymenoscyphus* taxonomic sp. #2" Yu 等(2000)，Zhuang(2003) 表明它与 *H. phyllophylus* 的形态特征一致。由于馆藏标本中未见子囊盘，上述简要描述来自 Yu 等(2000)。中国材料与 Dennis(1956) 对该种的描述基本一致，但其基物为单子叶植物茎，而非落叶的叶脉。

青海膜盘菌　图 92

Hymenoscyphus qinghaiensis H.D. Zheng & W.Y. Zhuang, Mycotaxon 130: 1030, 2015.

子囊盘散生，盘状至平展，直径 0.4–1.4 mm，具柄，子实层表面奶白色至极淡的黄色，干后淡橙色，子层托较子实层色淡，干后奶白色，柄与子层托同色近平滑，长 0.2–0.7 mm；外囊盘被为矩胞组织，厚 15–60 μm，细胞无色，8–30 × 5–10 μm，覆盖层由 1–3 层菌丝构成，菌丝宽 3 μm；盘下层为薄壁丝组织和交错丝组织，外层为薄壁丝组织，厚 10–55 μm，内层为交错丝组织，厚 30–140 μm，菌丝无色，宽 2–4 μm；子实下层不分化；子实层厚 80–85 μm；子囊由产囊丝钩产生，柱棒状，顶端钝圆，具柄，具 8 个子囊孢子，孔口在 Melzer 试剂中呈蓝色，为两条蓝线，68–89 × 6.7–7.8 μm；子囊孢子梭椭圆形至近梭形，上端宽，下端略窄，无色，单细胞，无油滴或具微小油滴，在子囊中上部双列下部单列、单列或双列排列，11–14.5 × 3.3–3.9 μm；侧丝线形，宽 1.5–2.5 μm。

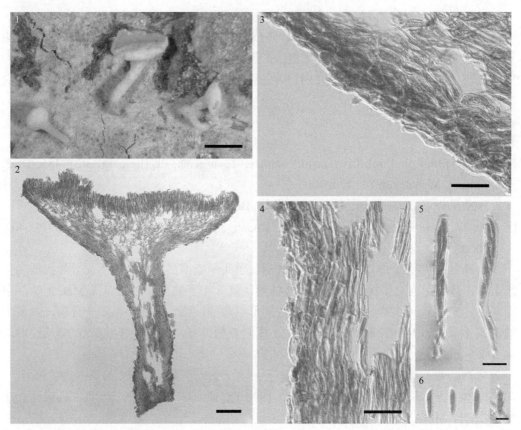

图 92　青海膜盘菌 *Hymenoscyphus qinghaiensis* H.D. Zheng & W.Y. Zhuang（HMAS 264175）
1. 自然基物上的子囊盘(干标本)；2. 子囊盘解剖结构；3. 子囊盘侧面的囊盘被结构；4. 柄中部的结构；5. 子囊；6. 子囊孢子。比例尺：1 = 0.5 mm；2 = 100 μm；3、4 = 20 μm；5 = 10 μm；6 = 5 μm

基物：腐烂的杨树叶。

标本：湖北神农架神农源，海拔 2250 m，2014 IX 13，腐树叶（大叶杨）上生，郑焕娣、曾昭清、秦文韬、陈凯 9444，HMAS 275533。青海民和西沟，海拔 2600 m，2004

VIII 10，腐烂的杨树叶上生，庄文颖、刘超洋 5248，5241，5247，HMAS 264175（主模式），264176，264177。

世界分布：中国。

讨论：该种与 H. phyllogenus (Rehm) Kuntze 在子囊的长度、子囊孢子无油滴以及基物等方面相似，但后者的子囊盘为白色，较小（直径 0.3–0.5 mm），外囊盘被细胞较窄（15–20 × 4–5 μm），子囊（65–75 × 8.5–11 μm）和子囊孢子（11–16 × 3.8–6 μm）均较宽（White 1943; Dennis 1956）。Hymenoscyphus albopunctus (Peck) Kuntze 的子囊盘、子囊孢子大小和形状与该种相似，但子囊较短粗（60–70 × 8–10 μm），子囊孢子具油滴，生于 Fagus 属植物叶片上（White 1943）。

硬膜盘菌 图 93

Hymenoscyphus sclerogenus (Berk. & M.A. Curtis) Dennis, Persoonia 2(2): 190, 1962. Korf & Zhuang, Mycotaxon 22: 500, 1985. Zhuang, Mycotaxon 67: 373, 1998. Zhang & Zhuang, Mycotaxon 81: 38, 2002. Zheng & Zhuang, Mycosystema 34: 804, 2015.

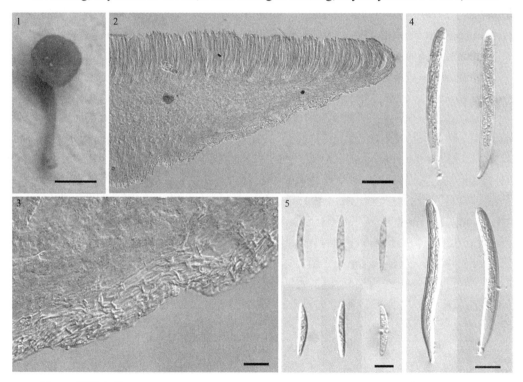

图 93 硬膜盘菌 Hymenoscyphus sclerogenus (Berk. & M.A. Curtis) Dennis（HMAS 45092）
1. 自然基物上的子囊盘（干标本）；2. 子囊盘解剖结构；3. 囊盘被结构；4. 子囊；5. 子囊孢子。比例尺：1 = 0.5 mm；2 = 100 μm；3 = 20 μm；4 = 10 μm；5 = 5 μm

子囊盘散生，盘状，直径 0.8–3 mm，具柄，子实层表面黄色至淡黄色，干后淡褐色至肉桂色，子层托与子实层同色或略淡，干后淡褐色，柄与子层托同色，基部为乳白色；外囊盘被为矩胞组织，厚 20–70 μm，细胞无色，5–45 × 5–18 μm，覆盖层由 1–5 层菌丝构成，宽 3–3.5 μm，偶尔外表面具突起物；盘下层为交错丝组织和薄壁丝组织，厚 26–270 μm，菌丝近平行排列，宽 2–6 μm；子实下层不分化；子实层厚 105–140 μm；子囊为柱棒状，顶端钝圆，具 8 个子囊孢子，孔口在 Melzer 试剂中呈蓝色，为两条蓝线，103–126 × 8–9.5(–11) μm；子囊孢子梭形，在乳酸酚棉蓝中具有明显的核染色区，无隔，多油滴，22–36 × 3–4.5 μm，在子囊中双列至不规则双列排列；侧丝线形，宽 1.5–2.5 μm。

标本：安徽黄山喜鹊登梅，2007 IX 12，草本植物茎上生，林英任 07-2a，HMAS 275535。河南栾川龙峪湾，海拔 1500 m，2013 IX 18，烂根上生，郑焕娣、曾昭清、朱兆香 8683，HMAS 275534。四川峨眉山，1983 VI 25，悬钩子属植物（*Rubus* sp.）茎上生，庄文颖 55，HMAS 45092。

世界分布：中国、古巴、巴拿马、美国、哥伦比亚、厄瓜多尔、瓜德罗普岛(法)、秘鲁、委内瑞拉。

讨论：这个种的特点是子囊孢子长梭形、无隔，在乳酸酚棉蓝染液中可见一个明显的蓝色核染色区。

盾膜盘菌　图 94

Hymenoscyphus scutula (Pers.) W. Phillips, Man. Brit. Discomyc. (London) p. 136, 1887.
　　Zhuang, Mycotaxon 56: 34, 1995. Zhuang, Mycotaxon 67: 373, 1998. Zhang & Zhuang, Mycotaxon 81: 38, 2002.

　　≡ *Peziza scutula* Pers., Mycol. Eur. (Erlanga) 1: 284, 1822.

子囊盘散生，盘状、平展至微下凹，直径 0.6–2.5 mm，具柄，子实层表面淡黄色至黄色，干后橙色、橙褐色至红褐色，子层托枯草色或较子实层色淡，柄近白色，近平滑，长 0.8–2.5 mm；外囊盘被为矩胞组织至薄壁丝组织，厚 20–60 μm，细胞无色，10–30 × 3–10 μm，覆盖层由 2–8 层菌丝构成，易脱落，宽 2–3 μm；盘下层为薄壁丝组织和交错丝组织，外层为薄壁丝组织，厚 15–85 μm，内层为交错丝组织，厚 40–280 μm，菌丝无色，宽 2–4 μm；子实下层不分化；子实层厚 110–140 μm；子囊产生于简单分隔，柱棒状，顶端宽乳突状，具柄，具 8 个子囊孢子，孔口在 Melzer 试剂中呈蓝色，为两条蓝线，94–135 × 7.5–11 μm；子囊孢子梭椭圆形，上端钝圆，下端窄而渐尖，一侧弯曲，一侧平直，一端或两端具 1–2 根纤毛，无色，单细胞，具 4–6 个大油滴及数个小油滴，在子囊中双列或不规则双列排列，20–25.5 × 3.5–5.5 μm；侧丝线形，宽 2–3 μm。

基物：草本植物茎。

标本：河北雾灵山仙人塔沟，海拔 1250 m，1989 VIII 27，草本植物茎上生，张斌成、庄文颖 522，HMAS 264178。内蒙古白狼，海拔 1350 m，1991 VIII 18，草本植物茎上生，庄文颖 679，HMAS 61879。吉林敦化黄泥河，海拔 350 m，2000 VIII 16，草本植物茎上生，庄文颖、余知和 3549，HMAS 82094。黑龙江伊春带岭凉水林场，海拔 400 m，1996 VIII 28，草本植物茎上生，王征、庄文颖 1307，HMAS 82099；伊春带岭凉水林场，海拔 400 m，1996 VIII 29，草本植物茎上生，王征、庄文颖 1325，HMAS 82100。安徽黄山十八道弯，海拔 1300–1700 m，1993 IX 27，草本植物茎上生，林英任、王云、庄文颖、余盛明、吴旺杰 1119，HMAS 61882。江西井冈山黄洋界，海拔 1300 m，1996 X 24，草本植物茎上生，王征、庄文颖 1532，HMAS 82101。河南栾川龙峪湾，海拔 1500 m，

2013 IX 19，草本植物茎上生，郑焕娣、曾昭清、朱兆香8749，HMAS 275536；栾川重渡沟，海拔1500 m，2013 IX 20，草本植物茎上生，郑焕娣、曾昭清、朱兆香8805，HMAS 275537；栾川重渡沟，海拔1500 m，2013 IX 21，草本植物茎上生，郑焕娣、曾昭清、朱兆香8833，HMAS 275538；栾川重渡沟，海拔1500 m，2013 IX 21，草本植物茎上生，郑焕娣、曾昭清、朱兆香8853，HMAS 275539。湖北神农架大九湖5号湖，海拔1700 m，2014 IX 17，草本植物茎上生，郑焕娣、秦文韬、陈凯、曾昭清9785，9786，HMAS 275541，275542；神农架小龙潭，海拔2100 m，2014 IX 13，腐烂的小枝（带泥）上生，郑焕娣、曾昭清、秦文韬、陈凯9457，HMAS 275540；神农架漳宝河，海拔1100 m，2004 IX 17，草本植物茎上生，庄文颖5782，HMAS 264179。甘肃迭部，海拔2600 m，1992 IX 11，草本植物茎上生，庄文颖1018，HMAS 61881。青海互助南门峡，海拔3000 m，2004 VIII 13，草本植物茎上生，庄文颖、刘超洋5302，HMAS 264180；互助南门峡，海拔3000 m，2004 VIII 13，草本植物茎上生，庄文颖、刘超洋5312，HMAS 264181。

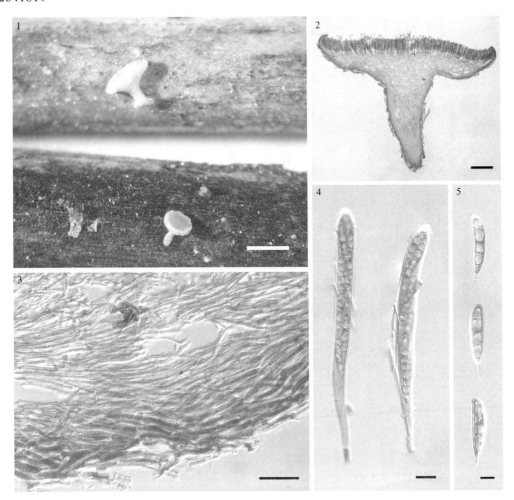

图94　盾膜盘菌 *Hymenoscyphus scutula* (Pers.) W. Phillips（1. HMAS 264178；2–5. HMAS 264180）
1. 自然基物上的子囊盘(干标本)；2. 子囊盘解剖结构；3. 囊盘被结构；4. 子囊；5. 子囊孢子。比例尺：1 = 0.5 mm；2 = 200 μm；3 = 20 μm；4 = 10 μm；5 = 5 μm

世界分布：中国、日本、巴基斯坦、印度、保加利亚、捷克、爱沙尼亚、法国、德国、英国、匈牙利、波兰、罗马尼亚、俄罗斯、斯洛伐克、斯洛文尼亚、西班牙、瑞士、美国。

讨论：此系我国常见种。*H. fucatus* 在子囊孢子形状上与该种相似，但其子囊由产囊丝钩产生，较大（118–156 × 7–11 μm），子囊孢子（22–37 × 4–5.5 μm）也较大。

拟盾膜盘菌　图 95

Hymenoscyphus scutuloides Hengstm., Persoonia 16(2): 199, 1996. Zheng & Zhuang, Mycosystema 32 (Suppl): 158, 2013.

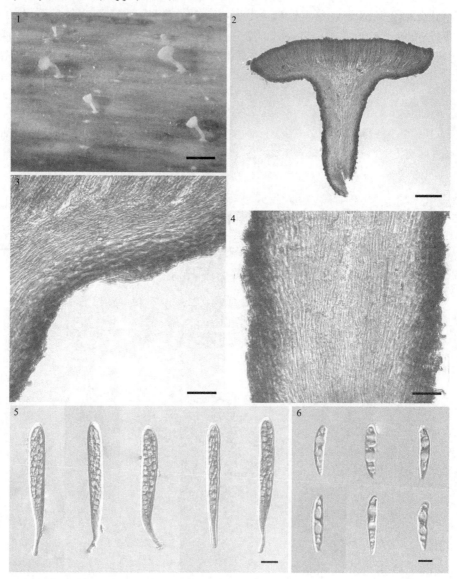

图 95　拟盾膜盘菌 *Hymenoscyphus scutuloides* Hengstm.（1、5. HMAS 82092；2–4、6. HMAS 82093）
1. 自然基物上的子囊盘（干标本）；2. 子囊盘解剖结构；3. 囊盘被结构；4. 柄的结构；5. 子囊；6. 子囊孢子。
比例尺：1 = 0.5 mm；2 = 100 μm；3、4 = 20 μm；5 = 10 μm；6 = 5 μm

子囊盘散生，盘状、平展至微下凹，直径 0.2–0.7 mm，具柄，子实层表面奶白色、淡黄色至黄色，干后黄色，子层托较子实层淡，柄与子层托同色，平滑，长 0.5–1 mm；外囊盘被为矩胞组织，厚 20–36 μm，细胞无色，8–25 × 4.5–10 μm，覆盖层由 2–3 层菌丝构成，菌丝宽 3–4 μm；柄下部偶有稀疏的菌丝延伸物，长 5–9 μm，宽 3–3.5 μm；盘下层为薄壁丝组织和交错丝组织，厚 20–110 μm，外层为薄壁丝组织，厚 20–28 μm，内层为交错丝组织，厚 0–55 μm，菌丝致密，无色，宽 2–4 μm；子实下层不分化；子实层厚 85–105 μm；子囊由产囊丝钩产生，柱棒状，顶端宽乳突状至钝圆，具柄，具 8 个子囊孢子，孔口在 Melzer 试剂中呈蓝色，为两条蓝线，72–83 × 9.5–10.5 μm；子囊孢子梭椭圆形，上端钝圆，下端渐窄且顶端尖，一侧弯曲，一侧平直，下端具纤毛，无色，单细胞，具 2–6 个大油滴及数个小油滴，在子囊中双列或不规则双列排列，19–23.5 × 4–5 μm；侧丝线形，宽 2–3 μm。

基物：草本植物茎、蕨类植物。

标本：内蒙古白狼，海拔 1350 m，1998 VIII 18，草本植物茎上生，庄文颖 681，HMAS 61880。吉林敦化黄泥河，海拔 350 m，2000 VIII 16，草本植物茎上生，庄文颖、张艳辉，3523、3546，HMAS 82091、82092；敦化黄泥河，海拔 350 m，2000 VIII 16，蕨上生，庄文颖、余知和，3548，HMAS 82093；蛟河三河，海拔 550 m，1991 VIII 31，庄文颖 785，HMAS 82095。黑龙江伊春带岭凉水林场，海拔 400–500 m，1996 VIII 27，草本植物茎上生，庄文颖、王征 1278，HMAS 82098。安徽黄山十八道弯，海拔 1300–1700 m，1993 IX 27，草本植物茎上生，林英任、王云、庄文颖、余盛明、吴旺杰 1106，HMAS 82096。

世界分布：中国、荷兰。

讨论：该种曾被误定为与 *H. scutula*，与后者的区别在于子囊由产囊丝钩产生，较小（Hengstmengel 1996）。对我国标本的观察表明，除了上述特征外，*H. scutuloides* 的外囊盘被细胞较宽，覆盖层的菌丝层数少，盘下层菌丝排列致密，子囊孢子较窄。

晚生膜盘菌 图 96

Hymenoscyphus serotinus (Pers.) W. Phillips, Man. Brit. Discomyc. (London) p. 125, 1887. Zhang & Zhuang, Mycotaxon 81: 38, 2002. Zheng & Zhuang, Mycosystema 34: 804, 2015.

≡ *Peziza serotina* Pers., Syn. Meth. Fung. (Göttingen) 2: 661, 1801.

≡ *Helotium serotinum* (Pers.) Fr., Summa Veg. Scand., Section Post. (Stockholm) p. 355, 1849. Teng, Sinensia 5: 455, 1934. Teng, Fungi of China p. 266, 1963. Tai, Sylloge Fungorum Sinicorum p. 155, 1979.

≡ *Lanzia serotina* (Pers.) Korf & W.Y. Zhuang, Mycotaxon 22: 506, 1985. Zhuang, Mycosystema 12: 85, 1993.

子囊盘散生至聚生，盘状、平展至微上凸，直径 0.4–1.2 mm，具柄，子实层表面奶白色至黄色，干后橙褐色、淡褐色至红褐色，子层托较子实层色淡，柄与子层托同色，近平滑，长达 1 mm；外囊盘被为矩胞组织，厚 20–55 μm，细胞无色，10–35 × 4–10 μm，覆盖层由 1–2 层菌丝构成，菌丝宽 2 μm；盘下层为薄壁丝组织和交错丝组织，外层为薄壁丝组织，厚 20–55 μm，内层为交错丝组织，厚 30–200 μm，菌丝无色，壁薄，宽 2–3 μm；子实下层不分化；子实层厚 95–120 μm；子囊产生于简单分隔，柱棒状，顶端宽乳突状至钝圆，具柄，具 8 个子囊孢子，孔口在 Melzer 试剂中呈蓝色，为两条蓝线，78–110 × 7.2–9.5 μm；子囊孢子梭椭圆形，上端钝圆且向一侧弯曲，下端窄且渐尖，一侧略膨大，无色，偶具 1 分隔，具多个油滴，在子囊中双列或不规则双列排列，16.5–21(–25.5) × 3.3–5 μm；侧丝线形，宽 2–3 μm。

基物：腐树叶、草本植物茎、腐木。

标本：河北雾灵山五台沟，海拔 1250 m，1989 VIII 26，草本植物茎上生，庄文颖 508，HMAS 264182。吉林蛟河实验林场，海拔 430 m，1991 VIII 27，榛树腐叶上生，庄文颖 728，HMAS 82112；蛟河实验林场大顶子山，海拔 800 m，1991 VIII 28，草本茎上生，庄文颖 751，HMAS 82113；蛟河三河，海拔 550，硬果壳表面生，1991 VIII 31，庄文颖 787，HMAS 82114；蛟河林场六道河，海拔 800 m，1991 IX 1，腐叶上生，庄文颖 802，HMAS 82115。黑龙江伊春带岭凉水林场，海拔 400 m，叶脉、叶柄上生，1996 VIII 28，王征、庄文颖 1300，HMAS 82116；伊春带岭凉水林场，海拔 400 m，1996 VIII 28，腐叶上生，王征、庄文颖 1314，HMAS 82117；伊春带岭凉水林场，海拔 400 m，1996 VIII 28，叶柄上生，王征、庄文颖 1315，HMAS 82118；伊春带岭凉水林场，海拔 400 m，1996 VIII 29，叶柄、叶脉上生，王征、庄文颖 1328，HMAS 82119；伊春带岭凉水林场，海拔 400 m，1996 VIII 31，草本植物茎上生，庄文颖、王征 1382，HMAS 82120；伊春带岭凉水林场，海拔 400 m，1996 VIII 31，叶柄(?)上生，王征、庄文颖 1384，HMAS 82121；伊春五营丰林，海拔 280 m，2014 VIII 27，草本植物茎上生，郑焕娣、曾昭清、秦文韬 9218，HMAS 275545。安徽金寨天堂寨，海拔 900–1100 m，2011 VIII 23，叶脉生，陈双林、庄文颖、郑焕娣、曾昭清 7803，HMAS 264183。江西井冈山，海拔 800 m，1996 X 25，草本植物茎上生，庄文颖、王征 1544，HMAS 82122。河南栾川龙峪湾，海拔 1500 m，2013 IX 18，草本植物茎上生，郑焕娣、曾昭清、朱兆香 8684，HMAS 275543；栾川龙峪湾，海拔 1500 m，2013 IX 18，腐木上生，郑焕娣、曾昭清、朱兆香 8686，HMAS 275544；信阳鸡公山，海拔 250 m，2003 XI 13，草本植物茎上生，庄文颖、刘超洋、农业 4346，HMAS 264184；信阳鸡公山，海拔 400 m，2003 XI 14，草本植物茎上生，庄文颖、刘超洋、农业 5093，HMAS 264185；信阳鸡公山，海拔 400 m，2003 XI 14，单子叶植物上生，庄文颖、刘超洋、农业 5136，HMAS 264186；信阳鸡公山，海拔 700 m，2003 XI 15，腐木上生，庄文颖、刘超洋、农业 5165，HMAS 264187。湖北神农架板桥，海拔 1100 m，2014 IX 19，腐树叶上生，曾昭清、郑焕娣、秦文韬、陈凯 9843，9844，HMAS 275546，275547。陕西太白山蒿坪寺，海拔 1200 m，1963 V 14，枯枝上生，马启明、宗毓臣 2230，HMAS 33625。

世界分布：中国、印度、比利时、捷克、爱沙尼亚、德国、匈牙利、意大利、波兰、俄罗斯、斯洛伐克、瑞士、哥伦比亚、厄瓜多尔、巴拿马、委内瑞拉、美国。

讨论：Baral 和 Bemmann(2013)在对欧洲各地标本的相关序列进行细致观察和研究后，对该种进行了详细描述，他们指出，该种仅生长在 Fagus sylvatica L. 直径小于 2 cm 的树枝上，认为中国材料的形态与 H. vacini (Velen.) Baral & E. Weber 更为相近，很可能代表一个独立的种。H. microserotinus 与该种相似，但其子囊(53–98 × 6–10 μm)和

子囊孢子 [10–20 × 3–4.5(–5) μm] 均较小。

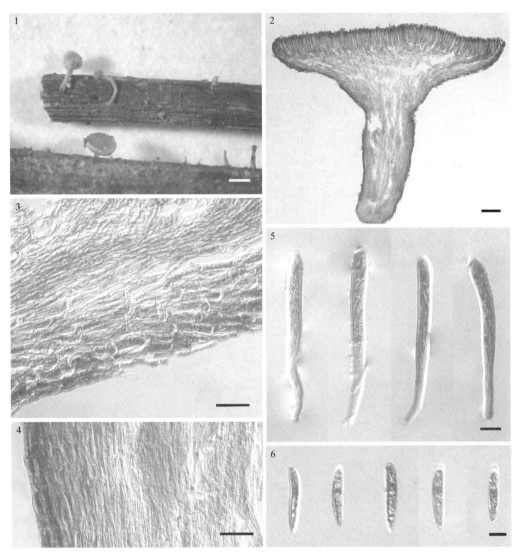

图 96　晚生膜盘菌 Hymenoscyphus serotinus (Pers.) W. Phillips（HMAS 264186）
1. 自然基物上的子囊盘(干标本)；2. 子囊盘解剖结构；3. 子囊盘侧面的囊盘被结构；4. 柄中部的结构；5. 子囊；6. 子囊孢子。比例尺：1 = 0.5 mm；2 = 100 μm；3、4 = 20 μm；5 = 10 μm；6 = 5 μm

中华膜盘菌　图 97

Hymenoscyphus sinicus W.Y. Zhuang & Yan H. Zhang, Mycotaxon 81: 38, 2002. Zheng & Zhuang, Mycosystema 34: 804, 2015.

子囊盘散生至多个簇生，平展至下凹，直径 0.5–6 mm，具柄，子实层表面浅黄色、棕黄色至黄色，干后淡橙色、肉橙色至橙褐色，子层托较子实层色淡，干后奶油橙色至肉褐色，柄与子层托同色近平滑，长 0.3–4 mm；外囊盘被为矩胞组织，厚 15–70 μm，与子层托表面平行或成小角度，略胶化，细胞无色，15–40 × 4–10 μm，覆盖层由 2–5 层菌丝构成，菌丝宽 2–3 μm；盘下层为薄壁丝组织和交错丝组织，厚 30–500 μm，外层为薄壁丝组织，厚 15–125 μm，内层为交错丝组织，厚 30–400 μm，菌丝无色，宽 2–4 μm；子实下层不分化；子实层厚 95–140 μm；子囊由产囊丝钩产生，柱棒状，顶端钝圆，具柄，具 8 个子囊孢子，孔口在 Melzer 试剂中呈蓝色，为两条蓝线，90–145 × 7–11 μm；子囊孢子梭椭圆形，一侧略膨大，无色，单细胞至偶具 1 个分隔，具 2 个至多个油滴，在子囊中单列或不规则单列排列，13.3–17.8 × 3.5–5 μm；侧丝线形，宽 1.5–2.5 μm。

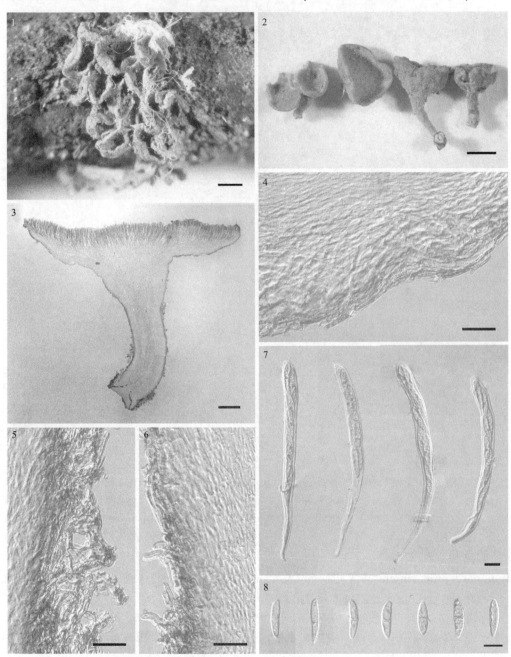

图 97　中华膜盘菌 Hymenoscyphus sinicus W.Y. Zhuang & Yan H. Zhang（HMAS 71818）
1. 自然基物上的子囊盘(干标本)；2. 子囊盘(干标本)；3. 子囊盘解剖结构；4. 子囊盘侧面的结构；5、6. 柄中部的结构；7. 子囊；8. 子囊孢子。比例尺：1、2 = 0.5 mm；3 = 200 μm；4–6 = 20 μm；7、8 = 10 μm

基物：腐木、腐树枝。

标本：北京百花山，海拔 1400 m，1995 IX 19，腐树枝上生，庄文颖、王征 1213，HMAS 71818（主模式）；东灵山，海拔 1200 m，1998 IX 16，腐木上生，郭英兰、王征 2247，HMAS 75877。湖北神农架大龙潭，海拔 2000 m，2014 IX 13，烂根上生，郑焕娣、曾昭清、秦文韬、陈凯 9421，9423，HMAS 275551，248785 (L)；神农架黄宝坪，海拔 1750 m，2014 IX 16，腐烂的小枝上生，郑焕娣、曾昭清、秦文韬、陈凯 9648，HMAS 252922 (M)；神农架金猴岭，海拔 1800 m，2004 IX 16，腐木上生，庄文颖 5729，HMAS 264188；神农架金猴岭，海拔 1800 m，2004 IX 16，腐树枝上生，庄文颖 5738，HMAS 264189；神农架金猴岭，海拔 2500 m，2014 IX 14，无皮硬木上生，郑焕娣、曾昭清、秦文韬、陈凯 9524，HMAS 248786 (L)。青海班玛红军沟，海拔 3590 m，2013 VII 26，腐木上生，曾昭清、朱兆香、任菲 8349，8351，HMAS 252919 (M)，275548；班玛知钦乡，海拔 3666 m，2013 VII 27，腐木上生，曾昭清、朱兆香、任菲 8380，8381，8402，HMAS 275549，275550，252920 (M)；互助北山，海拔 2800–3000 m，2004 VIII 15，腐木和树枝上生，庄文颖、刘超洋 5328，HMAS 264190；互助北山，海拔 2800–3000 m，2004 VIII 15，腐木上生，庄文颖、刘超洋 5329，HMAS 264191。新疆伊犁果子沟，海拔 1800 m，2003 VIII 11，腐树枝上生，庄文颖、农业 4842，4863，HMAS 264192，264194；伊犁果子沟，海拔 1800 m，2003 VIII 11，腐木上生，庄文颖、农业 4846，HMAS 264193。

世界分布：中国。

讨论：该种与 *H. macrodiscus* 的子囊盘大小和囊盘被结构相似，后者子囊盘侧面的覆盖层由交错丝组织构成，子囊较窄（112–116 × 6.6–7.6 μm），子囊孢子为两端较尖的椭圆形，无油滴，较小（11–14.5 × 3.3–4.4 μm），在子囊中斜向单列排列。*H. caudatus* 子囊孢子的形状和大小与 *H. sinicus* 相似，但子囊盘较小（直径 0.5–1.5 mm），外囊盘被细胞较短（5–15 × 3–10 μm），覆盖层由平行菌丝构成，叶生或草本植物的茎上生。

苍白膜盘菌 图 98

Hymenoscyphus subpallescens Dennis, Kew Bull. 30(2): 349, 1975. Zheng & Zhuang, Sci. China Life Sci. 56: 98, 2013. Zheng & Zhuang, Mycosystema 34: 804, 2015.

子囊盘散生，平展至微下凹，直径 0.5–2 mm，具柄，子实层表面污白色、淡米色至淡黄色，干后淡灰褐色，子层托较子实层色淡，干后奶白色至污白色或与子实层同色，柄与子层托同色近平滑，长 0.8–1.3 mm；外囊盘被为矩胞组织，厚 10–55 μm，细胞无色，壁厚约 1 μm，7–35 × 5–11 μm，覆盖层由少至多层菌丝构成，菌丝宽约 3 μm；盘下层为薄壁丝组织和交错丝组织，外层为薄壁丝组织，厚 15–55 μm，内层为交错丝组织，厚 30–165 μm，菌丝无色，宽 2–6 μm；柄基部菌丝褐色，中下部有或稀疏或密的毛状物，长 6–30 μm；子实下层不分化；子实层厚 80–90 μm；子囊由产囊丝钩产生，柱棒状，顶端宽乳突状至圆形，具柄，具 8 个子囊孢子，孔口在 Melzer 试剂中呈蓝色，为两条蓝线，66–93 × 7–8.8 μm；子囊孢子宽梭形，两端尖，一侧略膨大，无色，单细胞，具 1–2(–4) 个大且亮的油滴，单细胞至偶具 1 分隔，在子囊中双列或上部双列下部单列排列，12–15 × 3.9–5 μm；侧丝线形，宽 2–2.5 μm。

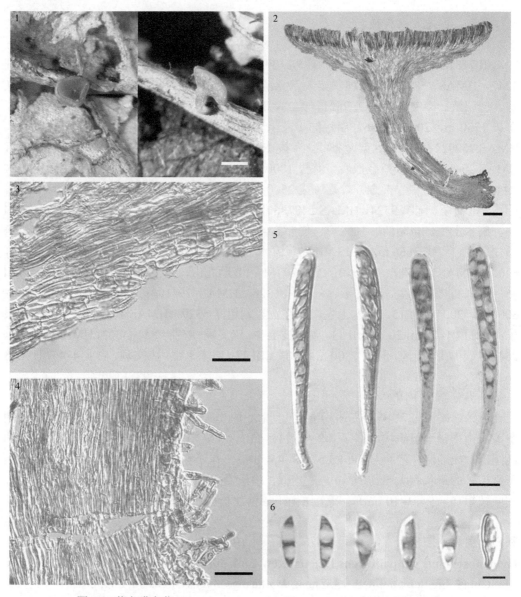

图 98 苍白膜盘菌 *Hymenoscyphus subpallescens* Dennis（HMAS 264022）
1. 自然基物上的子囊盘(干标本)；2. 子囊盘解剖结构；3. 子囊盘侧面的囊盘被结构；4. 柄中下部的结构；5. 子囊；6. 子囊孢子。比例尺：1 = 0.5 mm；2 =100 μm；3、4 = 20 μm；5 = 10 μm；6 = 5 μm

基物：腐树叶。

标本：安徽金寨天堂寨，海拔 900–1000 m，2011 VIII 24，叶脉上生，陈双林、庄文颖、郑焕娣、曾昭清 7815，7817，7829，7837，7839，7840，HMAS 264022，264023，264024，264025，264026，264027。

世界分布：中国、英国。

讨论：该种的主要特征是子囊盘近白色，外囊盘被细胞砖格状，子囊由产囊丝钩产生，孢子阔梭形，具油滴。我国材料与模式标本的形态特征基本一致，但模式标本的子囊盘较小（直径 0.5 mm），子囊孢子稍小（12–15 × 4–4.5 μm），生于槭树（*Acer* sp.）的树皮上(Dennis 1975)，将上述差异视为种内变异。

Hymenoscyphus crataegi 和 *H. immutabilis* 在子囊和子囊孢子的形状和大小上与该种相似。*H. crataegi* 的子囊盘较小（直径 0.4–0.6 mm），外囊盘被细胞较大（12–43 × 5–16 μm），子囊产生于简单分隔（Baral et al. 2006）；*H. immutabilis* 的子囊盘纯白色，具短柄，外囊盘被细胞近等径，子囊孢子无油滴（Dennis 1956; Lizoň 1992）。

对称膜盘菌 图 99

Hymenoscyphus subsymmetricus H.D. Zheng & W.Y. Zhuang, Sci. China Life Sci. 56: 97, 2013. Zheng & Zhuang, Mycosystema 34: 804, 2015.

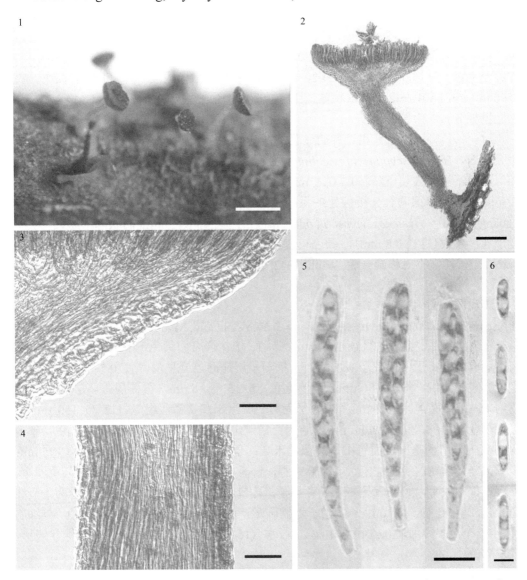

图 99　对称膜盘菌 *Hymenoscyphus subsymmetricus* H.D. Zheng & W.Y. Zhuang（HMAS 264021）
1. 自然基物上的子囊盘（干标本）；2. 子囊盘解剖结构；3. 子囊盘侧面的囊盘被结构；4. 柄中部的结构；5. 子囊；6. 子囊孢子。比例尺：1 = 0.5 mm；2 =100 μm；3、4 = 20 μm；5 = 10 μm；6 = 5 μm

子囊盘散生，盘状、平展至微下凹，直径 0.15–0.4 mm，具柄，子实层表面近黄色，干后灰褐色，子层托较子实层色淡，柄与子层托同色，平滑，长约 0.5 mm；外囊盘被为矩胞组织，厚 14–25 μm，由 2–3 层短矩形至正方形细胞构成，无色，壁厚 1–2 μm，6–15 × 5–11 μm，覆盖层由单层菌丝构成，菌丝宽 2–4 μm；盘下层为薄壁丝组织和交错丝组织，外层为薄壁丝组织，厚 20–28 μm，内层为交错丝组织，厚 15–60 μm，菌丝无色，宽 1.5–3.5 μm；子实下层不分化；子实层厚约 70 μm；子囊产生于简单分隔，柱棒状，顶端钝圆，近无柄至短柄，具 8 个子囊孢子，孔口在 Melzer 试剂中呈蓝色，为两条蓝线，60–66 × 6.5–8.5 μm；子囊孢子近梭形至梭形，无色，单细胞，具 2 个大油滴和数个小油滴，在子囊中双列或不规则双列排列，13.2–14.3 × 3.3–3.6 μm；侧丝线形，宽 1–2 μm。

基物：草本植物茎。

标本：安徽金寨天堂寨，海拔 800–900 m，2011 VIII 23，草本植物茎上生，陈双林、庄文颖、郑焕娣、曾昭清 7802，HMAS 264021（主模式）。青海班玛红军沟，海拔 3590 m，2013 VII 26，草本植物茎上生，曾昭清、朱兆香、任菲 8626，HMAS 275552。

世界分布：中国。

讨论：该种区别于其相近种的显著特征是子囊孢子柱梭形，两端钝圆、对称，具 2 个大油滴。*Hymenoscyphus brevicellulosus* 在外囊盘被结构、子囊和孢子大小上与该种相似，但子囊盘较大（直径 0.3–1.4 mm），子囊孢子一侧弯曲，一侧平直，一端较窄；在单基因和多基因联合分析构建的系统树中，这两个种形成了独立的分支（Zheng and Zhuang 2013a）。*Hymenoscyphus albopunctus* 在子囊孢子大小和油滴状态上与该种类似，但子囊盘较大（直径 0.8 mm），颜色较淡（奶白色至带黄色调），子囊较宽（60–70 × 8–10 μm），孢子两端不对称，叶生（White 1942, 1943）。

四孢膜盘菌　图 100

Hymenoscyphus tetrasporus H.D. Zheng & W.Y. Zhuang, Mycotaxon 130: 1031, 2015.

子囊盘散生，盘状，直径 1–2 mm，具柄，子实层表面黄色，干后橙褐色至红褐色，回水后肉褐色，子层托较子实层色淡，柄与子层托同色近平滑，长 0.5–1.2 mm；外囊盘被为矩胞组织，厚 15–30 μm，细胞无色，6–15 × 4–8 μm，覆盖层由多层菌丝构成，厚约 15 μm，菌丝宽约 2 μm；盘下层为薄壁丝组织和交错丝组织，厚 70–150 μm，外层为薄壁丝组织，厚 30–40 μm，内层为交错丝组织，厚 50–110 μm，菌丝无色，壁薄，宽 2–3.5 μm；柄基部表面有很短的菌丝末端；子实下层不分化；子实层厚约 125 μm；子囊由产囊丝钩产生，柱棒状，顶端钝圆，长柄，幼嫩的子囊具 8 个孢子，其中 4 个在发育过程中败育，成熟后具 4 个子囊孢子，孔口在 Melzer 试剂中呈蓝色，为两条蓝线，100–115 ×（6.5–）7.5–9 μm；子囊孢子近椭圆形，基本对称或一侧略膨大，无色，单细胞，具(1–)2 个至多个油滴，在子囊中单列排列，(16–)17.8–22.2 × 4.7–5.6 μm；侧丝线形，宽 3–4 μm。

基物：草本植物茎。

标本：河北雾灵山莲花池，海拔 1800 m，1989 VIII 26，草本植物茎上生，庄文颖 490，HMAS 266592（主模式）。

世界分布：中国。

讨论：该种区别于其他种的典型特征是子囊最初形成 8 个幼小的子囊孢子，其中 4 个败育，成熟时仅含 4 个子囊孢子。*H. sharmae* Baral 的子囊也含 4 个子囊孢子并且大小相似，但其子囊孢子两端具多根纤毛，子囊短而宽，75–107 × (8.5–)9–11(–12.5) μm（Baral 2015）。

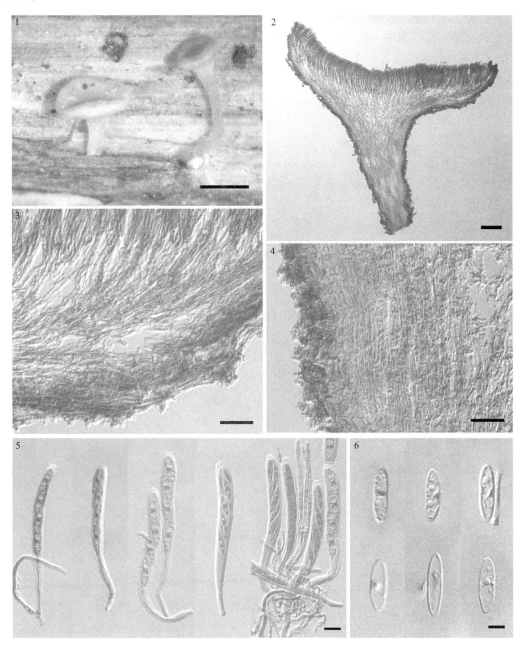

图 100　四孢膜盘菌 *Hymenoscyphus tetrasporus* H.D. Zheng & W.Y. Zhuang（HMAS266592）
1. 自然基物上的子囊盘（干标本）；2. 子囊盘解剖结构；3. 子囊盘侧面的囊盘被结构；4. 柄中部的结构；5. 子囊；6. 子囊孢子。比例尺：1 = 0.5 mm；2 =100 μm；3、4 = 20 μm；5 = 10 μm；6 = 5 μm

单隔膜盘菌 图 101

Hymenoscyphus uniseptatus H.D. Zheng & W.Y. Zhuang, Mycotaxon 123: 23, 2013. Zheng & Zhuang, Mycosystema 34: 804, 2015.

子囊盘散生或 2–3 个簇生，盘状、平展至微下凹，直径 0.7–1 mm，具柄，子实层表面白色，干后暗橙色，子层托与子实层同色，柄与子层托同色，平滑，长 0.3–0.8 mm；外囊盘被为矩胞组织，厚 15–30 μm，细胞无色，10–22 × 7–15 μm；盘下层为薄壁丝组织和交错丝组织，厚 15–55 μm，外层为薄壁丝组织，厚 5–20 μm，内层为交错丝组织，厚 15–30 μm，菌丝无色，宽 2–3 μm；子实下层不分化；子实层厚 90–105 μm；子囊产生于简单分隔，阔棒状，顶端圆钝，近无柄，具 8 个子囊孢子，孔口在 Melzer 试剂中呈淡蓝色，为两条蓝线，80–95 × 8.5–14 μm；子囊孢子近梭形，无色，具 1 个分隔，具 2 个至多个油滴，在子囊中双列或不规则双列排列，16.7–20.5 × 5–6.5 μm；侧丝线形，宽 1.5–2 μm。

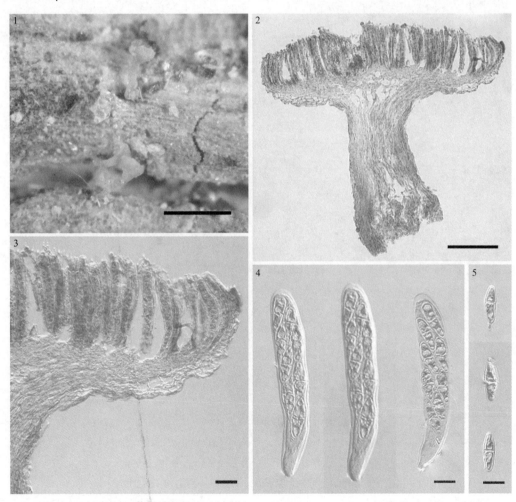

图 101　单隔膜盘菌 *Hymenoscyphus uniseptatus* H.D. Zheng & W.Y. Zhuang（HMAS 188559）
1. 自然基物上的子囊盘(干标本)；2. 子囊盘解剖结构；3. 囊盘被结构；4. 子囊；5. 子囊孢子。比例尺：1 = 0.5 mm；2 =100 μm；3 = 20 μm；4= 10 μm；5 = 5 μm

基物：草本植物茎和腐木。

标本：云南麻栗坡南温河，海拔 900 m，1999 XI 9，草本植物茎和腐木上生，庄文颖、余知和 3356，HMAS 188559（主模式）。

世界分布：中国。

讨论：在 Hymenoscyphus 属的已知种中，子囊盘为白色且子囊孢子具分隔的有 4 个种，它们与 H. uniseptatus 的区别如下：H. jinggangensis 的子囊盘较大（直径 1–2.8 mm），盘面上凸，子囊较小（65–83 × 7–8 μm），子囊孢子较小（9–17 × 3–5 μm），无油滴，具 1–3(–4)分隔（Zhang and Zhuang 2002a）；H. malawiensis P.J. Fisher & Spooner 的子囊盘为陀螺形，较小（直径 0.2–0.5 mm），外囊盘被细胞大（10–35 × 7–20 μm），子囊孢子具 1–3 分隔，多生于半水生的环境中（Fisher and Spooner 1987）；H. musicola (Dennis) Dennis 的盘面上凸，子囊较长 [(90–)100–110 × 9–12 μm]，生于香蕉树上（Dennis 1958；Dumont 1981a）；H. varicosporoides 的外囊盘被菌丝较窄，子囊较小（70–85 × 7–9 μm），子囊孢子较小且末端圆 [(10–)12–15(–19) × 4–5(–7) μm]，习居于半水生环境（Tubaki 1966）。

变色膜盘菌　图 102

Hymenoscyphus varicosporoides Tubaki, Trans. Br. Mycol. Soc. 49(2): 346, 1966. Zheng & Zhuang, Mycosystema 34: 963, 2015.

子囊盘散生，盘状、平展到微上凸，干后下凹，直径 0.5–1.3 mm，具柄，子实层表面黄色，干后橙褐色，子层托较子实层色淡，柄与子层托同色平滑，长 0.3–1 mm；外囊盘被为矩胞组织，厚 25–35 μm，细胞无色，15–25 × 3–4 μm，覆盖层由 2–3 层菌丝构成，菌丝宽约 2 μm；盘下层为薄壁丝组织和交错丝组织，厚 40–50 μm，外层为薄壁丝组织，厚 25–40 μm，内层为交错丝组织，厚约 20 μm，菌丝无色，宽 1–2 μm；子实下层不分化；子实层厚约 95 μm；子囊产生于简单分隔，柱棒状，顶端钝锥形，短柄，具 8 个子囊孢子，孔口在 Melzer 试剂中呈蓝色，为两条蓝线，83–90 × 7–9.5 μm；子囊孢子近梭形，两端钝圆或略窄，无色，具 1(–2)分隔，具多个小油滴，在子囊中上部双列下部单列排列，16.7–22.2 × 4.4–5 μm；侧丝线形，宽约 2 μm。

基物：腐木、腐树枝。

标本：河南信阳鸡公山，海拔 700 m，2003 XI 14，腐木上生，庄文颖、刘超洋、农业 5159-1，HMAS 266593。

世界分布：中国、日本、泰国、澳大利亚。

讨论：该种的鉴别特征是子实层表面白色、黄色至褐色，外囊盘被菌丝较窄，孢子多具 1 分隔，多生长于水中浸泡的或者极为潮湿的木头上，它是 Hymenoscyphus 属中培养和无性阶段特征研究较多的一个种（Tubaki 1966；Cribb 1991；Sivichai et al. 2002 2003；Pascoal et al. 2005；Vijaykrishna and Hyde 2006）。

Hymenoscyphus jinggangensis 和 H. uniseptatus 在子囊盘颜色和子囊孢子的形态上与该种相似，但上述两种的外囊盘被细胞、子囊和孢子均较宽。

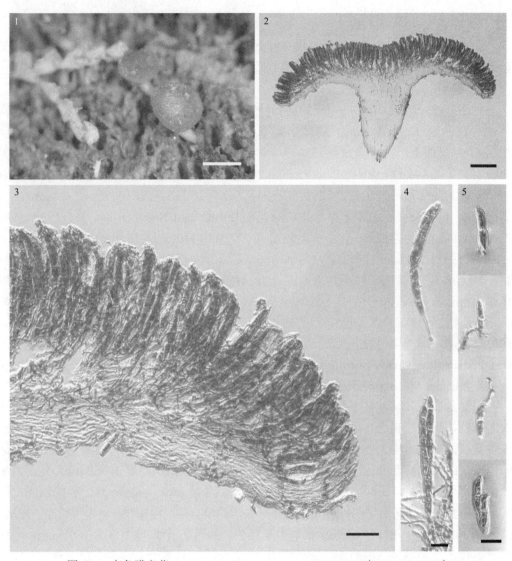

图 102　变色膜盘菌 *Hymenoscyphus varicosporoides* Tubaki（HMAS 266593）
1. 自然基物上的子囊盘（干标本）；2. 子囊盘解剖结构；3. 囊盘被和子实层结构；4. 子囊；5. 子囊孢子。
比例尺：1 = 0.5 mm；2 =100 μm；3 = 20 μm；4 = 10 μm；5 = 5 μm

余氏膜盘菌　图 103

Hymenoscyphus yui H.D. Zheng & W.Y. Zhuang, Mycotaxon 130: 1033, 2015.

　　子囊盘散生，盘状、平展至微下凹，直径 2–4 mm，具长柄，子实层表面黄色，干后暗橙色至橙褐色，子层托较子实层色淡或略带褐色，干后奶油橙色，柄与子层托同色，基部有白色的菌丝，长 0.5–8 mm；外囊盘被为矩胞组织，厚 40–70 μm，轻微胶化，菌丝略波曲，细胞无色，10–25 × 3–7 μm，覆盖层由 2 层至多层菌丝构成，菌丝宽 2–3 μm；盘下层为薄壁丝组织和交错丝组织，外层为薄壁丝组织，厚 20–80 μm，内层为交错丝组织，厚 40–150 μm，菌丝无色，宽 2–3 μm；柄表面平滑；子实下层不分化；子实层厚 110–125 μm；子囊由产囊丝钩产生，柱棒状，顶端钝圆，具柄，具 8 个子囊孢子，孔口在 Melzer 试剂中呈蓝色，为两条蓝线，86–115 × 5.5–8.5 μm；子囊孢子近椭圆形，一侧略膨大，无色，单细胞，无油滴或具微小油滴，在子囊中单列排列，11–15.5 × 3.3–5 μm；侧丝线形，宽 1.5–2.5 μm。

基物：腐木、腐树枝。

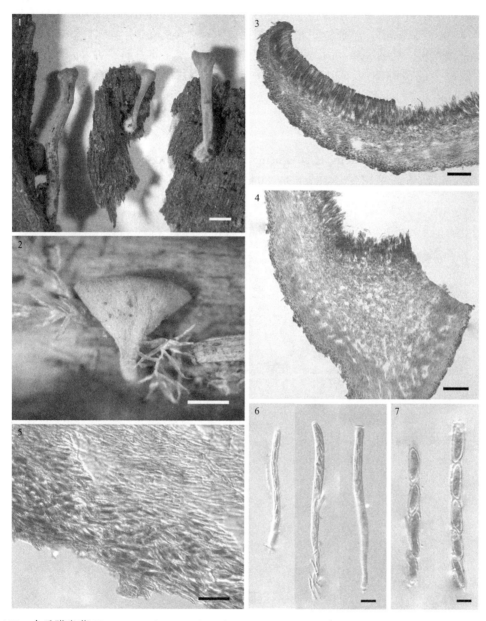

图 103　余氏膜盘菌 *Hymenoscyphus yui* H.D. Zheng & W.Y. Zhuang（1、3–7. HMAS 266594；2. HMAS 266595）

1、2. 自然基物上的子囊盘（干标本）；3、4. 子囊盘解剖结构；5. 子囊盘侧面的囊盘被结构；6. 子囊；7. 子囊孢子。
比例尺：1、2 = 1.0 mm；3、4= 100 μm；5 = 20 μm；6 = 10 μm；7 = 5 μm

标本：青海班玛红军沟，海拔 3590 m，2013 VII 26，腐木上生，曾昭清、朱兆香、任菲 8367，HMAS 275553。新疆伊宁察布查尔，海拔 2000 m，2003 VIII 13，腐木上生，庄文颖、农业 4911，HMAS 266594（主模式）；伊犁果子沟，海拔 1800 m，2003 VIII 11，

树枝上生，庄文颖、农业 4877，HMAS 266595。

世界分布：中国。

讨论：该种以已故的杰出真菌学家余永年先生命名。它与 H. sinicus 在子囊盘宏观特征、解剖结构、子囊和子囊孢子大小以及木生习性等方面相似，但后者的子囊较宽 (90–145 × 7–11 μm)，子囊孢子稍长(13.3–17.8 × 3.5–5 μm)并具明显油滴(Zhang and Zhuang 2002b)。H. qinghaiensis 的子囊孢子在大小和无油滴方面与 H. yui 相似，但形状为下端渐尖的梭椭圆形，并且子囊盘叶生，颜色较淡，子囊较短(68–89 × 6.7–7.8 μm) (Zheng and Zhuang 2015b)。

云南膜盘菌　图 104

Hymenoscyphus yunnanicus H.D. Zheng & W.Y. Zhuang, Mycotaxon 123: 24, 2013.
Zheng & Zhuang, Mycosystema 34: 804, 2015.

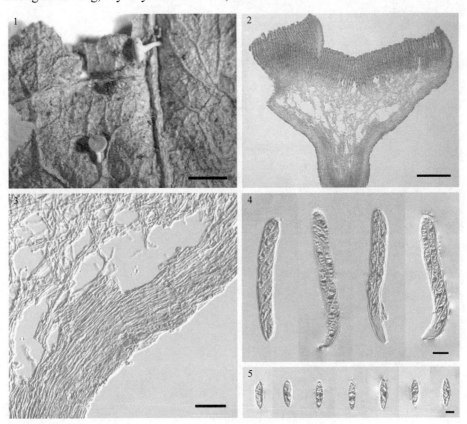

图 104　云南膜盘菌 *Hymenoscyphus yunnanicus* H.D. Zheng & W.Y. Zhuang（HMAS 188560）
1. 自然基物上的子囊盘(干标本)；2. 子囊盘解剖结构；3. 囊盘被结构(子层托中下部)；4. 子囊；5. 子囊孢子。
比例尺：1 = 0.5 mm；2 = 100 μm；3 = 20 μm；4 = 10 μm；5 = 5 μm

子囊盘散生，盘状、平展或微下凹，直径 0.6–1.5 mm，具柄，子实层表面奶白色至淡黄色，干后橙褐色，子层托较子实层色淡，干后淡色至奶油橙色，柄与子层托同色平滑，长 0.5–0.8 mm；外囊盘被为矩胞组织，厚 15–30 μm，细胞无色，6–12 × 3–5 μm，覆盖层由 1–2 层菌丝构成，菌丝宽 1–2 μm；盘下层为薄壁丝组织和交错丝组织，外层为薄壁丝组织，厚 6–40 μm，内层为交错丝组织，厚 40–110 μm，菌丝无色，壁薄，宽 2–3 μm；子实下层厚 0–30 μm；子实层厚 95–110 μm；子囊产生于简单分隔，柱棒状，顶端钝圆，近无柄，具 8 个子囊孢子，孔口在 Melzer 试剂中不变色或为两条蓝线，(75–)87–120 × 7–11 μm；子囊孢子近梭形，无色，单细胞，具多个油滴，在子囊中斜向单列排列或不规则单列排列，16.5–19.5 × 5–5.6 μm；侧丝线形，宽 1.5–2 μm。

基物：腐树叶。

标本：云南西畴小桥沟，海拔 1400 m，1999 XI 11，腐树叶上生，庄文颖、余知和 3424，HMAS 188560（主模式）；西畴小桥沟，海拔 1400 m，1999 XI 11，腐树叶上生，庄文颖、余知和 3430，HMAS 188561。

世界分布：中国。

讨论：*Hymenoscyphus phyllogenus* 与该种有相似的外囊盘被结构，并为叶生，但子囊盘较小（直径 0.3–0.5 mm），子囊较短（65–75 × 8–11 μm），子囊孢子为两侧不对称的椭圆形，无油滴，较小（11–16 × 4–6 μm）（White 1943; Dennis 1956）。

Hymenoscyphus crataegi 在子囊盘颜色、子囊孢子形状和叶生习性上与该种相似，但子囊盘较小（直径 0.4–0.6 mm），外囊盘被细胞较大（18–25 × 10–16 μm），组织略胶化，子囊（60–80 × 6–7.5 μm）和子囊孢子 [14–17.5 × (3–)3.5–4(–4.5) μm] 均较小（Baral et al. 2006）。

笔者未观察的种

雪松膜盘菌

Hymenoscyphus deodarum (K.S. Thind & Saini) K.S. Thind & M.P. Sharma, Nova Hedwigia 32(1): 130, 1980.

≡ *Helotium deodarum* K.S. Thind & Saini, Mycologia 59(3): 472, 1967. Zang, Fungi of the Hengduan Mountains p. 51, 1996.

基物：雪松落叶。

国内报道：云南、西藏（臧穆 1996）。

世界分布：中国、印度。

讨论：根据 Thind 和 Saini（1967）的原始描述，该种子囊盘直径达 1.6 mm，柄长达 9 mm，基部黑，子实层平展至上凸，表面淡褐色，子层托有毛状物；外囊盘被为角胞组织，细胞 15–35 × 6.8–17.6 μm；盘下层为交错丝组织，菌丝宽 3.7–5 μm；子囊 65–85 × 5–6.5 μm，具 8 个子囊孢子；子囊孢子椭圆形，多油滴至双油滴，在子囊中双列或不规则单列排列，6.4–7.7 × 1.6–3 μm。

《横断山区真菌》（臧穆 1996）中报道，该种生于栽培地雪松的落叶上，未提供形态描述和标本引证，HKAS 标本馆中未查到相应标本。

波状膜盘菌

Hymenoscyphus repandus (W. Phillips) Dennis, Persoonia 3(1): 75, 1964. Wu, Wang & Chow, Catalogue of fungal specimens and cultures of NMNS p. 7, 1996. Zhuang,

Mycotaxon 67: 373, 1998. Wang, Liu, Dai, Ping, Liu & Liu, China Plant Protection 24 (11): 30, 2004.

≡ *Helotium repandum* W. Phillips, Man. Brit. Discomyc. (London) p. 161, 1887.

基物：草本植物茎。

国内报道：安徽（王娥梅等 2004）、台湾（吴声华等 1996）。

世界分布：中国、奥地利、丹麦、法罗群岛、芬兰、德国、冰岛、爱尔兰、卢森堡、挪威、波兰、西班牙、瑞典、瑞士、英国。

讨论：根据 Dennis（1956）对该种的描述，其子囊盘淡黄色，直径 1.5–2 mm，具柄，外囊盘被细胞 $10–14 \times 6–8$ μm，子囊 J+，$60–70 \times 5$ μm，子囊孢子窄椭圆形，$8–13 \times 2–2.5$ μm，草本植物茎上生。

我国对该种的报道见于台湾自然科学博物馆的《真菌标本及菌株名录》（吴声华等 1996）以及该种引起薄荷茎枯病的报道（王娥梅等 2004）。

弗里斯膜盘菌

Hymenoscyphus friesii (Weinm.) Arendh., Morphologisch-taxonomische Untersuchungen an blattbewohnenden Ascomyceten aus der Ordnung der Helotiales (Ph.D. thesis, University of Hamburg) (Hamburg) p. 69, 1979. Zhuang, Mycotaxon 67: 373, 1998.

≡ *Helotium friesii* Sacc., Syll. Fung. (Abellini) 8: 228, 1889. Teng, Sinensia 5: 455, 1934. Teng, Fungi of China p. 267, 1963. Tai, Sylloge Fungorum Sinicorum p. 154, 1979.

基物：落叶。

国内报道：江苏（邓叔群 1963）。

世界分布：中国、英国、美国。

讨论：据文献报道（Teng 1934；Dennis 1956；邓叔群 1963），该种子囊盘具柄，直径约 1 mm；子实层淡黄色；外囊盘被细胞 $25–35 \times 12–14$ μm，子囊 $65–68 \times 6–7$ μm；子囊孢子近棒状至椭圆形，$9–10 \times 3–4$ μm（$12–13 \times 3.5–4$ μm：Dennis 1956），生于林中落叶上。

我国对该种的报道基于两份标本，在 HMAS 馆藏标本中未查到凭证标本。

应排除的种

Hymenoscyphus lividofuscus (K.S. Thind & Saini) K.S. Thind & M.P. Sharma, Nova Hedwigia 32(1): 130, 1980.

≡ *Helotium lividofuscum* K.S. Thind & Saini, Mycologia 59(3): 471, 1967. Wang & Zang, Fungi of Tibet p. 23, 1983. Zang, Fungi of the Hengduan Mountains p. 51, 1996.

讨论：我国对该种的记载是根据一份来自西藏的标本（HKAS 5559），该标本含 4 个具柄的子囊盘，干标本的子实层为淡灰色，子层托为灰褐色且外被密生的毛状物，应属于晶杯菌科（Hyaloscyphaceae）。我国对 *H. lividofuscus* 的报道是基于错误鉴定。

Hymenoscyphus menthae (W. Phillips) Baral, in Baral & Krieglsteiner, Beih. Z. Mykol. 6: 131, 1985. Zhang & Zhuang, Mycotaxon 81: 37, 2002.

讨论：Zhang 和 Zhuang(2002b)采纳了 Baral 和 Krieglsteiner(1985)的分类观点，将我国材料鉴定为 *H. menthae*。随着对 *Hymenoscyphus* 属研究的深入，Baral 等(2006)进行了订正，其正确名称应为 *H. macroguttatus*(详见 *H. macroguttatus* 的讨论)。我国目前尚未发现 *H. menthae*。

Hymenoscyphus scutula var. *solani* (P. Karst.) S. Ahmad, Ascomycetes of Pakistan (Lahore) 1: 207, 1978. Korf & Zhuang, Mycotaxon 22: 500, 1985. Zhuang, Mycotaxon 67: 373, 1998. Yu, Zhuang, Chen & Decock, Mycotaxon 75: 401, 2000.

讨论：笔者对 HMAS 相关标本进行了观察，过去鉴定为 *Hymenoscyphus scutula* var. *solani* 的材料属于错误鉴定，其正确名称为 *H. macroguttatus*。

Hymenoscyphus subserotinus (Henn. & E. Nyman) Dennis, Persoonia 3(1): 74, 1964.
≡ *Helotium subserotinum* Henn. & E. Nyman, in Warburg, Monsunia 1: 33, 1899 [1900]. Teng, Fungi of China p. 267, 1963. Tai, Sylloge Fungorum Sinicorum p. 155, 1979. Zang, Fungi of the Hengduan Mountains p. 51, 1996.

讨论：笔者对相关标本重新观察表明，其正确名称为 *Dicephalospora rufocornea* (Berk. & Broome) Spooner，我国对该名称的记载是基于错误鉴定。

Hymenoscyphus vernus (Boud.) Dennis, Persoonia 3(1): 78, 1964. Wu et al., Catalogue of fungal specimens and cultures of NMNS. Taiwan: National Museum of Natural Science p. 7, 1996; Zhuang, Mycotaxon 67: 373, 1998.
≡ *Ombrophila verna* Boud., Bull. Soc. Mycol. Fr. 4: 77, 1889.
≡ **Phaeohelotium vernum** (Boud.) Declercq, Index Fungorum 173: 1, 2014.

讨论：吴声华等(1996)在台湾自然科学博物馆真菌标本及菌株名录中，对 2 份来自台湾莲华池和麻必浩溪 *Hymenoscyphus vernus* 的标本(F2127，3675)进行了记载，Zhuang(1998a)在盘菌名录中收录了该名称。笔者未观察凭证标本。按照现代分类学观点，该种属于 *Phaeohelotium* Kanouse (http://www.indexfungorum.org/Names/names.asp)，也见 *Phaeohelotium vernum* 的讨论。

聚盘菌属 Ionomidotis E.J. Durand ex Thaxt.
Proc. Amer. Acad. Arts & Sci. 59: 8, 1923

子囊盘盘状至耳状，无柄至具短柄，边缘平滑、波状或呈裂片状，子实层表面褐色至黑褐色，子层托表面与子实层同色或略暗，干后有褶皱；组织具有 ionomidotic 反应(在 KOH 水溶液中有紫色或紫褐色渗出物)；外囊盘被为较松散排列的角胞组织或矩胞组织，胶化或不胶化，细胞多角形至矩形；盘下层为交错丝组织；子囊棒状，具 8 个子囊孢子，孔口在 Melzer 试剂中不变色；子囊孢子腊肠形、短杆状至椭圆形，壁平滑，单细胞；侧丝线形，顶端细胞的形状因种而异。

模式种：*Ionomidotis irregularis* (Schwein.) E.J. Durand。

讨论：*Ionomidotis* 属建立后（Durand 1923），Zhuang（1988c）对该属及其相关属进行了专著性研究，接受了 *Ionomidotis* 属的 7 个种和 *Ameghiniella* Speg. 的 2 个种。根据形态观察和组织化学反应的研究，Gramundí（1991）认为 *Ameghiniella australis* Speg.（*Ameghiniella* 属的模式种）与 *Ionomidotis chilensis* 互为同物异名，将 *Ionomidotis* 处理为 *Ameghiniella* 的异名。随后的 DNA 序列分析表明两者并非同属，本文采纳了 Zhuang（1988c）的分类观点。*Ionomidotis* 属目前已知约 7 个种，我国仅发现 1 个种（Zhuang 1988c, 1998a）。子囊盘大小和形状、侧丝顶端形态以及子囊孢子的大小是该属分种的主要依据。

复聚盘菌　图 105，图 106

Ionomidotis frondosa (Kobayasi) Kobayasi & Korf, Sci. Rep. Yokohama Natl. Univ., Ser. 2, 7: 19, 1958. Zhuang, Mycotaxon 31: 269, 1988.

≡ *Bulgaria frondosa* Kobayasi, Bot. Mag., Tokyo 53: 158, 1939.

≡ *Cordierites frondosa* (Kobayasi) Korf, Phytologia 21(4): 203, 1971. Liu, Cao & Zhang, Journal of Shanxi University 11(3): 72, 1988.

子囊盘盘状至耳状，多聚生，无柄至短柄，直径可达 15 mm，柄长可达 0.4 mm，子实层表面黑褐色至黑色，干后黑色，子层托表面与子实层同色，干后有褶皱，柄与子层托同色；组织具有 ionomidotic 反应；外囊盘被为角胞组织，外有少量菌丝延伸物，厚 28–60 μm，细胞多角形，半透明至淡褐色，3.7–9.4 × 2.5–5.5 μm，盘下层为交错丝组织，厚 55–295 μm，菌丝淡褐色，薄壁，宽 2–4 μm；子实层厚 37–52 μm；子囊柱棒状，具 8 个子囊孢子，孔口在 Melzer 试剂中不变色，32–41 × 3.5–4.5 μm；子囊孢子棒状至腊肠形，壁平滑，具 2 个至数个油滴，在子囊中呈不规则双列排列，3.9–5.5 × 1–1.5 μm；侧丝线形，顶端略膨大，具分隔，宽 1.5–2.0 μm，高于子囊顶端 3–10 μm。

基物：多于腐木上生。

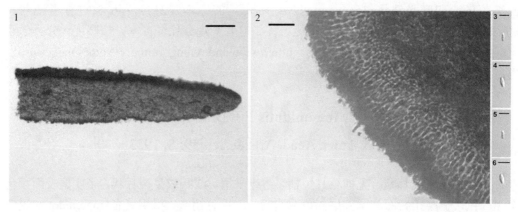

图 105　复聚盘菌 *Ionomidotis frondosa* (Kobayasi) Kobayasi & Korf（HMAS 72012）
1. 子囊盘解剖结构；2. 囊盘被结构；3–6. 子囊孢子。比例尺：1 = 100 μm；2 = 20 μm；3–6 = 5 μm

标本：吉林敦化黄泥河林场，海拔 800 m，2000 VIII 15，腐木上生，庄文颖、张艳辉 3500，HMAS 271252。湖南绥宁关下公社茶江大队，1984 II 26，阔叶腐木上生，张树溪 977，HMAS 79408。四川川西，1984 年秋，腐木上生，杨仲亚 481，HMAS 57693。

贵州绥阳，1986 VIII 26，阔叶腐木上生，刘美华978，HMAS 81920。云南大理，1989 VII 7，腐木上生，赵华22647，HMAS 72012；景东，海拔2500 m，1994 VII 24，腐木上生，刘培贵3013，HMAS 72013。

世界分布：中国、日本、英国、法国、阿根廷。

讨论：据刘波等(1988)报道，该种有毒，不可食用。

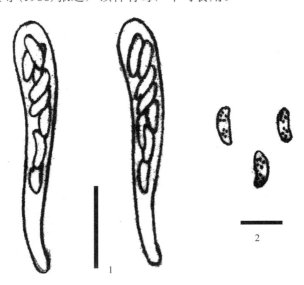

图 106 复聚盘菌 *Ionomidotis frondosa* (Kobayasi) Kobayasi & Korf (HMAS 72012)
1. 子囊；2. 子囊孢子。比例尺：1 = 10 μm；2 = 5 μm

新胶鼓菌属 Neobulgaria Petr.

Annls Mycol. 19 (1/2): 44, 1921

子囊盘盘状、陀螺状或不规则的银耳状，近无柄；外囊盘被一般分为两层，外层为交错丝组织，埋生于胶质中，内层为角胞组织，组织不胶化；盘下层为交错丝组织；子囊柱棒状，具 8 个子囊孢子，孔口在 Melzer 试剂中不变色；子囊孢子椭圆形、梭椭圆形至近球状，壁平滑，单细胞；侧丝线形。

模式种：*Neobulgaria pura* (Pers.) Petr.。

讨论：*Neobulgaria* 属(Petrak 1921)建立后，Killermann-Regensburg(1929)曾描述 2 个种。20 世纪 70 年代后，物种数有所增加(Dennis 1971；Tewari and Singh 1975；Roll-Hansen and Roll-Hansen 1979；Spooner and Yao 1995；Raitvíir and Bogacheva 2007)。最近，Johnston 等(2010)又在新西兰报道了 *N. alba* P.R. Johnst., D.C. Park & M.A. Manning，并根据 18S + 5.8S + 28S rDNA 序列分析的结果，阐明 *Neobulgaria* 属与 *Ascocoryne* 属、*Chloroscypha* 属聚类在一起形成了"*Ascocoryne* 群"。*Neobulgaria* 属目前已知 12 个种(Kirk et al. 2008；Johnston et al. 2010；Ren and Zhuang 2016b)，我国已知 2 个种(邓叔群 1963；戴芳澜 1979；Ren and Zhuang 2016b)。子囊盘大小、颜色、形状，子囊及子囊孢子的大小、形状是该属区分种的主要依据。

中国新胶鼓菌属分种检索表

1. 子囊盘淡紫罗兰色，直径 1–3 cm；子囊 68–75 × 8–9 μm ································· 新胶鼓菌 *N. pura*
1. 子囊盘淡葡萄酒色，直径 1–3.5 mm；子囊 64–73 × 5–6 μm ············· 河南新胶鼓菌 *N. henanensis*

新胶鼓菌　图 107

Neobulgaria pura (Pers.) Petr., Annls Mycol. 19(1/2): 45, 1921.

= *Ascotremella turbinata* Seaver, Mycologia 22: 53, 1930. Teng, Fungi of China p. 252, 1963. Tai, Sylloge Fungorum Sinicorum p. 71, 1979.

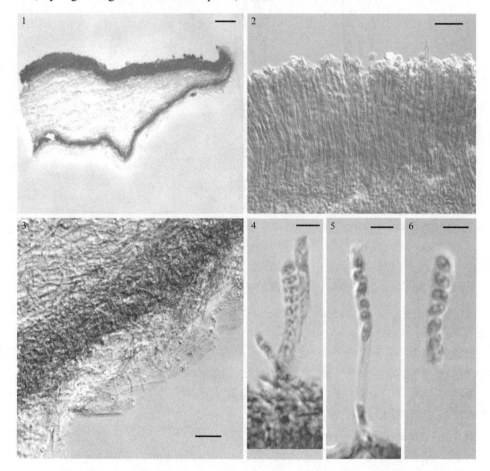

图 107　新胶鼓菌 *Neobulgaria pura* (Pers.) Petr.（HMAS 74889）
1. 子囊盘解剖结构；2. 子实层结构；3. 囊盘被结构；4–6. 子囊中的子囊孢子。比例尺：1 = 100 μm；2 = 20 μm；3–6 = 10 μm

子囊盘多聚生，陀螺状，中央略凹陷，胶化，近无柄，直径 1–3 cm，子实层表面淡紫罗兰色，子层托表面与子实层同色或略暗，近平滑；外囊盘被分为两层，外层为交错丝组织，埋生于胶质中，厚 15–27 μm，菌丝无色，与子层托表面近平行排列，宽 1.5–2 μm，内层为角胞组织，不胶化，厚 24–45 μm，细胞多角形，壁薄，无色至淡褐色，6–15 × 5–11 μm；盘下层为交错丝组织，厚 70–283 μm，菌丝无色，薄壁，宽 1.5–2.5 μm；

子实下层厚 14–25 μm；子实层厚 72–89 μm；子囊柱棒状，基部渐细，具 8 个子囊孢子，孔口在 Melzer 试剂中变蓝，68–75 × 8–9 μm；子囊孢子椭圆形，壁平滑，单细胞，在子囊中呈单列排列，6–9 × 3–4.5 μm；侧丝线形，具分隔，宽 1.5–2.0 μm。

基物：腐木上生。

标本：广西那坡，1998 I 10，腐木上生，庄文颖、陈双林2404，HMAS 74889。西藏米林，1982 IX 28，腐木上生，卯晓岚679，HMAS 52741。

世界分布：中国、英国、芬兰、挪威、西班牙、美国、加拿大、澳大利亚、新西兰。

讨论：该种为 *Neobulgaria* 属的常见种。邓叔群(1963)曾报道它在吉林的分布。我国材料的形态与英国的基本一致(Dennis 1968)。

河南新胶鼓菌 图 108, 图 109

Neobulgaria henanensis F. Ren & W.Y. Zhuang, Mycosystema 35: 515, 2016.

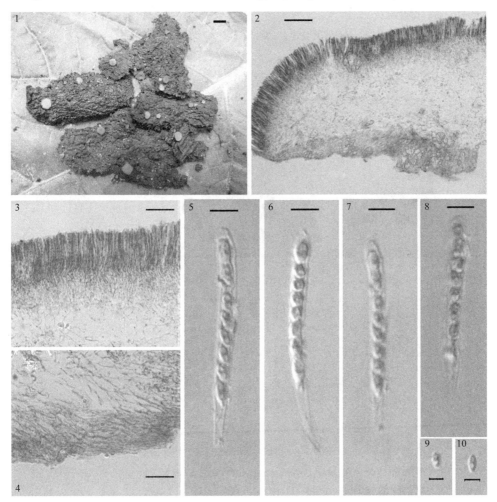

图 108 河南新胶鼓菌 *Neobulgaria henanensis* F. Ren & W.Y. Zhuang (HMAS 266680)
1. 自然基物上的子囊盘；2. 子囊盘解剖结构；3. 子实层结构；4. 囊盘被结构；5–8. 子囊；9、10. 子囊孢子。
比例尺：1 = 3 mm；2 = 100 μm；3 = 60μm；4 = 20 μm；5–8 = 10 μm；9、10 = 5 μm

子囊盘单生至少数几个聚生，盘状至平展，胶化，近无柄，直径 1–3.5 mm，子实层表面淡葡萄酒色，子层托表面颜色略暗，近平滑；外囊盘被分为两层，外层为交错丝组织，埋生于胶质中，厚 7–15 μm，菌丝无色，与子层托表面近平行排列，宽 1.2–1.5 μm，内层为角胞组织，不胶化，厚 24–55 μm，细胞多角形，无色至淡褐色，11–22 × 7–11 μm；盘下层为交错丝组织，厚 50–183 μm，菌丝无色，薄壁，宽 1.5–3 μm；外囊盘被和盘下层组织中有结晶，菱形、方形至不规则形；子实下层厚 11–27 μm；子实层厚 117–131 μm；子囊柱棒状，基部渐细，具 8 个子囊孢子，孔口在 Melzer 试剂中变蓝，64–73 × 5–6 μm；子囊孢子椭圆形，壁平滑，单细胞，在子囊中呈单列排列，5.5–7.5 × 2.5–4 μm；侧丝线形，具分隔，宽 1.2–2 μm。

在PDA培养基上，生长20天的菌落正面淡黄色，背面中心黄褐色，边缘色淡；分生孢子梗分枝简单，无色；产孢细胞瓶梗状，6.8–14 × 1–2.5 μm；分生孢子阔椭圆形至近球形，3.2–4.5 × 2.5–4 μm。

基物：腐烂的树皮上生。

标本：河南重渡沟，海拔1500 m，2013 IX 20，腐烂树皮上生，郑焕娣、曾昭清、朱兆香8792，HMAS 266680（主模式）。

世界分布：中国。

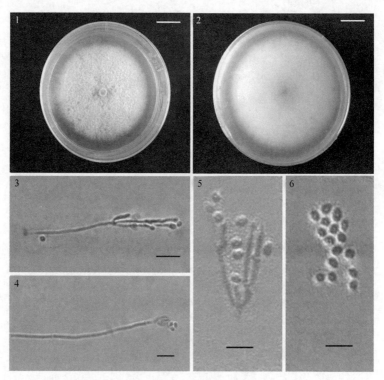

图 109　河南新胶鼓菌 *Neobulgaria henanensis* F. Ren & W.Y. Zhuang（HMAS 266680）
1. PDA 培养基上的培养物（正面）；2. PDA 培养基上的培养物（背面）；3–5. 分生孢子梗及产孢细胞；6. 分生孢子。
比例尺：1、2 = 1 cm；3–6 = 10 μm

讨论：该种的子囊盘大小、颜色、形状以及子囊的宽度等均与 *Neobulgaria* 属的已知种有别（Dennis 1968；Killerman-Regensburg 1929；Tewari and Singh 1975；Roll-Hansen and Roll-Hansen 1979；Johnston et al. 2010)，它与 *N. premnophila* Roll-Hansen & Roll-Hansen 最为相似，但子囊盘较小(1–3.5 mm vs. 1.5–6 mm)，子囊盘为盘状至平展，而非盘状至陀螺状，子囊略长(长 64–73 μm vs. 56–62 μm)，分生孢子稍大(直径 3.2–4.5 μm vs. 2–3.8 μm)(Ren and Zhuang 2016b)。

此外，该种的 18S rDNA 和 28S rDNA 序列以较高的支持率分别与 *N. alba* 和 *N. pura* 的序列聚类在一起，而与其他属的系统发育关系较远(任菲和庄文颖 2017)。

暗柔膜菌属 Phaeohelotium Kanouse

Pap. Mich. Acad. Sci. 20: 75, 1935 [1934]

子囊盘盘状至陀螺状，子实层表面米白色、淡黄色、黄色至淡紫罗兰色，子层托表面与子实层同色或略暗；外囊盘被为角胞组织、球胞组织至薄壁丝组织，细胞无色至淡褐色；盘下层为交错丝组织；子囊柱棒状，基部渐细，具 8 个子囊孢子，孔口在 Melzer 试剂中变色或不变色；子囊孢子梭椭圆形、阔梭形至椭圆柱形，壁平滑，部分种成熟孢子变为褐色；侧丝线形至柱状，部分种顶端略膨大。

模式种：*Phaeohelotium flavum* Kanouse。

讨论：*Phaeohelotium* 属(Kanouse 1935)建立后，Dennis(1964，1968，1971，1995)陆续描述了一些种，近期的研究使其物种数量不断增加，目前世界已知 28 个种(Gamundí and Messuti 2006；Kirk et al. 2008；Hengstmengel 2009；Baral et al. 2013b；http://www.indexfungorum.org)。由于参与序列分析的类群较少，基于分子系统学的属级概念的可靠性有待进一步证实，笔者采用 Dennis 基于形态学的分类观点，我国已发现 3 个种。子囊盘的形状和大小、子囊及子囊孢子的形状和大小是该属区分种的主要依据。

近年来，随着分子系统学研究的进展，分类观点发生改变，主要依据序列分析的结果，对部分原隶属于 *Phaeohelotium* 属及相关类群的种类进行重新定位(Hengstmengel 2009；Baral et al. 2013b)，如将 *Phaeohelotium flavum* Kanouse 移入 *Hymenoscyphus* Gray。

中国暗柔膜菌属分种检索表

1. 子囊盘 0.9–1.3 mm；子囊 73–83 × 6.5–8.5 μm；子囊孢子 9–11 × 2–2.5 μm ·· 肉色暗柔膜菌 *P. carneum*
1. 子囊盘 0.8–1.6 mm；子囊 107–128 × 8.5–10 μm；子囊孢子(11.5–)13–17.2 × 4–5 μm ·· 山地暗柔膜菌 *P. monticola*
1. 子囊盘 1–3.5 mm；子囊 92–110 × 7.3–9.5 μm；子囊孢子 11–13 × 3–4 μm ·· 山地暗柔膜菌(参照) *P.* cf. *monticola*

肉色暗柔膜菌　图 110

Phaeohelotium carneum (Fr.) Hengstm., Mycotaxon 107: 272, 2009.

≡ *Peziza carnea* Fr., Syst. Mycol. (Lundae) 2(1): 135, 1822.

= *Phaeohelotium subcarneum* (Schumach.) Dennis, Kew Bull. 25: 355, 1971.

子囊盘盘状至陀螺状，单生至群生，无柄，直径 0.9–1.3 mm，子实层表面新鲜时白色，半透明，干后黄色，子层托表面与子实层同色或稍暗；外囊盘被为球胞组织至角胞组织，厚 37–73 μm，细胞无色至淡褐色，壁薄，9–22 × 7–15 μm；盘下层为交错丝组织，厚 37–200 μm，菌丝无色，壁薄，宽 1.8–3.5 μm；子实下层厚 16–29 μm；子实层厚 81–92 μm；子囊柱棒状，基部渐细，具 8 个子囊孢子，孔口在 Melzer 试剂中呈蓝色，73–83 × 6.5–8.5 μm；子囊孢子梭椭圆形，无色，壁平滑，无分隔，具 2 个油滴，在子囊中单列或不规则单列排列，9–11 × 2–2.5 μm；侧丝线形，顶端略膨大，顶端宽 1.8–2.5 μm，基部宽 1.5–2 μm。

基物：草本植物茎上生。

标本：安徽黄山十八道弯，海拔1500 m，1993 IX 14，草本植物茎上生，庄文颖1131，HMAS 271264。

世界分布：中国、丹麦、英国、挪威、西班牙。

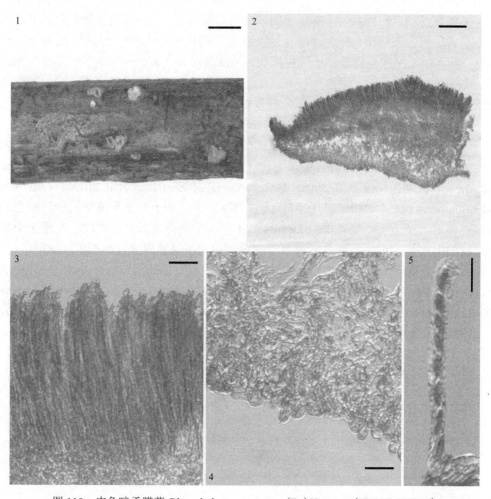

图 110　肉色暗柔膜菌 *Phaeohelotium carneum* (Fr.) Hengstm (HMAS 271264)
1. 自然基物上的子囊盘；2. 子囊盘解剖结构；3. 子实层结构；4. 囊盘被结构；5. 子囊中的子囊孢子。比例尺：1 = 3 mm；2 = 100 μm；3 = 15 μm；4 = 20 μm；5 = 10 μm

讨论：我国材料的形态特征与 Dennis (1971) 对 *Phaeohelotium subcarneum* 的描述基本一致，但子实层表面白色半透明，缺少淡粉色色调。Hengstmengel (2009) 的研究表明，

P. subcarneum 是 *P. carneum* 处理为同物异名，后者具优先权，这里采纳了他的分类观点。

山地暗柔膜菌　图 111
Phaeohelotium monticola (Berk.) Dennis, Persoonia 3: 54, 1964.

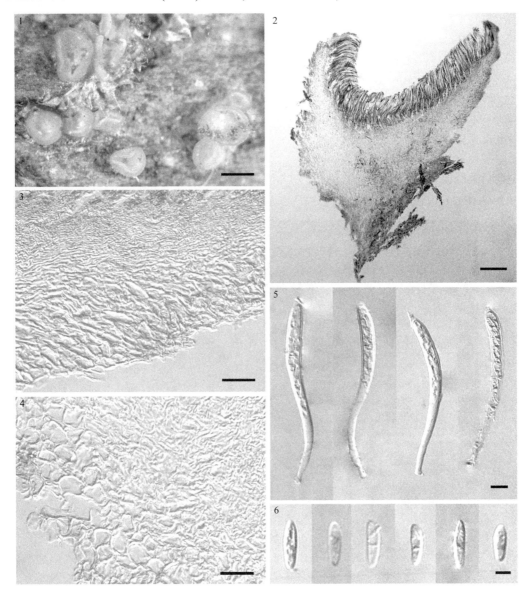

图 111　山地暗柔膜菌 *Phaeohelotium monticola* (Berk.) Dennis（HMAS 188562）
1. 自然基物上的子囊盘(干标本)；2. 子囊盘解剖结构；3、4. 囊盘被结构；5. 子囊；6. 子囊孢子。比例尺：1 = 0.5 mm；2 = 100 μm；3、4 = 20 μm；5 = 10 μm；6 = 5 μm

　　子囊盘单生至 2–5 个群生，陀螺状，无柄，直径 0.8–1.6 mm，子实层表面新鲜时黄色，干后橙色，子层托表面与子实层同色，近平滑；外囊盘被为矩胞组织至角胞组织，菌丝纵轴与外表面呈锐角，厚 30–55 μm，细胞矩形至多角形，无色至淡褐色，5–26 × 5–

18 μm；盘下层为交错丝组织，厚 50–230 μm，菌丝无色，壁薄，宽 2–3 μm；子实层厚约 150 μm；子囊由产囊丝钩产生，柱棒状至棒状，基部渐细，具 8 个子囊孢子，孔口在 Melzer 试剂中不变色，107–128 × 8.5–10 μm；子囊孢子梭形至梭椭圆形，壁平滑，单细胞，偶见 1 个分隔，在子囊中单列至不规则双列排列，(11.5–)13–17.2 × 4–5 μm；侧丝线形，无色，宽 1–2 μm。

基物：腐木上生。

标本：云南屏边大围山，海拔 1600 m，1999 IX 5，腐木上生，庄文颖、余知和 3316，HMAS 188562。

世界分布：中国、丹麦、英国、挪威、波兰、西班牙、阿根廷。

讨论：这是一个常见种。据 Dennis (1968) 报道，该种在英国并不罕见，多发生于 9～10 月，但是容易被误认为 *Calycella citrina* (Hedw.) Boud. [≡ *Bisporella citrina* (Batsch) Korf & S.E. Carp.]。该种子囊孢子老熟后呈淡褐色。

山地暗柔膜菌(参照)　图 112
Phaeohelotium cf. **monticola** (Berk.) Dennis

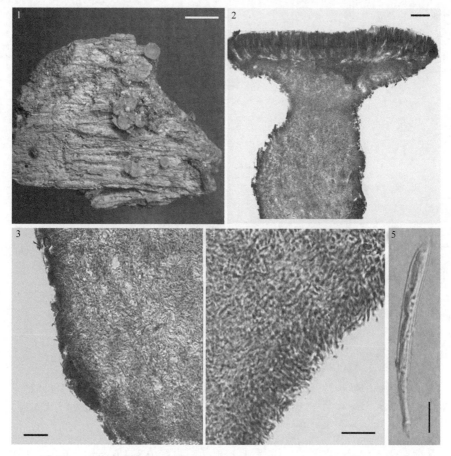

图 112　山地暗柔膜菌(参照)*Phaeohelotium* cf. *monticola*(HMAS 271296)
1. 自然基物上的子囊盘(干标本)；2. 子囊盘解剖结构；3、4. 囊盘被结构；5. 子囊。比例尺：1 = 2 mm；2 = 100 μm；3、4 = 20 μm；5 = 15 μm

子囊盘单生至群生，盘状至陀螺状，无柄或近无柄，直径 1–3.5 mm，子实层表面黄色至污黄色，子层托表面与子实层同色或略暗；外囊盘被为角胞组织至薄壁丝组织，菌丝与外表面呈锐角，厚 37–65 μm，细胞无色至淡褐色，4–11 × 3–7 μm；盘下层为交错丝组织，厚 73–120 μm，菌丝无色，壁薄，宽 1.8–3.5 μm；子实下层厚 11–27 μm；子实层厚 105–115 μm；子囊柱棒状至棒状，基部渐细，具 8 个子囊孢子，孔口在 Melzer 试剂中呈蓝色，92–110 × 7.3–9.5 μm；子囊孢子梭椭圆形，一端钝圆，一端较窄，壁平滑，具 0–1 个分隔，在子囊中不规则单列排列，11–13 × 3–4 μm；侧丝线形，宽 1.5–2 μm。

基物：多于腐木及腐殖质上生。

标本：安徽黄山十八道弯，海拔 1300–1700 m，1993 IX 27，腐殖质上生，庄文颖 1122，HMAS 271296；黄山十八道弯，海拔 1700 m，1993 IX 27，腐木上生，庄文颖 1125，HMAS 271295。

世界分布：中国。

讨论：黄山两份材料的形态特征与 Dennis（1968）对 *Phaeohelotium monticola* 的描述很接近，但是它们的子囊盘略大（1–3.5 mm vs. 1–2 mm），子囊孢子较小（11–13 × 3–4 μm vs. 12–18 × 4–5 μm），暂且处理为 *Phaeohelotium* cf. *monticola*。

有疑问的种

Phaeohelotium vernum (Boud.) Declercq, Index Fungorum 173: 1, 2014.
  ≡ *Ombrophila verna* Boud., Bull. Soc. Mycol. Fr. 4: 77, 1889.
  ≡ *Hymenoscyphus vernus* (Boud.) Dennis, Persoonia 3(1): 78, 1964. Wu, Wang & Zhou, Catalogue of fungal specimens and cultures of NMNS. p. 7, 1996; Zhuang, Mycotaxon 67: 373, 1998.

国内分布：台湾莲华池、麻必浩溪（吴声华等 1996）。

世界分布：中国、奥地利、丹麦、芬兰、德国、卢森堡、瑞典。

讨论：吴声华等（1996）在台湾自然科学博物馆真菌标本及菌株名录中，记载了 2 份来自台湾莲华池和麻必浩溪 *Hymenoscyphus vernus* 的标本（F2127，3675），但是，其后发表的著作和台湾真菌志中均未见对该种的报道（王也珍等 1999；Tzean et al. 2015），笔者未观察相关标本。

玫红盘菌属 Roseodiscus Baral

in Baral & Krieglsteiner, Acta Mycologica, Warszawa 41: 16, 2006

子囊盘盘状，具柄，子实层表面肉色至粉色，柄近白色或与子实层同色，半透明，表面被细小的毛状菌丝延伸物；外囊盘被为矩胞组织，不胶化，与子层托表面成小角度，边缘为薄壁丝组织；盘下层为薄壁丝组织和交错丝组织；子囊顶端圆锥形，具 8 个子囊孢子，在 Melzer 试剂中变蓝色，属 *Calycina* 型；子囊孢子柱棒状至窄椭圆形，单细胞，偶具分隔；侧丝线形。

模式种：*Roseodiscus rhodoleucus* (Fr.) Baral。

讨论：*Roseodiscus* 属以其半透明的子囊盘、子实层表面带粉色色调、外囊盘被组织不胶化并由较大细胞构成的矩胞组织、覆盖层为松散交织的菌丝，子囊孔口 *Calycina* 型为显著特征，该属多生长在苔藓和木贼上，因而从 *Hymenoscyphus* 属中独立出来。根据子囊孔口类型推断，它可能与 *Calycina* 和 *Stamnaria* Fuckel 的亲缘关系较近（Baral and Krieglsteiner 2006）。该属世界已知约 5 个种（Baral and Krieglsteiner 2006；Wieschollek et al. 2011；Zheng and Zhuang 2013d），我国发现 1 个种。子囊的大小以及子囊孢子的大小和分隔数目是该属区分种的重要形态依据。

中华玫红盘菌　　图 113

Roseodiscus sinicus H.D. Zheng & W.Y. Zhuang, Phytotaxa 105: 53, 2013.

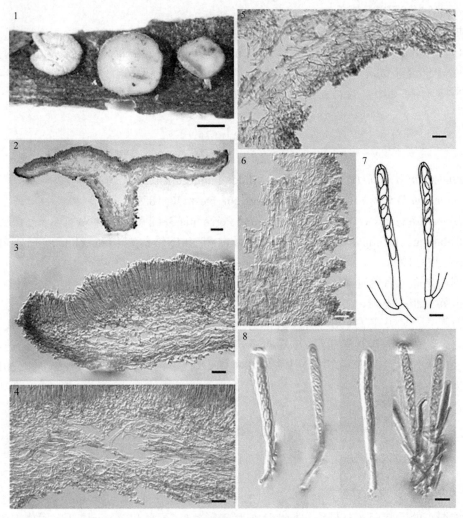

图 113　中华玫红盘菌 *Roseodiscus sinicus* H.D. Zheng & W.Y. Zhuang（HMAS 188554）
1. 自然基物上的子囊盘（干标本）；2. 子囊盘解剖结构；3. 囊盘被结构（子囊盘边缘和子层托上部）；4.囊盘被结构（子层托中部）；5. 囊盘被结构（子层托下部与柄交界处）；6. 柄的结构（中部）；7、8. 子囊。比例尺：1 = 0.5 mm；2 =100 μm；3–6 = 20 μm；7、8 = 5 μm

子囊盘散生，盘状，新鲜时上凸，干后平展，直径 1–2 mm，具柄，子实层表面污白色，干后浅黄色，子层托干后淡色，柄与子层托同色，略粗糙，长 1–2 mm；外囊盘被边缘和近边缘处为矩胞组织，细胞淡褐色，大小为 6–15 × 3–5 μm，向子囊盘中部和基部渐变为大细胞的矩胞组织和角胞组织，厚 40–65 μm，细胞无色，薄壁，15–40 × 8–15 μm，覆盖层由平行至松散交织的菌丝构成，末端厚壁，与表面成小角度，在 Melzer 试剂中呈类糊精反应，厚 3.5–7 μm；盘下层为薄壁丝组织和交错丝组织，外层为薄壁丝组织，厚 10–40 μm，内层为交错丝组织，厚 30–165 μm，菌丝无色，宽 3–5 μm；子实下层不发育；子实层厚约 50 μm；子囊产生于简单分隔，柱棒状，顶端圆形，具柄，具 8 个子囊孢子，孔口在 Melzer 试剂中呈蓝色，为两条蓝线，40–52 × 3.3–5 μm；子囊孢子椭圆形，具多个小油滴，在子囊中呈斜单列或不规则单列排列，4.5–6.7 × 2.2–2.5 μm；侧丝线形，宽约 1 μm，与子囊近等高。

基物：单子叶植物茎。

标本：云南屏边大围山，海拔 1600 m，1999 XI 5，单子叶植物茎上生，庄文颖、余知和 3326-1，HMAS 188554（主模式）。

世界分布：中国。

讨论：该种的鉴别特征为子囊盘污白色，具柄，外囊盘被在靠近边缘处为矩胞组织，在子囊盘侧面为角胞组织，子囊孢子椭圆形，4.5–6.7 × 2.2–2.5 μm。在 *Roseodiscus* 属的已知种中，该种与 *R. equisetinus* (Velen.) Baral 均有污白色子囊盘，并且大小相似，但后者的子囊较大（50–60 × 6–8 μm），子囊孢子梭形长而窄（长 10–16 μm），生于木贼上（Velenovský, 1934）。*Roseodiscus subcarneus* (Sacc.) Baral 与 *R. sinicus* 的子囊盘大小及囊盘被结构相似，但子囊盘为粉白色，子囊较宽 [42–57 × (5.5–)6–7(–7.5) μm]，子囊孢子较长（6–8 × 2–2.3 μm）且为棒状、梨形或楔形，在子囊中双列排列，寄生于苔藓或腐生于针叶树树干上（Baral and Krieglsteiner 2006）。

应排除的种

Roseodiscus rhodoleucus (Fr.) Baral, in Baral & Krieglsteiner, Acta Mycologica, Warszawa 41(1): 17, 2006.

≡ *Peziza rhodoleuca* Fr., Observ. Mycol. (Havniae) 2: 306, 1818.

≡ *Hymenoscyphus rhodoleucus* (Fr.) W. Phillips, Man. Brit. Discomyc. (London): 131, 1887. Macrofungi Flora of Mountain Area of Northern Guangdong p. 23, 1990.

讨论：根据《粤北山区大型真菌志》（毕志树等 1990）的记载，该种生长在砂岩的地衣层上，应为错误鉴定。

华胶垫菌属 Sinocalloriopsis F. Ren & W.Y. Zhuang
Mycosystema 35: 902, 2016

子囊盘盘状至杯状，无柄，子实层表面淡粉色至橘黄色，干后橘黄色至橘红色，子层托较子实层色略暗；外囊盘被为角胞组织，胶化；盘下层为交错丝组织至表层组织；

子囊棒状至柱棒状，基部渐细，具 8 个子囊孢子，孔口在 Melzer 试剂中不变色；子囊孢子梭椭圆形至近梭形，两端钝圆，壁平滑；侧丝线性，顶端膨大呈头状。

模式种：*Sinocalloriopsis guttulata* F. Ren & W.Y. Zhuang。

讨论：该属子囊盘盘状至杯状，外囊盘被为角胞组织，表面无特征性的毛状物，具有柔膜菌科的共性特征(Dennis 1968；Korf 1973)。它具有以下特征组合：子囊盘无柄，外囊盘被为角胞组织、胶化，细胞多角形，长轴与外表面近乎垂直，子囊孔口在 Melzer 试剂中不变色，子囊孢子梭椭圆形，单细胞，侧丝顶端膨大呈头状(Ren and Zhuang 2016c)。在柔膜菌科已知属中，*Sinocalloriopsis* 与 *Calloriopsis* Syd. & P. Syd. 的形态最为相似，尤其是囊盘被组织胶化、子囊及子囊孢子的形状等(Sydow and Sydow 1917)；但是以下特征很容易将它们区分开：①*Sinocalloriopsis* 的外囊盘被为角胞组织，而 *Calloriopsis* 的为密丝组织；②前者的子囊盘直接着生于基物上，而 *Calloriopsis* 的子囊盘生长于菌丝层上；③前者子囊孢子为单细胞，而 *Calloriopsis* 属的孢子具分隔(Saccardo 1889；Sydow and Sydow 1917；Cash 1938；Santesson 1951)。该属目前仅发现 2 个种，包括一个未定名种(Ren and Zhuang 2016c)。

中国华胶垫菌属分种检索表

1. 子囊盘淡粉色；子囊孢子 6.5–8.2× 1.5–2.5 μm ·· 华胶垫菌 *S. guttulata*
1. 子囊盘橘黄色；子囊孢子 9.5–14.6 × 3.3–4 μm ······ 华胶垫菌属一未定名种 *Sinocalloriopsis* sp. 1132

华胶垫菌　图 114，图 115

Sinocalloriopsis guttulata F. Ren & W.Y. Zhuang, Mycosystema 35: 902, 2016.

子囊盘单生至群生，盘状至平展，干后表面微向上隆起，无柄，直径 0.4–0.9 mm，子实层表面新鲜时淡粉色，干后黄色至橘黄色，子层托表面较子实层色稍淡，近平滑；外囊盘被为角胞组织，胶化，厚 55–78 μm，表层细胞多角形，内层细胞稍长，细胞的长轴与囊盘被表面垂直，近无色，5–11 × 3.5–6 μm；盘下层为表层组织混杂少量交错丝组织，厚 37–110 μm，菌丝无色，宽 3.5–7 μm；子实下层厚 9–18 μm；子实层厚 56–77 μm；子囊由产囊丝钩产生，棒状至柱棒状，基部渐细，顶端钝宽，具 8 个子囊孢子，孔口在 Melzer 试剂中不变色，46–56 × 3.5–4.5 μm；子囊孢子梭椭圆形，两端钝圆，壁平滑，具 4–6 个大油滴，在子囊中呈不规则单列排列，6.5–8.2 × 1.5–2.5 μm；侧丝线形，顶端膨大呈头状，顶部宽 1–3.5 μm，基部宽 1–1.5 μm，高于子囊顶端 0–14 μm。

基物：植物叶片上生。

标本：海南陵水吊罗山，海拔 1050 m，2000 XII 14，树叶上生，庄文颖、黄满荣 3858，HMAS 266690(主模式)；陵水吊罗山，海拔 1050 m，2000 XII 14，竹叶上生，庄文颖、黄满荣 3860，HMAS 266691。

世界分布：中国。

讨论：子囊盘无柄，外囊盘被组织胶化，子囊由产囊丝钩产生，孔口在 Melzer 试剂中不变色，子囊孢子无分隔，多油滴，侧丝顶端膨大呈头状，是该种区别于其他属的主要特征(Ren and Zhuang 2016c)。

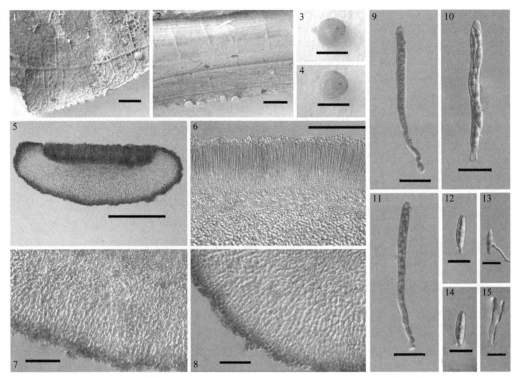

图 114 华胶垫菌 *Sinocalloriopsis guttulata* F. Ren & W.Y. Zhuang（HMAS 266690）
1、2. 基物上的子囊盘；3、4 回水后的子囊盘；5. 子囊盘解剖结构；6. 子实层结构；7、8. 囊盘被结构；9–11. 子囊；12–14. 子囊孢子；15. 侧丝。比例尺：1、2 = 2 mm；3、4 = 1 mm；5 = 200 μm；6 = 100 μm；7、8、15 = 20 μm；9–11 = 10 μm；12–14 = 5 μm（引自 Ren and Zhuang 2016c）

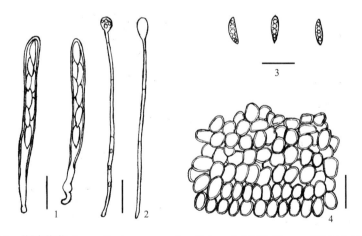

图 115 华胶垫菌 *Sinocalloriopsis guttulata* F. Ren & W.Y. Zhuang（HMAS 266690）
1. 子囊；2. 侧丝；3. 子囊孢子；4. 部分外囊盘被。比例尺：1–4 = 10 μm（引自 Ren and Zhuang 2016c）

华胶垫菌属一未定名种　图 116
Sinocalloriopsis sp. 1132

子囊盘单生至群生，盘状，无柄，直径 0.8–1 mm，子实层表面新鲜时橘黄色，子层托表面较子实层色略淡，近平滑；外囊盘被为角胞组织，胶化，厚 51–72 μm，细胞多角形，近无色，4–11 × 3.7–9 μm；盘下层为交错丝组织，厚 55–110 μm，菌丝无色，宽 3.5–8 μm；子实下层厚 18–21 μm；子实层厚 85–101 μm；子囊由产囊丝钩产生，柱棒状，基部渐细，具 8 个子囊孢子，孔口在 Melzer 试剂中不变色，82–95 × 5–6.5 μm；子囊孢子梭形，两端钝圆，壁平滑，具 4–6 个油滴，在子囊中呈不规则单列排列，9.5–14.5 × 3.3–4 μm；侧丝线形，顶端膨大呈头状，顶部宽 1.5–3 μm，基部宽 1–1.5 μm，高于子囊顶端 0–12 μm。

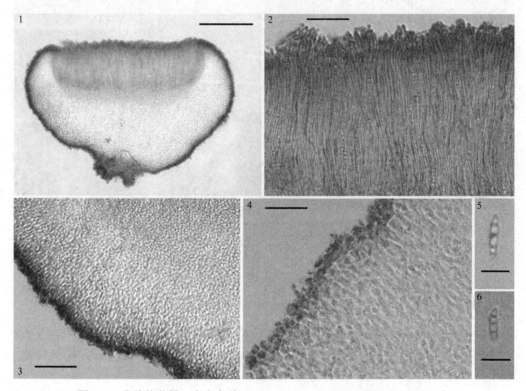

图 116　华胶垫菌属一未定名种 *Sinocalloriopsis* sp. 1132（HMAS 266674）
1. 子囊盘解剖结构；2. 子实层结构；3、4. 囊盘被结构；5、6. 子囊孢子。比例尺：1 = 100 μm；2、4 = 20 μm；3 = 50 μm；5、6 = 10 μm

基物：有苔藓的腐殖质层的落叶上生。

标本：安徽黄山十八道弯，海拔1300–1700 m，1993 IX 27，落叶上生，庄文颖1132，HMAS 266674。

世界分布：中国。

讨论：该种子囊盘的解剖结构与*Sinocalloriopsis guttulatis*十分相似，但子囊及子囊孢子较大，它很可能代表 *Sinocalloriopsis* 一个新种，由于标本材料很少，不足以作为模式，暂且处理为 *Sinocalloriopsis* sp. 1132。

华蜂巢菌属 Sinofavus W.Y. Zhuang

Mycotaxon 104: 392, 2008

子囊盘聚生，杯状，多个形成蜂窝状聚合子实体；外囊盘被为交错丝组织，埋生于胶质中；盘下层为交错丝组织，不胶化；子囊无囊盖，柱棒状，具 8 个子囊孢子，顶端较平截，略加厚，在 Melzer 试剂中不变色；子囊孢子单细胞，无色；侧丝线形。

模式种：*Sinofavus allantosporus* W.Y. Zhuang & Tolgor Bau。

讨论：*Sinofavus allantosporus* 是一个特征显著的种，由多个深杯状子囊盘紧密结合，产生半球形、蜂窝状的聚合子实体。该种的外囊盘被为交错丝组织，埋生于胶质中，菌丝纵轴与子层托表面近乎垂直，盘下层不胶化，菌丝长轴与外表面接近平行，这与 *Ionomidotis* 属部分种的结构接近；它的子囊柱棒状，子囊孢子腊肠形、单细胞、无色，也与 *Ionomidotis* 属部分种相似；但该属在 KOH 水溶液中不发生 ionomidotic 反应。它应该属于柔膜菌科(Zhuang and Bau Tolgor 2008)。该属至今保持单种属的状态。

华蜂巢菌 图 117

Sinofavus allantosporus W.Y. Zhuang & Tolgor Bau, Mycotaxon 104: 392, 2008.

子囊盘突破树皮，密集聚生，30-50 个形成蜂窝状半球形聚合子实体，无明显的边缘，直径 3-4.5 mm，单个子囊盘深杯状，无柄，干标本子实层褐色至暗褐色，边缘色淡，直径 0.4-0.8 mm，回水后直径 0.8-1.5 mm，除聚合子实体的外缘子层托表面通常不暴露，因表面有结晶状物质而呈淡灰色；子囊盘在 KOH 水溶液中无 ionomidotic 反应；外囊盘被为交错丝组织，埋生于胶质中，厚 27-32 μm，菌丝无色，壁薄，外表菌丝末端钝圆，菌丝轴与外表面近乎垂直，宽 2-3.2 μm；盘下层为交错丝组织，不胶化，厚 15-100 μm，菌丝淡褐色，宽 2-4.5 μm；子实下层厚约 7 μm；子实层厚 54-64 μm；子囊由产囊丝钩产生，柱棒状，具 8 个子囊孢子，顶端略加厚、较平截，在 Melzer 试剂中不变色，50-67 × 5-6 μm；子囊孢子腊肠形至短杆状，单细胞，无色，无油滴，在子囊中双列至不规则双列排列，7.5-10 × 1.5-1.8 μm；侧丝线形，顶端略膨大，上部宽 2-3 μm，基部宽 1.5-2 μm。

基物：枯枝上生。

标本：新疆托木尔峰，2007 IX 2，针阔混交林中枯枝上生，图力古尔，HMJAU 6017 (主模式)，HMAS 173243(等模式)。

世界分布：中国。

讨论：该种以其蜂窝状半球形的聚生子实体为显著特征，其外囊盘被结构以及子囊和子囊孢子的形状均与 *Ionomidotis* 属的相似，但是子囊盘在 KOH 水溶液中没有色素从组织中外渗。

该种定名时，定名人 Tolgor(Zhuang and Bau Tolgor 2008)系笔误，正确拼写应为 Tolgor Bau，在此予以更正。

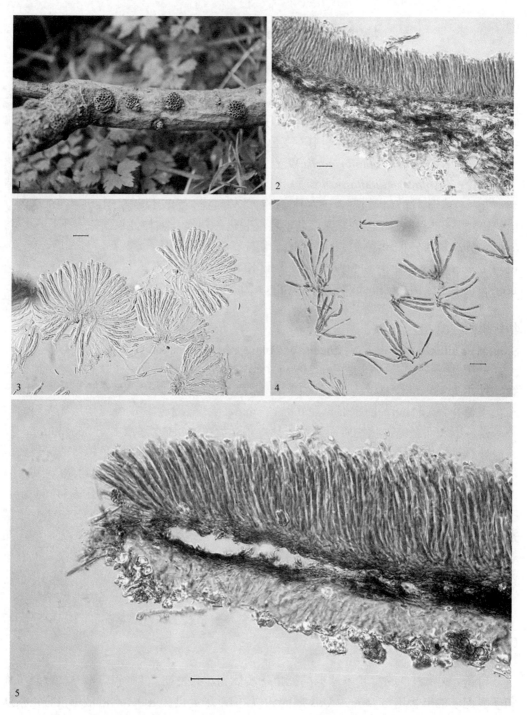

图 117 华蜂巢菌 Sinofavus allantosporus W.Y. Zhuang & Tolgor Bau (HMAS 173243)
1. 自然基物上的子囊盘；2. 子囊盘解剖结构；3. 子囊及侧丝(Melzer 试剂)；4. 子囊由产囊丝钩产生(棉蓝)；5. 囊盘被解剖结构，显示子层托表面和外囊盘被内部的结晶状物质。比例尺：2–5=20 μm（引自 Zhuang and Bau Tolgor 2008）

斯特罗盘菌属 Strossmayeria Schulzer

Öst. Bot. Z. 31: 314, 1881

Leptobelonium Höhn., Sber. Akad. Wiss. Wien, Math. Naturw. Kl., Abt. 1, 132: 112, 1923

子囊盘陀螺状至盘状，无柄至近有柄，污白色、灰白色、奶油色、米色至灰色；外囊盘被多为厚壁丝组织，略胶化，在 Melzer 试剂中变淡蓝色；盘下层通常不发达，为交错丝组织；子囊由产囊丝钩产生，棒状，具 8 个子囊孢子；子囊孢子柱棒状至近梭形，表面具薄的胶质层，多具分隔，在 Melzer 试剂中变很淡的蓝色；侧丝线形。

模式种：*Peziza heterosperma* Schulzer [= *Strossmayeria basitricha* (Sacc.) Dennis]。

讨论：*Strossmayeria* 建立时为单种属（Schulzer 1881）。Iturriaga 和 Korf（1984a, 1984b, 1990）对该属进行了世界专著性研究，确立了 *Strossmayeria* 和 *Pseudospiropes* M.B. Ellis 之间有性阶段与无性阶段的关联，接受了 16 个种。Fröhlich 和 Hyde（2000）又描述 2 个种。根据现行的国际命名法规，一个真菌一个名称，Johnston 等（2014）建议将 *Strossmayeria* 作为该类群的正确属名。外囊盘被和子囊孢子在 Melzer 试剂中变淡蓝色是该属的鉴别性特征。*Strossmayeria* 属已知 18 个种（Kirk et al. 2008；Fröhlich and Hyde 2000），我国已报道 2 个种（Zhuang 1999；Ren and Zhuang 2016b），包括一个未定名种。子囊盘的形状和颜色、子囊的形状和大小，子囊孢子的形状、大小及分隔数目是该属区分种的主要依据。

中国斯特罗盘菌属分种检索表

1. 子囊孢子柱棒形，22–46 × 3.5–5 μm，具 6–7 个分隔 ················· 贝克斯特罗盘菌 *S. bakeriana*
1. 子囊孢子梭形，20–28 × 3.5–4.7 μm，无分隔 ······· 斯特罗盘菌属一未定名种 *Strossmayeria* sp. 1683

贝克斯特罗盘菌　图 118

Strossmayeria bakeriana (Henn.) Iturr., in Iturriaga & Korf, Mycotaxon 36: 408, 1990. Zhuang, Mycotaxon 72: 334, 1999.

≡ *Hyaloderma bakeriana* Henn., Hedwigia 48: 103, 1908.

子囊盘单生至群生，陀螺状至垫状，无柄，直径 0.15–1 mm，子实层表面新鲜时污白色、灰白色、淡灰色至灰色，子层托较子实层色稍暗，灰色至褐色，在 KOH 水溶液中有黄色渗出物；外囊盘被为厚壁丝组织，厚 18–43 μm，在 Melzer 试剂中呈淡蓝色，细胞无色至淡褐色，9–26 × 1.5–2.5 μm；盘下层和子实下层界限不清晰，分化不显著；子实层厚 100–148 μm；子囊由产囊丝钩产生，棒状，具 8 个子囊孢子，82–121 × 10–15 μm；子囊孢子棒状，无色，在 Melzer 试剂中呈淡蓝色，壁平滑，在子囊中呈不规则双列至三列排列，22–46 × 3.5–5 μm，多具 6–7 个分隔；侧丝线形，具分隔，宽 1.2–2.2 μm，高于子囊顶端 0–15 μm。分生孢子梗暗褐色，具分隔；产孢细胞柱状，稍弯曲，具明显的孢子痕；分生孢子梭形，基部脱落疤痕较宽，褐色，具分隔，25.6–48 × 5.8–12 μm。

基物：硬质的腐木、腐枝和腐烂的竹子上生。

标本：吉林敦化松江林场，海拔 400 m，2012 VII 22，腐木上生，图力古尔、庄文颖 8060，HMAS 271274；蛟河前进林场，海拔 450 m，2012 VII 24，腐枝上生，图力古尔、庄文颖 8138，HMAS 271276；蛟河庆岭，海拔 400 m，2012 VII 21，腐木上生，图力古尔、庄文颖 7947，HMAS 271278。湖南张家界天门山，海拔 1700 m, 2010 VIII 16，腐木上生，赵鹏、罗晶、庄文颖 7542，HMAS 271280。广西大明山，1997 XII 21，小竹子上生，庄文颖、吴文平 1884，HMAS 74846。云南绿春，海拔 1500 m，1999 X 31，腐木上生，庄文颖、余知和 3229，HMAS 271277；西双版纳，海拔 500 m，1999 X 16，单子叶植物腐茎上生，庄文颖、余知和 3080，HMAS 271279。宁夏六盘山，1997 VIII 24，硬的腐木上生，庄文颖、吴文平 1680，HMAS 271275。

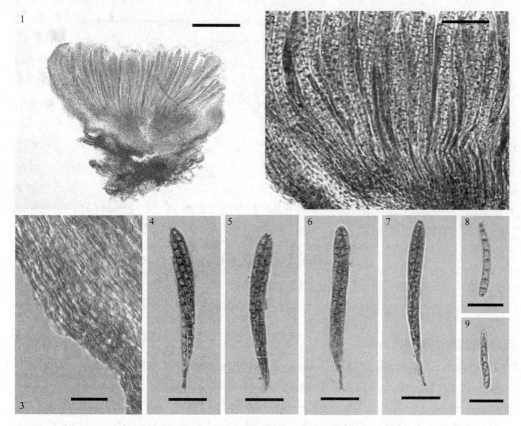

图 118　贝克斯特罗盘菌 *Strossmayeria bakeriana* (Henn.) Iturr.（HMAS 271274）
1. 子囊盘解剖结构；2. 子实层结构；3. 囊盘被结构；4–7. 子囊；8、9. 子囊孢子。比例尺：1 = 100 μm；2 = 50 μm；3 = 15 μm；4–9 = 20 μm

世界分布：中国、印度、日本、捷克、斯洛伐克、加那利群岛、摩洛哥、巴西、委内瑞拉、美国、加拿大。

讨论：*Strossmayeria bakeriana* 的模式产地在巴西，我国标本的形态与 Iturriaga 和 Korf（1990）对来自世界其他地区的材料的描述基本一致。

斯特罗盘菌属一未定名种　图 119
Strossmayeria sp. 1683, Ren & Zhuang, Mycosystema 35: 518, 2016.

子囊盘单生至群生，陀螺状，干后盘状，近无柄，直径约 0.2 mm，子实层表面灰白色，子层托较子实层色略暗，在 KOH 溶液中有少量黄色渗出物；外囊盘被为厚壁丝组织，厚 37–46 μm，在 Melzer 试剂中呈淡蓝色，细胞无色至淡黄褐色，9–14 × 1.5–2.2 μm；盘下层和子实下层界限不清晰，分化不显著；子实层厚 124–140 μm；子囊棒状，具 8 个子囊孢子，95–119 × 9.2–13 μm；子囊孢子梭形，在 Melzer 试剂中呈极淡的蓝色，壁平滑，单细胞，具 2 个油滴，在子囊中呈不规则双列排列，20–28 × 3.5–4.7 μm；侧丝线形，具分隔，宽 1.5–2.2 μm，高于子囊顶端 0–18 μm。

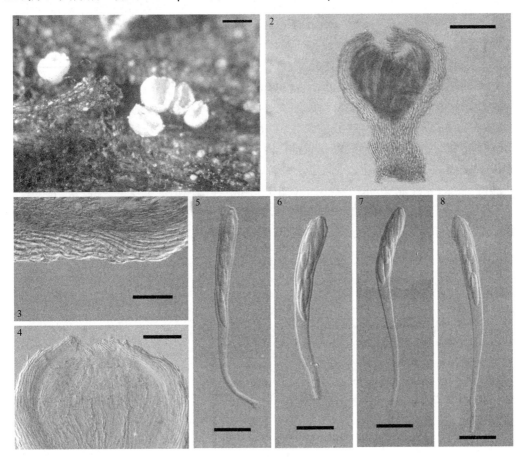

图 119　斯特罗盘菌属一未定名种 *Strossmayeria* sp. 1683（HMAS 266683）
1. 自然基物上的子囊盘；2. 子囊盘解剖结构；3. 囊盘被结构；4. 子实层结构；5–8. 子囊。比例尺：1 = 0.2 mm；2 = 100 μm；3 = 10 μm；4 = 50 μm；5–8 = 20 μm

基物：腐木上生。

标本：宁夏六盘山凉殿峡，海拔 1800 m，1997 VIII 24，腐木上生，庄文颖、吴文平 1683，HMAS 266683。

世界分布：中国。

讨论：该种区别于 *Strossmayeria* 属已知种的显著特征为：子囊孢子单细胞，不具分隔。它很可能代表一个新种，但是由于材料过少，不足以作为模式标本，暂且处理为 *Strossmayeria* sp. 1683。

芽孢盘菌属 Tympanis Tode

Fung. Mecklenb. Sel. (Lüneburg) 1: 24, 1790

子囊盘突破寄主组织，球形至陀螺状，无柄或近有柄，子实层表面灰黑色至黑色，子层托表面黑色；外囊盘被为交错丝组织，菌丝褐色；盘下层为交错丝组织；子囊柱状至柱棒状，最初具 4 个或 8 个子囊孢子，后产生大量子囊分生孢子；子囊孢子梭形、梭椭圆至近球形，壁平滑，子囊分生孢子柱状至腊肠形，壁平滑；侧丝线形，形成囊层被。

模式种：*Tympanis saligna* Tode。

讨论：*Tympanis* 属的特征为子囊盘近黑色至黑色，囊盘被为交错丝组织，侧丝交织在子实层表面形成囊层被，子囊内产生子囊分生孢子 (Groves 1952；Yao and Spooner 1996)。*Tympanis* 属 (Tode 1790) 建立后，Groves 和 Leach (1949) 和 Groves (1952) 曾对其进行专著性研究。Ouellette 和 Pirozynski (1974) 根据子囊孢子的发生方式将 *Tympanis* 属成员分成 A、B、C 三个组，排除了 2 个种，将 3 个种处理为有疑问的种。该属目前已知 29 个种 (Kirk et al. 2008)，我国已知 10 个种，其中包括 2 个变种 (邓叔群 1963；戴芳澜 1979；王云章和臧穆 1983；项存悌和宋瑞清 1988；宋瑞清等 1997)。子囊的形状和大小，子囊孢子和子囊分生孢子的形状、大小及宿主的种类是该属分种的主要依据。

中国芽孢盘菌属分种检索表

1. 木荷上生 ·· 木荷芽孢盘菌 *T. schimis*
1. 其他植物上生 ··· 2
   2. 针叶树上生 ·· 3
   2. 阔叶叶树上生 ·· 4
3. 云杉、冷杉上生 ··· 5
3. 红松、落叶松、柏树上生 ·· 6
   4. 杨属枯枝上生 ··· 性孢芽孢盘菌 *T. spermatiospora*
   4. 岳桦上生 ·· 7
5. 子囊孢子梭形，8–11 × 2–3 μm ··· 冷杉芽孢盘菌 *T. abietina*
5. 子囊孢子长纺锤形至棍棒状，5–7 × 2.5–3 μm ··· 云杉芽孢盘菌 *T. piceina*
   6. 子囊孢子梭椭圆形 ·· 8
   6. 子囊孢子其他形状 ·· 9
7. 子囊盘盘状，直径 0.7–1.5 mm ··· 桤芽孢盘菌原变种 *T. alnea* var. *alnea*
7. 子囊盘缝裂菌状至长形，单生或几个连生，直径 0.8–3 mm ··
     ··· 桤芽孢盘菌缝裂变种 *T. alnea* var. *hysterioides*
   8. 落叶松上生；子囊盘具柄；子囊分生孢子 2–3.5 × 1–2 μm
     ·· 落叶松芽孢盘菌小囊变种 *T. laricina* var. *parviascigera*
   8. 其他针叶树上生；子囊盘无柄；子囊分生孢子 2–3 × 1–1.5 μm ············· 松芽孢盘菌 *T. pithya*
9. 子囊长度大于 80 μm ··· 10
9. 子囊长度小于 80 μm ·· 椴芽孢盘菌 *T. tiliae*
   10. 子囊 80–160 × 9–16 μm ··· 混杂芽孢盘菌 *T. confusa*
   10. 子囊 100–120 × 7–8 μm ··· 海南芽孢盘菌 *T. hainanensis*

落叶松芽孢盘菌小囊变种 图 120

Tympanis laricina var. **parviascigera** F. Ren & W.Y. Zhuang, Mycosystema 35: 517, 2016.

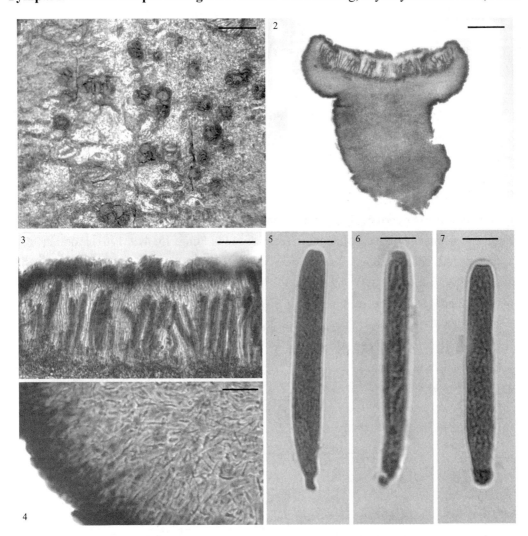

图 120　落叶松芽孢盘菌小囊变种 *Tympanis laricina* var. *parviascigera* F. Ren & W.Y. Zhuang（HMAS 32119）

1. 自然基物上的子囊盘；2. 子囊盘解剖结构；3. 子实层结构；4. 囊盘被结构；5–7. 子囊。比例尺：1 = 2 mm；2 = 100 μm；3 = 30 μm；4 = 20 μm；5–7 = 10 μm

子囊盘突破寄主组织，单生至聚生，陀螺状，边缘整齐或略呈波状，基部窄，具柄，直径 0.5–1 mm，子实层表面灰黑色至黑色，子层托表面黑色，近平滑；外囊盘被为交错丝组织，厚 27–46 μm，菌丝褐色至暗褐色，长轴与囊盘被外表面垂直，宽 3–5 μm；盘下层为交错丝组织，厚 55–121 μm，菌丝近无色至褐色，壁薄，宽 2–5 μm；子实下层厚 8–11 μm；子实层厚 95–118 μm；子囊柱棒状，顶端钝圆，孔口在 Melzer 试剂中不变色，具 8 个子囊孢子，成熟后在子囊中形成大量子囊分生孢子，65–85 × 8–11 μm；子囊孢子梭椭圆形，壁平滑，无色，0–1 个分隔，在子囊中呈不规则单列排列，6–9 × 3–

4 μm；子囊分生孢子柱状至腊肠形，壁平滑，单细胞，2–3.5 × 1–2 μm；侧丝线形，具分隔，宽 1.5–2 μm，形成囊层被，厚 20–35 μm。

基物：落叶松的树皮上生。

标本：吉林安图县城至长白山 13 km 路标附近，1960 IX 8，落叶松的树皮上生，杨玉川、原俊荣、袁福生 643，HMAS 32119。

世界分布：中国。

讨论：中国标本的形态特征与 Groves (1952) 对 *Tympanis laricina* 的描述十分相似，但子囊窄而短 (65–85 × 8–11 μm vs. (70)–80–110–(120) × (11)–13–15–(17) μm)，子囊孢子略短 (6–9 μm vs. 7–10 μm)，因此，将中国材料处理为该种的一个变种 *T. laricina* var. *parviascigera* (Ren and Zhuang 2016b)。

松芽孢盘菌 图 121

Tympanis pithya (Fr.) Sacc., Syll. Fung. 8: 583, 1889.

= *Tympanis juniperina* (Sacc.) Mussat, in Saccardo, Syll. Fung. 15: 419, 1901. [nom. inval.].

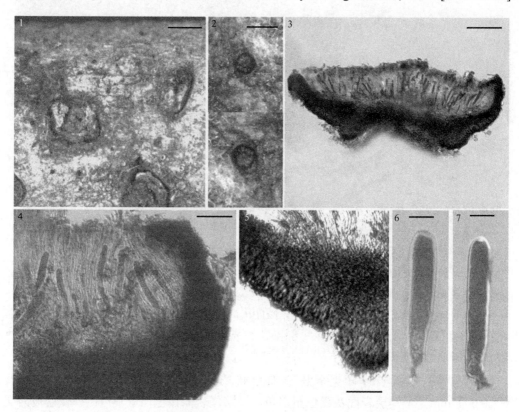

图 121 松芽孢盘菌 *Tympanis pithya* (Fr.) Sacc. (HMAS 252887)
1. 自然基物上的子囊盘；2. 回水的子囊盘；3. 子囊盘解剖结构；4. 子实层结构；5. 囊盘被结构；6、7. 子囊。
比例尺：1 = 5 mm；2 = 1 mm；3 = 100 μm；4 = 30 μm；5 = 20 μm；6、7 = 10 μm

子囊盘突破寄主组织，多聚生，陀螺状，边缘整齐或略呈波状，无柄，直径 0.5–0.7 mm，子实层表面灰黑色至黑色，子层托表面黑色，近平滑；外囊盘被为交错丝组织，厚 27–55 μm，菌丝褐色至深褐色，宽 2–3 μm；盘下层为交错丝组织，厚 23–57 μm，菌丝褐色，壁薄，宽 2–3 μm；子实层厚 85–105 μm；子囊柱状，顶端钝圆，孔口在 Melzer 试剂中不变色，具 8 个子囊孢子，成熟后在子囊中形成大量子囊分生孢子，68–78 × 9–12 μm；子囊孢子梭椭圆形，壁平滑，无色，0–1 个分隔，在子囊中呈单列排列，6–8 × 3–4 μm；子囊分生孢子柱状至腊肠形，壁平滑，单细胞，2–3 × 1–1.5 μm；侧丝线形，具分隔，宽 1.5–2.2 μm，形成囊层被，厚 20–33 μm。

基物：未鉴定的针叶树枝上生。

标本：新疆伊犁果子沟，海拔 1800 m，2003 VIII 11，未鉴定的针叶树枝上生，庄文颖、农业 4854，HMAS 252887。

世界分布：中国、瑞典、美国、加拿大。

讨论：新疆标本的形态特征与 Groves (1952) 对 *Tympanis juniperina* 的描述基本一致。

孙宝贵等 (1983) 曾报道该种在辽宁地区分布，侵染 *Pinus koraiensis*，引起红松流脂病，病原菌的简要描述如下：子囊盘褐色肉质，直径 1–2 mm，子囊棍棒状，60–63 × 10.5–14 μm，子囊孢子球形，多个，浅黄色，直径 0.9–1.2 μm。他们描述的形态特征与 Groves (1952) 及 Saccardo (1889) 对 *T. juniperina* 的记载不符，有可能为错误鉴定，由于描述过于简单，无法确定辽宁材料的正确名称。

性孢芽孢盘菌 图 122

Tympanis spermatiospora (Nyl.) Nyl., Not. Sällsk. Fauna et Fl. Fenn. Förh. 10: 70, 1868.
Wang & Zang, Fungi of Xizang p. 20, 1983.

子囊盘突破寄主组织，多聚生，陀螺状，边缘整齐或略呈波状，近无柄，直径 0.5–1 mm，子实层表面灰黑色至黑色，子层托表面黑色，近平滑；外囊盘被为交错丝组织，厚 21–55 μm，菌丝褐色至深褐色，宽 2–4 μm；盘下层为交错丝组织，厚 168–346 μm，菌丝近无色，壁薄，宽 2–4 μm；子实下层厚 18–27 μm；子实层厚 83–110 μm；子囊柱状，顶端钝圆，孔口在 Melzer 试剂中不变色，具 8 个子囊孢子，成熟后在子囊中形成大量子囊分生孢子，68–92 × 9–12 μm；子囊孢子阔椭圆形，壁平滑，无色，0–1 个分隔，在子囊中呈单列排列，5–8 × 3–4 μm；子囊分生孢子柱状至腊肠形，壁平滑，单细胞，2–4 × 1–2 μm；侧丝线形，具分隔，宽 1.5–2 μm，形成囊层被，厚 20–25 μm。

基物：多于杨属的枯枝上生。

标本：北京百花山，1964 IX 13，枯枝上生，宗毓臣 335，HMAS 34704；百花山，海拔 1000 m，1964 IX 15，杨树枯枝上生，刘锡进、宗毓臣 13，HMAS 34056；百花山，1956 IX 23，杨树腐枝上生，王云章 97，HMAS 33794。

世界分布：中国、捷克、英国、瑞典、美国、加拿大。

讨论：此为 *Tympanis* 属的常见种 (Groves 1952)。据王云章和臧穆 (1983) 报道，它在西藏也有分布。

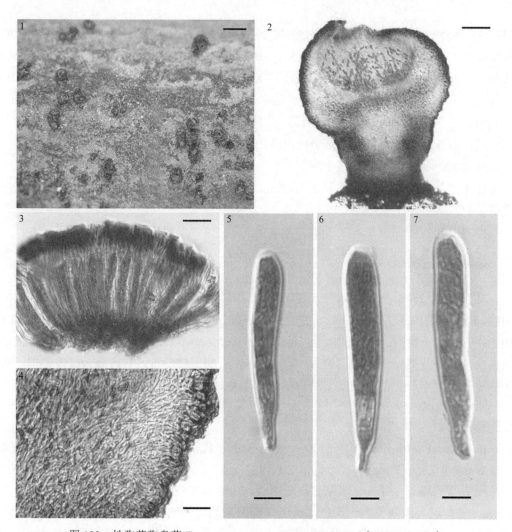

图 122 性孢芽孢盘菌 Tympanis spermatiospora (Nyl.) Nyl.（HMAS 33794）
1. 自然基物上的子囊盘；2. 子囊盘解剖结构；3. 子实层结构；4. 囊盘被结构；5–7. 子囊。比例尺：1 = 1 mm；2 = 50 μm；3 = 20 μm；4–7 = 10 μm

笔者未观察的种

冷杉芽孢盘菌

Tympanis abietina J.W. Groves, Can. J. Bot. 30: 599, 1952. Xiang & Song, Bull. Bot. Res. 8(1): 149, 1988.

基物：云杉、冷杉原始林内臭松活立木主干的树皮上生。

国内报道：吉林安图长白山（项存悌和宋瑞清 1988）。

世界分布：中国、法国、美国、加拿大。

讨论：项存悌和宋瑞清（1988）提供了该种的形态描述及图解，子囊盘盘状，无柄，直径 0.8–1.1 mm，子囊近圆柱形，子囊孢子梭形，无色，8–11 × 2–3 μm，子囊分生孢子杆状至腊肠形，2–3 × 1–1.5 μm。

桤芽孢盘菌原变种

Tympanis alnea (Pers.) Fr., Syst. Mycol. (Lundae) 2(1): 174, 1822. var. **alnea**. Xiang & Song, Bull. Bot. Res. 8(1): 149, 1988.

基物：高山地带岳桦活立木主干树皮上生。

国内报道：吉林安图长白山(项存悌和宋瑞清 1988)。

世界分布：中国、日本、巴基斯坦、德国、意大利、挪威、瑞典、阿根廷、美国、加拿大。

讨论：项存悌和宋瑞清(1988)提供了该种的形态描述及图解，子囊盘盘状，无柄，直径 0.7–1.5 mm，子囊近圆柱形，子囊孢子宽椭圆形至近球形，无色，$5–6 \times 4–5$ μm，子囊分生孢子杆状至腊肠形，$3–4 \times 1–1.5$ μm。

桤芽孢盘菌缝裂变种

Tympanis alnea var. **hysterioides** (Pers.) Rehm, Ber. Bay. Bot. Ges. 13: 203, 1912. Xiang & Song, Bull. Bot. Res. 8(1): 150, 1988.

基物：岳桦活的立木主干树皮上生。

国内报道：吉林安图长白山(项存悌和宋瑞清 1988)。

世界分布：中国、日本、英国、法国、德国、挪威、阿根廷、美国、加拿大。

讨论：项存悌和宋瑞清(1988)提供了该种的形态描述。缝裂变种与 *Tympanis alnea* 原变种的形态基本相似，其子囊盘呈缝裂菌状至长形，单生或几个连生，长 0.8–3 mm，高 0.3–0.4 mm。

混杂芽孢盘菌

Tympanis confusa Nyl., Obs. Pez. Fenn. p. 69, 1868. Xiang & Song, Bull. Bot. Res. 8(1): 148, 1988.

基物：红松人工林和红松阔叶原始林内红松活立木或枯立木主干树皮上生。

国内报道：吉林省长白山(项存悌和宋瑞清 1988)。

世界分布：中国、英国、西班牙、美国。

讨论：项存悌和宋瑞清(1988)提供了该种的形态描述及图解，子囊盘盘状或边缘波状，近无柄，直径 0.5–1.5 mm，子囊近圆柱形至棍棒形，$80–160 \times 9–16$ μm，子囊孢子长纺锤形至棍棒形，无色，$13–17 \times 2–4$ μm，子囊分生孢子杆状至腊肠形，$2–4 \times 1–1.5$ μm。

海南芽孢盘菌

Tympanis hainanensis S.H. Ou, Sinensia 7: 669, 1936. Teng, Fungi of China p. 256, 1963. Tai, Sylloge Fungorum Sinicorum p. 336, 1979.

基物：腐木或树皮上生。

国内报道：海南定安、儋县，广东(Ou 1936；邓叔群 1963；戴芳澜 1979)。

世界分布：中国、菲律宾、巴布亚新几内亚、斐济。

讨论：欧世璜(Ou 1936)提供了该种的形态描述，子囊盘盘状，单生至聚生，无柄，直径 1–3.5 mm，子实层新鲜时暗紫褐色，干后黑色，子囊圆柱形至棍棒状，100–120 × 7–8 μm，子囊孢子椭圆形至近纺锤形，无色，13–18 × 3.5–5 μm，子囊分生孢子卵形至阔椭圆形，无色，2–2.5 × 1.5 μm。

云杉芽孢盘菌

Tympanis piceina J.W. Groves, Can. J. Bot. 30: 601, 1952. Xiang & Song, Bull. Bot. Res. 8(1): 149, 1988.

基物：云杉冷杉原始林内鱼鳞云杉活立木或侧枝的树皮上生。

国内报道：黑龙江伊春带岭凉水林场，吉林安图长白山（项存悌和宋瑞清 1988）。

世界分布：中国、瑞典。

讨论：项存悌和宋瑞清（1988）提供了该种的形态描述及图解，子囊盘盘状，近无柄，直径 0.5–1.5 mm，子囊近圆柱形至棍棒状，子囊孢子长纺锤形至棍棒状，无色，5–7 × 2.5–3 μm，子囊分生孢子杆状至腊肠形，2–4 × 1–1.5 μm。

木荷芽孢盘菌

Tympanis schimis R.Q. Song & C.T. Xiang, Bull. Bot. Res. 17(2): 144, 1997.

基物：木荷活立木树皮上生。

国内报道：广东省鼎湖山（宋瑞清等 1997）。

世界分布：中国。

讨论：宋瑞清等（1997）提供了该种的形态描述及图解，子囊盘盘状，基部渐窄，直径 0.3–0.6 mm，子囊近圆柱形，顶部钝圆，子囊孢子阔椭圆形至近球形，无色，3–5 × 3–5 μm，子囊分生孢子杆状至腊肠形，2–3 × 1–1.5 μm。

椴芽孢盘菌

Tympanis tiliae C.T. Xiang & R.Q. Song, Bull. Bot. Res. 8(1): 148, 1988.

基物：红松阔叶林内紫椴活立木树皮上生。

国内报道：吉林长白山（项存悌和宋瑞清 1988）。

世界分布：中国。

讨论：项存悌和宋瑞清（1988）提供了该种的形态描述及图解，子囊盘盘状，无柄，基部稍窄，直径 2–4 mm，子囊近圆柱形，顶部钝圆，57–78 × 12–19 μm，子囊孢子长梭形至棍棒状，无色，12–15 × 5–6 μm，子囊分生孢子杆状至腊肠形，2–4 × 1–2 μm。

拟爪毛盘菌属 Unguiculariopsis Rehm

Annls Mycol. 7(5): 400, 1909

子囊盘盘状、杯状、漏斗形至耳形，子实层表面黄色、橘色、灰色、灰褐色至肉桂褐色，子层托表面灰白色、带葡萄酒红色的褐色至肉桂褐色，糠皮状；外囊盘被为角胞组织至球胞组织，表面被短小的毛状物，毛状物大多基部膨大，顶端逐渐变细并弯曲；子囊多近圆柱形至棒状，具 8 个子囊孢子，孔口在 Melzer 试剂中不变色；子囊孢子球形、近球形至椭圆形，单细胞；侧丝线形。

模式种：*Unguiculariopsis ilicincola* (Berk. & Broome) Rehm.

讨论：Rehm(1909)建立单种属 *Unguiculariopsis* 后，3 个种被先后被转入该属(Korf 1971；Zhuang 1987)。Zhuang(1988a)对该属进行了世界专著性研究，接受了 16 个种，并建立对应 *Unguiculariopsis* 的无性型属 *Deltosperma* W.Y. Zhuang，其后增添了 2 个种(Zhuang 2000)。根据现行的国际命名法规，一个真菌一个名称，Johnston 等(2014)建议 *Unguiculariopsis* 作为该类群的正确名称。*Unguiculariopsis* 属目前已知 24 个种(Kirk et al. 2008；Etayo and Sancho 2008；Etayo and Triebel 2010；Bracke 2011)，我国已知 4 个种，其中包括 1 个亚种(Zhuang 1988a；Zhuang 1998a；Zhuang 2000)。子囊盘的形状、子囊的形状和大小、子囊孢子的形状和大小、毛状物的形状和大小以及宿主真菌是该属区分种的主要依据。

中国拟爪毛盘菌属分种检索表

1. *Rhytidhysteron* 属真菌子实层上生；子囊孢子球形 ·· 2
1. 其他真菌上生；子囊孢子椭圆形至长椭圆形 ·· 3
    2. *Rhytidhysteron rufulum* 的子实层上生；经 KOH 预处理毛状物在 Melzer 试剂中变为紫色；子囊 35–44 × 4.5–5.7 μm ···································· 皱裂拟爪毛盘菌 *U. hysterigena*
    2. *Rhytidhysteron hysteinum* 的子实层上生；经 KOH 预处理毛状物在 Melzer 试剂中不变色；子囊 43–51 × 4.5–6 μm ···················· 拉氏拟爪毛盘菌钩亚种 *U. ravenelii* subsp. *hamata*
3. 子囊盘杯状至近耳状，子囊 35–40 × 4.5–5 μm ·················· 长白山拟爪毛盘菌 *U. changbaiensis*
3. 子囊盘盘状，子囊 40–49 × 4–5 μm ······························ 大明山拟爪毛盘菌 *U. damingshanica*

长白山拟爪毛盘菌　图 123

Unguiculariopsis changbaiensis W.Y. Zhuang, Mycol. Res. 104: 507, 2000.

子囊盘单生至群生，杯状至近耳状，无柄至近无柄，直径 0.4–1.0 mm，子实层表面灰色略带葡萄酒红色，子层托表面与子实层同色，糠皮状；外囊盘被为角胞组织至球胞组织，外被短小的毛状物，厚 15–31 μm，细胞多角形至近球形，褐色，宽 3–10 μm，毛状物基部膨大，顶端逐渐变细并弯曲呈钩状至旋卷，壁平滑，22–31 × 2.5–5 μm；盘下层为交错丝组织，厚 13–64 μm，菌丝淡褐色，壁薄，宽 2–3 μm；子实下层分化不显著；子实层厚 39–46 μm；子囊近圆柱形至棒状，具 8 个子囊孢子，孔口在 Melzer 试剂中不变色，35–40 × 4.5–5 μm；子囊孢子椭圆形至长椭圆形，壁平滑，单细胞，具 2–3 个大油滴，在子囊中不规则双列排列，4.5–5.5 × 1.4–1.8 μm；侧丝线形，宽 1.0–1.5 μm。

基物：腐木上一种核菌的子实体上生。

标本：吉林安图长白山，海拔 750 m，1998 IX 10，腐木上一种核菌的子实体上生，陈双林、庄文颖 2580，HMAS 74849。

世界分布：中国。

讨论：该种与 *U. parasitica* (Fuckel) W.Y. Zhuang 相似，但它们的基物真菌不同，子囊孢子形状与大小也有区别，后者的为卵圆形，6–8 × 3–4 μm (Zhuang 1988a, 2000)。

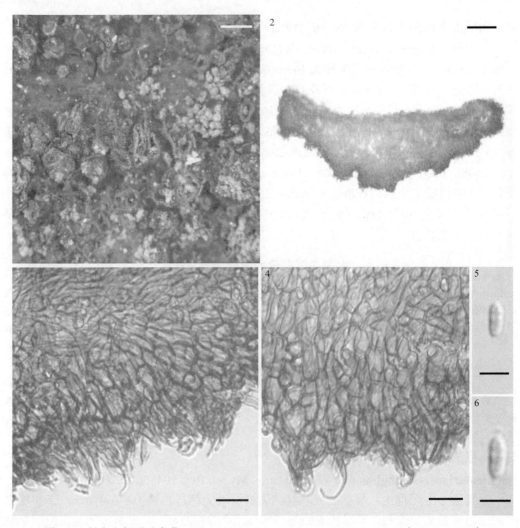

图 123 长白山拟爪毛盘菌 Unguiculariopsis changbaiensis W.Y. Zhuang (HMAS 74849)
1. 自然基物上的子囊盘; 2. 子囊盘解剖结构; 3、4. 囊盘被结构及毛状物形态; 5、6. 子囊孢子。比例尺: 1 = 4 mm; 2 = 100 μm; 3、4 = 20 μm; 5、6 = 5 μm

大明山拟爪毛盘菌 图 124

Unguiculariopsis damingshanica W.Y. Zhuang, Mycol. Res. 104(4): 507, 2000.

子囊盘单生至群生，盘状，无柄，直径 0.8–1.4 mm，子实层表面褐色至葡萄酒酒红色，子层托表面灰色，糠皮状；外囊盘被为角胞组织，外被短小的毛状物，厚 15–28 μm，细胞多角形至近球形，褐色，4–6 × 2–5 μm，毛状物基部膨大，顶端逐渐变细且弯曲，壁平滑，基部褐色，顶部近无色，10–20 × 2–5 μm；盘下层为交错丝组织，厚 20–73 μm，菌丝近无色，壁略厚，宽 1–2 μm；子实下层分化不显著；子实层厚 58–65 μm；子囊棒状，具 8 个子囊孢子，孔口在 Melzer 试剂中不变色，40–49 × 4–5 μm；子囊孢子椭圆形，壁平滑，单细胞，具 2 个大油滴，在子囊中不规则双列排列，4.5–5.7 × 1.8–2.1 μm；侧丝线形，宽 1.0–1.5 μm。

基物：竹子上的地衣上生。

标本：广西武鸣大明山，海拔 1200 m，1997 XII 22，竹子上的地衣上生，吴文平、庄文颖 1916，HMAS 74847；上思十万大山，海拔 300 m，1997 XII 27，竹子上的地衣上生，陈双林、庄文颖 1942，HMAS 76137。

世界分布：中国。

讨论：该种的子囊孢子和毛状物与 U. adirondacensis 的相似，但后者子囊盘较小（直径 0.2–0.4 mm），子囊很短（25–35 × 4.5–5 μm），毛状物顶端弯曲程度大，呈钩状，基物为一种类似 Lachnellula 属的盘菌（Zhuang 2000），而非地衣型真菌。

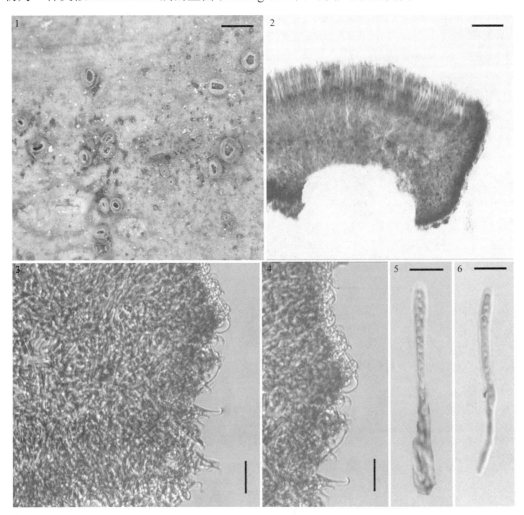

图 124 大明山拟爪毛盘菌 Unguiculariopsis damingshanica W.Y. Zhuang（HMAS 76137）
1. 自然基物上的子囊盘；2. 子囊盘解剖结构；3、4. 囊盘被结构及毛状物形态；5、6. 子囊。比例尺：1 = 1 mm；2 = 60 μm；3–6 = 10 μm

皱裂拟爪毛盘菌　图 125

Unguiculariopsis hysterigena (Berk. & Broome) Korf, Phytologia 21(4): 206, 1958. Korf & Zhuang, Mycotaxon 22: 505, 1985.

≡ *Peziza hysterigena* Berk. & Broome, J. Linn. Soc., Bot. 14 (no. 74): 106 , 1873.

子囊盘单生至群生，杯状至盘状，边缘内卷，无柄，直径可达 1.0 mm，子实层表面淡灰色、黄褐色至褐色带葡萄酒红色，子层托表面灰色至灰褐色，糠皮状；外囊盘被为角胞组织至球胞组织，外被短小的毛状物，厚 22–55 μm，细胞近球形至多角形，近无色至褐色，壁厚，宽 6–12 μm，毛状物多位于边缘及子囊盘侧面，基部膨大，顶端呈钩状，壁表面带有颗粒状物，经 KOH 水溶液预处理在 Melzer 试剂中变紫色，长 15–22 μm；盘下层为交错丝组织，厚 22–46 μm，菌丝淡褐色，宽 2–3.7 μm；子实下层分化不显著；子实层厚 37–55 μm；子囊由产囊丝钩产生，棒状，具 8 个子囊孢子，孔口在 Melzer 试剂中不变色，35–44 × 4.5–5.7 μm；子囊孢子球形，壁平滑，单细胞，具 1 个大油滴，在子囊中单列排列，直径 3–4.5 μm；侧丝线形，宽 1.2–1.5 μm。

基物：红类缝裂菌 *Rhytidhysteron rufulum* 的子实层上生。

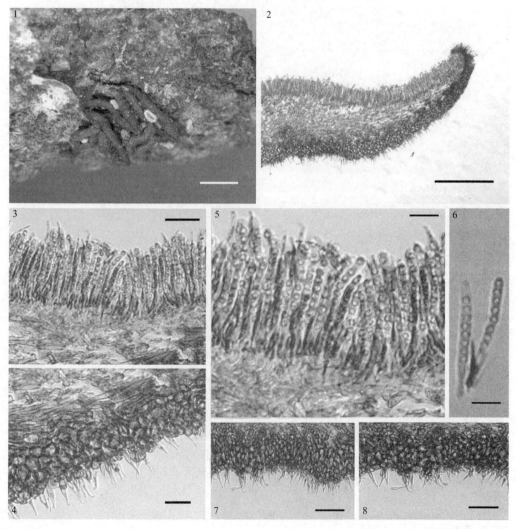

图 125 皱裂拟爪毛盘菌 *Unguiculariopsis hysterigena* (Berk. & Broome) Korf（1、7、8. HMAS 57708；2–6. HMAS 81340）

1. 基物上的子囊盘；2. 子囊盘解剖结构；3. 子实层结构；4. 囊盘被结构及毛状物形态；5–8. 子囊。比例尺：1 = 2 mm；2 = 100 μm；3 = 20 μm；5–8 = 10 μm

标本：海南，1934，*R. rufulum* 子实层上生，邓叔群 837，HMAS 53796；[采集地不详]，1934 IX 3，*R. rufulum* 子实层上生，邓祥坤 834，HMAS 45100；[采集地不详]，1934 X 31，*R. rufulum* 上生，邓祥坤 5822，HMAS 53795；儋县海南热带作物学院，2000 XII 5，*R. rufulum* 子实层上生，庄文颖、余知和、张艳辉 3628，HMAS 81340。云南西双版纳石灰山，1988 X 22，*R. rufulum* 子实层上生，Korf、臧穆、陈可可、庄文颖 233，HMAS 57708。

世界分布：中国、斯里兰卡。

讨论：该种与 *Unguiculariopsis ravenelii* 都生长在 *Rhytidhysteron rufulum* 的子实层上，与后者比较，前者的外囊盘被细胞壁较厚，毛状物的表面粗糙，有颗粒状纹饰，子囊孢子略大(Zhuang 1988a)。

拉氏拟爪毛盘菌钩亚种 图 126

Unguiculariopsis ravenelii subsp. **hamata** (Chenant.) W.Y. Zhuang, Mycotaxon 32: 53, 1988.

≡ *Pithyella hamata* Chenant., Bull. Soc. Mycol. Fr. 34: 39, 1918.

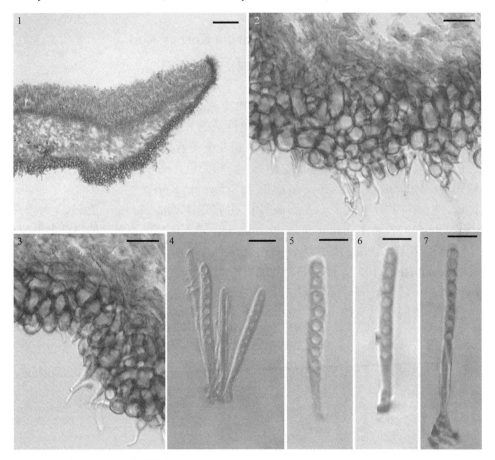

图 126 拉氏拟爪毛盘菌钩亚种 *Unguiculariopsis ravenelii* subsp. *hamata* (Chenant.) W.Y. Zhuang (HMAS 56508)

1. 子囊盘解剖结构；2、3. 囊盘被结构及毛状物；4–7. 子囊。比例尺：1 = 50 μm；2、3 = 20 μm；4–7 = 10 μm

子囊盘单生至群生，盘状至杯状，边缘内卷，无柄至近无柄，直径 0.4–1.3 mm，子实层表面灰褐色至橄榄褐色，子层托表面灰褐色至黄褐色，糠皮状；外囊盘被为球胞组织至角胞组织，外被短小的毛状物，厚 13–45 μm，细胞近球形至多角形，褐色，直径 5–14 μm，毛状物基部膨大，顶端逐渐变细并弯曲，壁平滑，长 15–29 μm；盘下层为交错丝组织，厚 13–64 μm，菌丝淡褐色，宽 2–3 μm；子实下层厚 11–15 μm；子实层厚 49–64 μm；子囊近圆柱形，具 8 个子囊孢子，孔口在 Melzer 试剂中不变色，43–51 × 4.5–6 μm；子囊孢子球形，壁平滑，单细胞，在子囊中单列排列，直径 3.5–5 μm；侧丝线形，宽 1.5–2 μm。

基物：缝裂类缝裂菌 *Rhytidhysteron hysterinum* 的子实层上生。

标本：贵州江口，1931 X 17，腐木上生，S.Y. Chen 727，FH-General Herbarium。法国，1987 IX 27，*R. hysterinum* 子实层上生，F. Candoussau，HMAS 56508。

世界分布：中国、法国、苏里南。

讨论：基于中国、法国、苏里南的材料，Zhuang(1988a) 对 *Unguiculariopsis ravenelii* subsp. *hamata* 进行了描述。该亚种与原亚种 *U. ravenelii* subsp. *ravenelii* 相似，但毛状物较长，子囊及子囊孢子略大些。

丝绒盘菌属 Velutarina Korf ex Korf
Phytologia 21(4): 201, 1971

子囊盘盘状，无柄，新鲜时子实层表面橄榄色，子层托表面黄褐色，糠皮状；外囊盘被为角胞组织至球胞组织，夹杂内含绿褐色汁液的大型泡状细胞，外层细胞松散结合；盘下层为交错丝组织；子囊柱棒状，具 4 个或 8 个子囊孢子，孔口在 Melzer 试剂中略呈蓝色；子囊孢子阔椭圆形至椭圆形，单细胞，初无色，成熟后变为淡褐色；侧丝线形。

模式种：*Velutarina rufo-olivacea* (Alb. & Schwein.) Korf。

讨论：Korf(1971) 建立了 *Velutarina* 属，并指定 *Velutarina rufo-olivacea* 为模式种。Holm 和 Holm(1977) 将 *Cenangium juniperi* Dennis 转入该属。外囊盘被夹杂大型泡状细胞，子囊孢子初无色，成熟后变为淡褐色是该属的鉴别性特征。该属目前已命名了 2 个种(Holm and Holm 1977；Kirk et al. 2008)。我国发现 2 个种(Zhuang 1999；Ren and Zhuang 2016b)，包括一个未定名种。子囊中子囊孢子的数目、子囊孢子的形状和大小是分种的主要依据。

中国丝绒盘菌属分种检索表

1. 子囊具 8 个子囊孢子；子囊孢子阔椭圆形，11–15 × 6.5–8.0 μm ············ 丝绒盘菌 *V. rufo-olivacea*
1. 子囊具 4 个子囊孢子；子囊孢子椭圆形，10–13 × 4.5–5.8 μm ··
   ·· 丝绒盘菌属一未定名种 *Velutarina* sp. 4115

丝绒盘菌 图 127

Velutarina rufo-olivacea (Alb. & Schwein.) Korf, Phytologia 21(4): 201, 1971. Zhuang, Mycotaxon 72: 334, 1999.

≡ *Peziza rufo-olivacea* Alb. & Schwein., Consp. Fung. (Leipzig) p. 320, 1805.

子囊盘单生至聚生，盘状，无柄，边缘略呈锯齿状，直径 0.5–1.7 mm，子实层表面新鲜时黄褐色、灰褐色至橄榄褐色，干后红褐色至暗褐色，子层托黄褐色，表面糠皮状；外囊盘被为角胞组织至球胞组织，外部细胞松散结合，偶见菌丝状延伸物，夹杂内含绿褐色汁液的大型泡状细胞，厚 45–71 μm，细胞多角形至近球形，近无色至淡褐色，内含物具折射性，9–23 × 7–14 μm；盘下层为交错丝组织，厚 75–234 μm，菌丝无色至淡褐色，壁薄，宽约 2 μm；子实下层厚 14–23 μm；子实层厚 97–150 μm；子囊柱棒状，具 8 个子囊孢子，孔口在 Melzer 试剂中呈淡蓝色，85–132 × 9–12 μm；子囊孢子阔椭圆形，初无色，成熟后变为淡褐色，壁平滑，单细胞，具 1–2 个大油滴，在子囊中呈单列排列，11–15 × 6.5–8.0 μm；侧丝线形，顶端略膨大，内含物褐色，顶端宽 1.2–2 μm，基部宽 1–1.5 μm。

基物：枯枝上生。

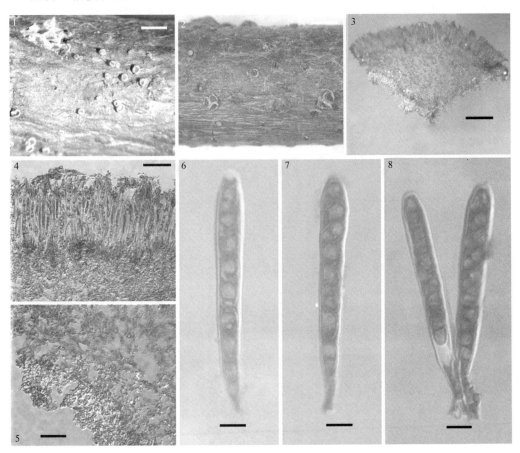

图 127　丝绒盘菌 *Velutarina rufo-olivacea* (Alb. & Schwein.) Korf (1、8. HMAS 72585；2–7. HMAS 271253)

1、2. 腐木上的干子囊盘；3. 子囊盘解剖结构；4. 子实层结构；5. 囊盘被结构；6–8. 子囊。比例尺：1、2 = 2 mm；3 = 200 μm；4、5 = 60 μm；6–8 = 10 μm

标本：吉林敦化黄泥河，海拔 350 m，2000 VIII 16，桦树小枝上生，庄文颖、吴文平 3557，HMAS 72585。广西十万大山，海拔 300 m，1997 XII 27，枯枝上生，庄文颖

1955，HMAS 74843。四川九寨沟，海拔 2000 m，2013 VIII 3，枯木上生，曾昭清、朱兆香、任菲 8592，HMAS 271253。

世界分布：中国、丹麦、英国、挪威、阿根廷。

讨论：我国材料的形态特征与 Dennis(1968)根据英国材料对该种的描述基本一致，子囊略短(85–132 × 9–12 μm vs. 160 × 12 μm)。该种在英国发生于 12 月至翌年 5 月，我国从北至南都有分布，不常见，子囊盘产生的时间跨度较大。

丝绒盘菌属一未定名种　图 128

Velutarina sp. 4115, Ren & Zhuang, Mycosystema 35: 518, 2016.

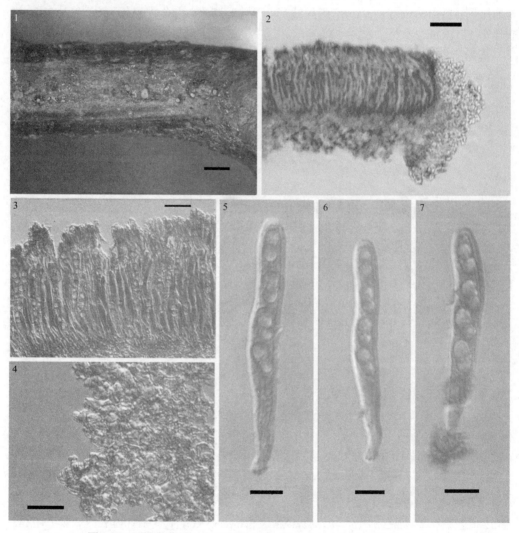

图 128　丝绒盘菌属一未定名种 *Velutarina* sp. 4115（HMAS 271254）
1. 腐木上的子囊盘；2. 子囊盘解剖结构；3. 子实层；4. 囊盘被结构；5–7. 子囊。比例尺：1 = 2 mm；2 = 100 μm；3、4 = 20 μm；5–7 = 10 μm

子囊盘单生至聚生，盘状无柄，直径可达 1 mm，子实层表面土黄褐色，干后暗褐色，子层托表面较子实层颜色略暗，糠皮状；外囊盘被为角胞组织至球胞组织，外部细胞松散结合，夹杂大型泡状细胞，厚 45–73 μm，细胞多角形至近球形，无色至褐色，4.5–18 × 4–9 μm；盘下层为角胞组织，厚 37–128 μm，细胞无色，5–9 × 4–6.5 μm；子实下层厚 12–18 μm；子实层厚 80–105 μm；子囊柱棒状，成熟时具 4 个发育良好的子囊孢子，孔口在 Melzer 试剂中呈淡蓝色，73–92 × 8–9 μm；子囊孢子椭圆形，初无色，成熟后变为淡褐色，壁平滑，具 2 个大油滴，在子囊中单列排列，10–13 × 4.5–5.8 μm；侧丝线形，顶端略膨大，顶端宽 1–2 μm，基部宽 1–1.5 μm。

基物：枯枝上生。

标本：湖南南岳树木园，海拔 150–250 m，2002 IV 10，树枝上生，庄文颖、刘斌 4115，HMAS 271254。

世界分布：中国。

讨论：该属目前已知种的子囊均含 8 个子囊孢子。湖南材料(HMAS 271254)的子囊较短，最初形成 8 个子囊孢子，其中 4 个败育，成熟时仅含 4 个子囊孢子。此材料显然代表一个新种，由于标本中子囊盘稀少，不足以作为模式标本，暂且处理为 Velutarina sp. 4115(Ren and Zhuang 2016b)。

干髓盘菌属 Xeromedulla Korf & W.Y. Zhuang

in W.Y. Zhuang & Korf, Mycotaxon 30: 189, 1987

子囊盘盘状至平展，具柄，子实层表面淡色，子层托表面多为白色，表面具短小的菌丝延伸物；外囊盘被为胶化的角胞组织，细胞壁厚并具折射性；盘下层为交错丝组织，不胶化；子囊近圆柱形至柱棒状，具 8 个子囊孢子，孔口在 Melzer 试剂中呈蓝色；子囊孢子线形、泪滴状、梭椭圆形至长梭形，具分隔，无色，通常单细胞；侧丝线形。

模式种：*Xeromedulla leptospora* W.Y. Zhuang & Korf。

讨论：该属以其小型具柄的子囊盘，外囊盘被为胶化的角胞组织、细胞壁厚并具折射性，盘下层组织不胶化，子囊孔口在 Melzer 试剂中呈蓝色，子囊孢子单细胞为显著特性(Zhuang and Korf 1987)。目前已知 3 个种，均在亚洲分布(Zhuang and Korf 1987, 1989)，我国仅发现一个种。外囊盘被结构、子层托表面细胞延伸物的形状、子囊孢子的形状、侧丝顶端特征是分种的主要依据。

栎干髓盘菌 图 129

Xeromedulla quercicola W.Y. Zhuang & Korf, Mycotaxon 35: 302, 1989.

子囊盘盘状至平展，干后内卷呈三角形或者船形，具短柄，直径 0.4–0.5 mm，子实层表面淡色，子层托表面有短小而稀疏的细胞延伸物，略呈微绒毛状，干后白色，回水后半透明；外囊盘被边缘为厚壁丝组织，侧面为角胞组织至球胞组织，厚 20–25 μm，细胞近等径或矩形，无色，壁加厚并具折射性，侧面及靠近边缘的组织胶化并包被一层胶质；边缘的细胞延伸物香蕉形，侧面的延伸物呈波状，具 0–1 个分隔，表面有细小的颗粒状纹饰，5–17 × 2.5–3 μm；盘下层为交错丝组织，很薄，在边缘几乎消失，侧面厚 3–15 μm，菌丝无色，壁薄；子实下层不分化；子实层厚 30–35 μm；子囊棒状，具 8 个子囊孢子，孔口在 Melzer 试剂中变蓝，约 30 × 3 μm；子囊孢子泪滴状，壁平滑，无隔，无色，在子囊中呈单列排列，3–4 × 1 μm；侧丝线形，顶端略微膨大，有时被无定形物质覆盖。

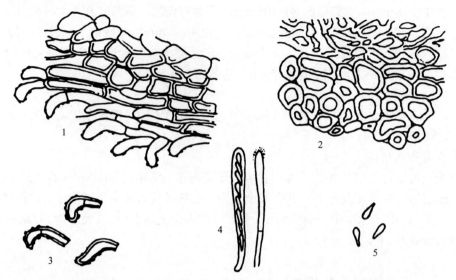

图 129 栎干髓盘菌 Xeromedulla quercicola W.Y. Zhuang & Korf (HMAS 57691)
1. 近子囊盘边缘的外囊盘被结构；2. 侧面的外囊盘被结构；3. 短小的毛状物；4. 子囊及侧丝；5. 子囊孢子。
比例尺 = 20 μm (引自 Zhuang and Korf 1989)

标本：北京潭柘寺，海拔 350 m，1988 X 16，张斌成 525，HMAS 57691 (主模式)。

世界分布：中国。

讨论：该种的外囊盘被结构在子囊盘边缘以及靠近边缘处为厚壁丝组织，不同于分布在菲律宾的 *Xeromedulla* 属其他两个种，它们的外囊盘被均为厚壁的角胞组织 (Zhuang and Korf 1987)，此外它们在子囊孢子形状上明显有别。

参 考 文 献

毕志树, 郑国扬, 李泰辉, 王又昭. 1990. 粤北山区大型真菌志. 广州: 广东科技出版社: 1-450

戴芳澜. 1979. 中国真菌总汇. 北京: 科学出版社: 1-1527

戴雨生. 1992. 盘菌一新种. 真菌学报, 11: 207-209

邓叔群. 1963. 中国的真菌. 北京: 科学出版社: 1-808

杜秀英, 唐建军. 2006. 中国地图集. 北京：中国地图出版社: 1-325

李泰辉, 章卫民, 宋斌, 沈亚恒, 陆勇军, 何青. 1997. 南岭自然保护区真菌资源调查名录之三. 生态科学, 16: 69-75

刘波, 曹晋忠, 张树溪. 1988. 我国未报道过的一种新毒菌. 山西大学学报, 11(3): 72-73

任菲、庄文颖. 2017. 柔膜菌科并非单系群. 菌物学报, 36: 282-291

宋瑞清, 项存悌, 朱天博, 于桂华, 闻宝莲. 1997. 芽孢盘菌属一新种. 植物研究, 17(2): 24-25

孙宝贵, 解华石, 王景义, 韩少敏, 祝祥盛, 何振清. 1983. 红松流脂病的初步研究. 中国森林病虫, 3: 3-4

王娥梅, 刘琨, 代建法, 平安和, 刘淑敏, 刘肖蒙. 2004. 薄荷茎枯病发生规律及防治初探. 中国植保导刊, 24: 30-31

王也珍, 吴声华, 周文能, 张东柱, 陈桂玉, 陈淑芬, 陈城梹, 曾显雄, 刘锦惠, 谢文瑞, 谢焕儒, 钟兆玄, 简秋源. 1999. 台湾真菌名录. 台中: 行政院农业委员会: 1-289

王云章, 臧穆. 1983. 西藏的真菌. 北京: 科学出版社. 1-226

无名氏. 1976. 真菌名词及名称. 北京: 科学出版社: 1-467

吴声华, 王也珍, 周文能. 1996. 真菌标本及菌株名录. 台中: 自然科学博物馆: 1-140

吴兴亮, 宋斌, 李泰辉, 刘作易, 谭伟福, 朱国胜. 2009. 中国广西大型真菌研究. 贵州科学, 27: 1-25

项存悌, 宋瑞清. 1988. 中国东北地区芽孢盘菌属的研究. 植物研究, 8(1): 147-152

徐阿生. 2006. 西藏盘菌物种多样性初探. 莱阳农学院学报(自然科学版), 23: 255-259

臧穆. 1996. 横断山区真菌. 北京: 科学出版社: 1-598

张艳辉. 2002. 膜盘菌属的分子系统学及中国该属的分类研究. 北京: 中国科学院微生物研究所博士论文: 1-101

郑焕娣, 庄文颖. 2015. 膜盘菌属研究概况. 菌物学报, 34: 799–808

郑儒永, 魏江春, 胡鸿钧, 余永年, 吴鹏程, 邢公侠, 刘波. 1990. 孢子植物名称及名称. 北京: 科学出版社: 1-961

三浦道哉(Miura M). 1930. 满蒙植物志. 第三辑. 隐花植物, 菌类. 南满铁道株会社: 1-549

Abdel-Raheem A, Sherer CA. 2002. Extracellular enzyme production by freshwater ascomycetes. Fungal Diversity, 11: 1-19

Andersson P F, Bengtsson S, Cleary M, Stenlid J, Broberg A. 2012b. Viridin-like steroids from *Hymenoscyphus pseudoalbidus*. Phytochemistry, 86: 195-200

Andersson P F, Bengtsson S, Stenlid J, Broberg A. 2012a. B-norsteroids from *Hymenoscyphus pseudoalbidus*. Molecules, 17: 7769-7781

Arendholz WR, Sharma R. 1983. Some new or interesting Helotiales from the eastern Himalayas. Mycotaxon, 17: 473-512

Arendholz WR, Sharma R. 1984. Observations on some eastern Himalayan Helotiales. Mycotaxon, 20: 633-680

Arendholz WR. 1989. The genus *Pezizella* I: nomenclature and history. Mycotaxon, 36: 283-303

Baral HO, Bemmann M. 2013. *Hymenoscyphus serotinus* and *H. lepismoides* sp. nov., two lignicolous species with a high host specificity. Ascomycete.org, 5: 109-128

Baral HO, Galán R, López J, Arenal F, Villarreal M, Rubio V, Collado J, Platas G, Peláez F. 2006. *Hymenoscyphus crataegi* (Helotiales), a new species from Spain and its phylogenetic position within the genus *Hymenoscyphus*. Sydowia, 58: 145-162

Baral HO, Galán R, Platas G, Tena R. 2013b. *Phaeohelotium undulatum* comb. nov. and *Phaeoh. succineoguttulatum* sp. nov., two segregates of the *Discinella terrestris* aggregate found under *Eucalyptus* in Spain: Taxonomy, molecular biology, ecology and distribution. Mycosystema, 32: 386-428

Baral HO, Krieglsteiner GJ. 1985. Bausteine zu einer Askomyzeten-Flora der Bundesrepublik Deutschland: In Süddeutschland gefundene inoperculate Discomyzeten mit taxonomische, ökologischen, chorologischen Hinweisen und einer Farbtafel. Beihefte zur Zeitschrift für Mykologie, 6: 1-160

Baral HO, Krieglsteiner L. 2006. *Hymenoscyphus subcarneus*, a little known bryicolous discomycete found in the Białowieża National Park. Acta Mycologica, 41: 11-20

Baral HO, Marson G, Bogale M, Untereiner WA. 2013a. *Xerombrophila crystallifera*, a new genus and species in the Helotiales. Mycological Progress, 12: 475-488

Baral HO, Marson G. 2000. Monographic revision of *Gelatinopsis* and *Calloriopsis* (Calloriopsideae, Leotiales). Micologia, 2000: 23-46

Baral HO. 1987. Der Apikalapparat der Helotiales. Eine lichtmikroskopische Studie über Arten mit Amyloidring. Zeitschrift für Mykologie, 53: 119-136

Baral HO. 2015. *Hymenoscyphus menthae*, *H. macroguttatus* and *H. scutula*, a comparative taxonomic study emphasizing the value of spore guttulation and croziers. Ascomycete.org, 7: 255-287

Beaton G, Weste G. 1977. New species of Helotiales and Phacidiales from Australia. *Transactions of the British Mycological Society*, 68: 73-77

Beaton G, Weste G. 1978. Two new fruit-inhabiting Helotiales species from Australia. Trans. Br. Mycol. Soc., 70: 73-76

Bengtsson SBK, Vasaitis R, Kirisits T, Solheim H, Stenlid J. 2012. Population structure of *Hymenoscyphus pseudoalbidus* and its genetic relationship to *Hymenoscyphus albidus*. Fungal Ecology, 5: 147-153

Berbee ML, Taylor JW. 2001. Fungal molecular evolution: Genes trees and geological time. In: McLaughlin DJ, McLaughlin EG, Lemke PA. The Mycota, Vol. VII: Systematics and Evolution. Heidelberg: Springer-Verlag: 229-245

Brackel W von. 2011. Lichenicolous fungi and lichens from Puglia and Basilicata (southern Italy). Herzogia, 24: 65-101

Bruns TD, White TJ, Taylor JW. 1991. Fungal molecular systematics. Annual Review of Ecology and Systematics, 22: 264-524

Butin H. 1984. Two new species of *Chloroscypha* (Discomycetales) on South American Cupressaceae. Sydowia, 37: 15-20

Carpenter SE, Dumont KP. 1978. Los Hongos de Colombia – IV. *Bisporella triseptataa* and its allies in Colombia. Caldasia, 12(58): 339-348

Carpenter SE. 1975. *Bisporella discendens* and its *Cystodendron* state. Mycotaxon, 2: 123-126

Carpenter SE. 1981. Monograph of *Crocicreas* (Ascomycetes, Helotiales, Leotiaceae). Memoirs of the New York Botanical Garden, 33: 1-290

Cash EK. 1938. New Records of Hawaiian Discomycetes. Mycologia, 30: 97-107

Chandelier A, André F, Laurent F. 2010. Detection of *Chalara fraxinea* in common ash (*Fraxinus excelsior*) using real time PCR. Forest Pathology, 40: 87-95

Chandelier A, Delhaye N, Helson M. 2011. First report of the ash dieback pathogen *Hymenoscyphus pseudoalbidus* (anamorph *Chalara fraxinea*) on *Fraxinus excelsior* in Belgium. Plant Disease, 95: 220

Chlebická M, Chlebicki A. 2007. *Cyathicula brunneospora* and *Pirottaea atrofusca*, two new Helotiales from Tian Shan (Kazakhstan). Mycotaxon, 100: 37-50

Ciferri R. 1957. Revision of the genus *Cordierites* Mont. Atti dell'Istituto Botanico della Università e Laboratorio Crittogamico di Pavia, 14: 263-270

Cribb AB. 1991. The aquatic discomycete *Hymenoscyphus varicosporoides* in Queensland. Queensland Naturalist, 31: 26-28

Dennis RWG. 1954. Some inoperculate discomycetes of tropical America. Kew Bulletin, 2: 289-348

Dennis RWG. 1956. A revision of the British Helotiaceae in the Herbarium of the Royal Botanic Gardens, Kew, with notes on related European species. Mycological Papers, 62: 1-216

Dennis RWG. 1958. Bolivian Helotiales collected by Dr. R. Singer. Kew Bulletin, 13: 458-467

Dennis RWG. 1964. Remarks on the genus *Hymenocyphus* S.F. Gray, with observations on sundry species referred by Saccardo and others to the genera *Helotium*, *Pezizella* or *Phialea*. Persoonia, 3: 29-80

Dennis RWG. 1968. British Ascomycetes. Lehre: J. Cramer Publisher: 1-455

Dennis RWG. 1971. New or interesting British microfungi. Kew Bulletin, 25: 335-374

Dennis RWG. 1975. New or interesting British microfungi III. Kew Bulletin, 30: 345-365

Dennis RWG. 1978. British Ascomycetes. 2ed. Vaduz: J. Cramer: 1-585

Dennis RWG. 1995. Fungi of South East England. London: Royal Botanic Gardens, Kew: 1-301

Diederich P, Etayo J. 2000. A synopsis of the genera *Skyttea*, *Llimoniella* and *Rhymbocarpus* (Lichenicolous ascomycota, Leotiales). The Lichenologist, 32: 423-485

Dixon JR. 1974. *Chlorosplenium* and its segregates. I. Introduction and the genus *Chlorosplenium*. Mycotaxon, 1: 65-104

Dixon JR. 1975. *Chlorosplenium* and its segregates. II. The genera *Chloriciboria* and *Chloroencoelia*. Mycotaxon, 1: 193-237

Döbbeler P. 1999. *Polytrichadelphus magellanicus* – a mycological Eldorado: Five new ascomycetes on a single collection from Tierra del Fuego. Haussknechtia Beihefte, 9: 79-96

Donner CD, Cuzzupe AN, falzon CL, Gill M. 2012 Investigations towards the synthesis of xylindein, a blue-green pigment from the fungus *Chlorociboria aeruginosa*. Tetrahedron, 68(13): 2799-2805

Dumont K P. 1975. Sclerotiniaceae X. *Ciboriella*, a Taxonomic Synonym of *Lanzia*. Mycologia, 67: 569-585

Dumont KP, Carpenter SE. 1982. Los hongos de Colombia – VII: Leotiaceae – IV: *Hymenoscyphus caudatus* and related species from Colombia and adjacent regions. Caldasia, 13(4): 567-602

Dumont KP. 1981a. Leotiaceae II. A preliminary survey of the Neotropical species referred to *Helotium* and *Hymenoscyphus*. Mycotaxon, 12: 313-371

Dumont KP. 1981b. Leotiaceae III. Notes on selected temperate species referred to *Helotium* and

Hymenoscyphus. Mycotaxon, 13: 59-84

Durand EJ. 1923. The Genera *Midotis*, *Ionomidotis* and *Cordierites*. Proceedings of the American Academy of Arts and Sciences, 59: 1-18

Egger KN, Sigler L. 1993. Relatedness of the ericoid endophytes *Scytalidium vaccinii* and *Hymenoscyphus ericae* inferred from analysis of ribosomal DNA. Mycologia, 85: 219-230

Etayo J, Sancho LG. 2008. Hongos liquenícolas del sur de Sudamérica, especialmente de Isla Navarino (Chile). Bibliotheca Lichenologica, 98: 1-302

Etayo J, Triebel D. 2010. New and interesting lichenicolous fungi at the Botanische Staatssammlung München. The Lichenologist, 42(3): 231-240

Fink B. 1911. Injury to *Pinus strobus* caused by *Cenangium abietis*. Phytopathology, 1(6): 180-183

Fisher P J, Spooner B. 1987. Two new ascomycetes from Malawi. Transactions of the British Mycological Society, 88: 47-54

Fries EM. 1849. Summa vegetabilium Scandinaviae. Typographia Acad Upps, 2: 259-572

Fröhlich J, Hyde KD. 2000. Palm Microfungi. Hong Kong: Fungal Diversity Press: 1-393

Funk A. 1975. *Sageria*, a new genus of Helotiales. Canadian Journal of Botany, 53: 1196-1199

Funk A. 1986. Two new discomycetes on *Pinus*. Mycotaxon, 27: 283-288

Galán R, Baral HO. 1997. *Hymenoscyphus tamaricis* (Leotiales), a new species from Spain. Beiträge zur Kenntnis der Pilze Mitteleuropas, 11: 57-66

Galán R. 1993. *Helotiella maireana* Rehm, a forgotten cupuliferous species. Rivista Micologia, 36(2): 149-154

Gamundí IJ, Messuti MI. 2006. A new species of *Phaeohelotium* from *Nothofagus* forests in Argentina and Chile, with a key to the Southern Hemisphere species. Mycological Research, 110: 493-496

Gamundí IJ, Romero AI. 1998. Fungi, Ascomycetes, Helotiales, Helotiaceae. Flora Criptogámica de Tierra del Fuego, 10(5): 1-131

Gamundí IJ. 1991. On the Synonymy of *Ameghiniella australis* and *Ionomidotis chilensis*. Mycological Research, 95: 1131-1136

Graddon WD. 1977. Some new discomycete species: 4. Transactions of the British Mycological Society, 69: 255-273

Graddon WD. 1980. Some new discomycete species 5. Transactions of the British Mycological Society, 74: 265-269

Gremmen J. 1959. Einige Discomyceten aus Kärnten und Südtirol. Sydowia, 12: 487-489

Gross A, Grünig CR, Queloz V, Holdenrieder O. 2012a. A molecular toolkit for population genetic investigations of the ash dieback pathogen *Hymenoscyphus pseudoalbidus*. Forest Pathology, 42: 252-264

Gross A, Han JG. 2015. *Hymenoscyphus fraxineus* and two new *Hymenoscyphus* species identified in Korea. Mycological Progress, 14: 19

Gross A, Holdenrieder O, Woodward S. 2015a. Pathogenicity of *Hymenoscyphus fraxineus* and *Hymenoscyphus albidus* towards *Fraxinus mandshurica* var. *japonica*. Forest Pathology, 45: 172-174

Gross A, Hosoya T, Zhao YJ, Baral H O. 2015b. *Hymenoscyphus linearis* sp. nov.: Another close relative of the ash dieback pathogen *H. fraxineus*. Mycological Progress, 14: 20

Gross A, Zaffarano PL, Duo A, Grünig CR. 2012b. Reproductive mode and life cycle of the ash dieback pathogen *Hymenoscyphus pseudoalbidus*. Fungal Genetics and Biology, 49: 977-986

Grove JW. 1936. Ascocalyx abietis and *Bothrodiscus pinicola*. Mycologia, 28: 451-462

Groves JW, Leach AM. 1949. The species of *Tympanis* occurring on *Pinus*. Mycologia, 41: 59-76

Groves JW, Wilson DE. 1967. The nomenclatural status of *Coryne*. Taxon, 16: 35-41

Groves JW. 1952. The genus *Tympanis*. Canadian Journal of Botany, 30: 571-651

Groves JW. 1965. The genus *Godronia*. Canadian Journal of Botany, 43(10): 1195-1276

Groves JW. 1968. Two new species of *Ascocalyx*. Canadian Journal of Botany, 46: 1273-1281

Groves JW. 1969a. *Crumenulopsis*, a new name to replace *Crumenula* Rehm. Canadian Journal of Botany, 47: 47-51

Groves JW. 1969b. Notes on genus *Encoeliopsis*. Canadian Journal of Botany, 47(8): 1319-1331

Halici MG, Hawksworth DL, Aksoy A. 2007. Contributions to the lichenized and lichenicolous fungal biota of Turkey. Mycotaxon, 102: 403-414

Han JG, Shin HD. 2008. *Hymenoscyphus ginkgonis* sp. nov. growing on leaves of *Ginkgo biloba*. Mycotaxon, 103: 189-195

Hanlin RT, Jiménez B, Chang LH, Brown EA. 1992. *Crumenulopsis atropurpurea* comb. nov., from Japanese red pine in Georgia. Mycologia, 84: 650-658

Helander ML. 1995. Responses of Pine needle endophytes to air-pollution. New Phytologist, 131(2): 223-229

Hengstmengel J. 1996. Notes on *Hymenoscyphus* II. On three non-fructicolous species of the 'fructigenus-group' with croziers. Persoonia, 16: 191-207

Hengstmengel J. 2009. Notes on *Hymenoscyphus* – 3: On the nomenclature of *Hymenoscyphus subcarneus* (Ascomycota, Helotiales). Mycotaxon, 107: 267-276

Hennings P. 1905. Zwei neue Cudonieen aus der Umgebung Berlins. Verhandlungen des Botanischen Vereins der Provinz Brandenburg, 46: 115-119

Hibbett DS. 1992. Ribosomal RNA and fungal systematics. Transactions of the Mycological Society of Japan, 33: 533-556

Hietala AM, Solheim H. 2011. *Hymenoscyphus* species associated with European ash. EPPO Bulletin, 41: 3-6

Holm K, Holm L. 1977. Nordic junipericolous ascomycetes. Symbolae Botanicae Upsalienses, 21(3): 1-70

Holmgren K, Holmgren NH, Barnett LC. 1990. Index Herbariorum. 8ed. Regnum Vegetabile 120. New York Botanical Garden. Bronx: 1-693

Holst-Jensen A, Kohn L, Schumacher T. 1997a. Nuclear rDNA phylogeny of the Sclerotiniaceae. Mycologia, 89: 885-899

Holst-Jensen A, Kohn L, Jakobsen K, Schumacher T, 1997b. Molecular phylogeny and evolution of *Monilinia* (Sclerotiniaceae) based on coding and noncoding rDNA sequences. American Journal of Botany, 84: 686-701

Holst-Jensen A, Vaage M, Schumacher T, Johansen S. 1999. Structural characteristics and possible horizontal transfer of group I introns between closely related plant pathogenic fungi. Molecular Biology and Evolution, 16: 114-126

Huhtinen S, Hawksworth DL, Ihlen PG. 2008. Observations on two glassy-haired lichenicolous discomycetes. The Lichenologist, 40: 549-553

Huhtinen S, Laukka T, Dobbeler P, Stenroos S. 2010. Six novelties to European bryosymbiotic discomycetes. Nova Hedwigia, 90: 413-431

Huhtinen S, Santesson R. 1997. A new lichenicolous species of *Polydesmia* (Leotiales: Hyaloscyphaceae). The Lichenologist, 29(3): 205-208

Huhtinen S. 1985. Mycoflora of Poste-de-la-Baleine, Northern Québec ascomycetes. Naturaliste Canadien (Rev. Écol. Syst.), 112: 473-524

Huhtinen S. 1989. A monograph of *Hyaloscypha* and allied genera. Karstenia, 29(2): 45-252

Husson C, Scala B, Caël O, Frey P, Feau N, Ioos R, Marçais B. 2011. *Chalara fraxinea* is an invasive pathogen in France. European Journal of Plant Pathology, 130: 311-324

Ioos R, Kowalski T, Husson C, Holdenrieder O. 2009. Rapid *in planta* detection of *Chalara fraxinea* by a real-time PCR assay using a dual-labelled probe. European Journal of Plant Pathology, 125: 329-335

Iturriaga T, Korf RP, Babcock JF. 1999. Fungi on *Epifagus Crocicreas epifagicola* sp. nov., with comments on the generic names *Crocicreas* and *Cyathicula*. Mycological Research, 103: 28-30

Iturriaga T, Korf RP. 1984a. Studies in the genus *Strossmayeria* (Helotiales). 1. generic delimitation. 2. Lost species. 3. Excluded species. Mycataxon, 20: 169-178

Iturriaga T, Korf RP. 1984b. Studies in the genus *Strossmayeria* (Helotiales). 4. Connection to its anamorph, *Pseudospiropes*. Mycotaxon, 20: 179-184

Iturriaga T, Korf RP. 1990. A monograph of the discomycete genus *Strossmayeria* (Leotiales), with comments on its anamorph *Pseudospiropes* (Dermateaceae). Mycotaxon, 36: 383-454

Iturriaga T, Mardones M. 2013. A new species of *Chlorencoelia* from Parque Nacional EI Ávila, Venezuela. Mycosystema, 32(3): 457-461

Iturriaga T. 1991. New combinations and new synonyms in the genus *Claussenomyces*. Mycotaxon, 42: 327-332

Iturriaga T. 1994. Discomycetes of the Guayanas. 1. Introduction and some *Encoelia* species. Mycotaxon, 52: 271-288

Jankovsky L, Holdenrieder O. 2009. *Chalara fraxinea* - Ash dieback in the Czech Republic. Plant Protection Science, 45: 74-78

Johansson SBK, Vasaitis R, Ihrmark K, Barklund P, Stenlid J. 2010. Detection of *Chalara fraxinea* from tissue of *Fraxinus excelsior* using species-specific ITS primers. Forest Pathology, 40: 111-115

Johnston PR, Park D. 2005. *Chlorociboria* (Fungi, Helotiales) in New Zealand. New Zealand Journal of Botany, 43: 679-719

Johnston PR, Park D. 2013. The phylogenetic position of *Lanzia berggrenii* and its sister species. Mycosystema, 32: 366-385

Johnston PR, Park DC, Manning MA. 2010. *Neobulgaria alba* sp. nov. and its *Phialophora*-like anamorph in native forests and kiwifruit orchards in New Zealand. Mycotaxo*n*, 113: 385-396

Johnston PR, Seifert KA, Stone JK, Rossman AY, Marvanová L. 2014. Recommendations on generic names competing for use in Leotiomycetes (Ascomycota). IMA Fungus, 5: 91-120

Johnston PT. 1989. Some tomenticolous *Crocicreas* species from New Zealand. Memories of the New York Botanic Garden, 49: 108-111

Juzwik J, French DW, Hinds TE. 1986. *Encoelia pruinosa* on *Populus-tremuloides* in Minnesota: occurrence, pathogenicity, and comparison with Colorado isolates. Canadian Journal of Botany, 64: 2728-2732

Kanouse BB. 1935. Notes on new or unusual Michigan Discomycetes. II. Papers of the Michigan Academy of Sciences, 20: 65-78

Kanouse BB. 1941. New and unusual discomycetes. Mycologia, 33: 461-467

Karsten PA. 1870. Symbolae ad mycologiam fennicam. Notiser ur Sällskapets pro Fauna et Flora Fennica Förhandlingar, 1: 211-268

Kernan MJ, Finocchio AF. 1983. A new discomycete associated with the roots of *Monotropa uniflora* (Ericaceae). Mycologia, 75: 916-920

Killermann-Regensburg von S. 1929. Die Bulgaria-Fr.-Gruppe. Hedwigia, 69: 84-94

Kimbrough JW, Atkinson M. 1972. Cultural feature and imperfect stage of *Hymenoscyphus caudatus*. American Journal of Botany, 59: 165-171

Kirisits T, Dämpfle L, Kräutler K. 2013. *Hymenoscyphus albidus* is not associated with an anamorphic stage and displays slower growth than *Hymenoscyphus pseudoalbidus* on agar media. Forest Pathology, 43: 386-389

Kirisits T, Kritsch P, Kräutler K, Matlakova M, Halmschlager E. 2012. Ash dieback associated with *Hymenoscyphus pseudoalbidus* in forest nurseries in Austria. Journal of Agricultural Extension and Rural Development, 4: 230-235

Kirk PM, Ansell AE. 1992. Authors of fungal names. Wallingford: CABI: 1-95

Kirk PM, Cannon PF, Minter DW, Stalpers JA. 2008. Dictionary of the Fungi. 10th ed. Wallingford: CABI: 1-771

Kirschstein W. 1923. Ein neuer märkischer Discomycetes. Verhandlungen des Botanischen Vereins der Provinz Brandenburg, 65: 122-124

Kjær ED, Mckinney LV, Nielsen LR, Hansen LN, Hansen JK. 2012. Adaptive potential of ash (*Fraxinus excelsior*) populations against the novel emerging pathogen *Hymenoscyphus pseudoalbidus*. Evolutionary Applications, 5: 219-228

Kobayashi T, 1965. Taxonomic notes on *Chloroscypha* causing needle blight of Japanese conifers. Bulletin of the Government Forest Experimental Station Meguro, 176: 55-74

Koltay A, Szabó I, Janik G. 2012. *Chalara fraxinea* incidence in Hungarian ash (*Fraxinus excelsior*) forests. Journal of Agricultural Extension and Rural Development, 4: 236-238

Korf RP, Abawi GS. 1971. On *Holwaya*, *Crinula*, *Claussenomyces* and *Corynella*. Canadian Journal of Botany, 49: 1879-1883

Korf RP, Bujakiewicz AM. 1985. On three autumnal species of *Bisporella* (discomycetes) in New York. Agarica, 6: 302-311

Korf RP, Carpenter SE. 1974. *Bisporella*, a generic name for *Helotium citrinum* and its allies, and the generic names *Calycella* and *Calycina*. Mycotaxon, 1:51-62

Korf RP, Zhuang WY. 1985a. Some new species and new records of discomycetes in China. Mycotaxon, 22: 483-514

Korf RP, Zhuang WY. 1985b. A synoptic key to the species of *Lambertella* (Sclerotiniaceae), with comments on a version prepared for taxadat, Anderegg's computer program. Mycotaxon, 24: 361-386

Korf RP, Zhuang WY. 1987. On the genus *Pityella* and its synonym, *Helotiopsis* (Leotiaceae). Mycotaxon, 29: 1-10

Korf RP. 1962. A synopsis of the Hemiphacidiaceae, a family of the Helotiales (Discomycetes) causing needle blights of conifers. Mycologia, 54: 12-33

Korf RP. 1971. Some new discomycete names. Phytologia, 21: 201-207

Korf RP. 1973. Discomycetes and Tuberales. In: Ainsworth GC, Sparrow FK, Sussman AS. The Fungi: An Advanced Treatise. Vol. 4A. New York and London: Academic Press: 249-319

Korf RP. 1982. New combinations and a new name for discomycetes illustrated by Boudier in the Icones Mycologicae. Mycotaxon, 14: 1-2

Kowalski T, Holdenrieder O. 2008. Pathogenicity of *Chalara fraxinea*. Forest Pathology, 39: 1-7

Kowalski T. 2006. *Chalara fraxinea* sp. nov. associated with dieback of ash (*Fraxinus excelsior*) in Poland. Forest Pathology, 36(4): 264-270

Kraj W, Kowalski T. 2014. Genetic variability of *Hymenoscyphus pseudoalbidus* on ash leaf rachises in leaf litter of forest stands in Poland. Journal of Phytopathology, 162: 218-227

Kraj W, Zarek M, Kowalski T. 2012. Genetic variability of *Chalara fraxinea*, dieback cause of European ash (*Fraxinus excelsior* L.). Mycological Progress, 11: 37-45

Kucera V, Lizoň P. 2005. *Ascocoryne striata*, comb. nov. Mycotaxon, 93: 163-165

Kullnig-Gradinger CM, Szakacs G, Kubicek. 2002. Phylogeny and evolution of the genus *Trichoderma*: Multigene approach. Mycological Research, 106: 757-767

Lantz H, Johnston PR, Park D. 2011. Molecular phylogeny reveals a core clade of Rhytismatales. Mycologia, 103: 57-74

Li SH, Zhao YC, Chai HM, Zhong MH. 2006. One new records species in the genus *Hymenoscyphus* (Helotiales, Leotiaceae) from China. Southwest China Journal of Agricultural Sciences, 19: 162-163

Liu XX, Zhuang WY. 2015. A new species of *Hymenoscyphus* (Helotiales) from tropical China. Journal of Fungal Research, 13: 129-131

Liu YJ, Whelen S, Hall BD. 1999. Phylogenetic relationships among ascomycetes: Evidence from an RNA polymerase II subunit. Molecular Biology and Evolution, 16: 1799-1808

Lizoň P, Korf RP. 1995. Taxonomy and nomenclature of *Bisporella claroflava* (Leotiaceae). Mycotaxon, 54: 471-478

Lizoň P. 1992. The genus *Hymenoscyphus* (Helotiales) in Slovakia, Czechoslovakia. Mycotaxon, 45: 1-59

Mckinney LV, Thomsen IM, Kjaer ED, Nielsen LR. 2012. Genetic resistance to *Hymenoscyphus pseudoalbidus* limits fungal growth and symptom occurrence in *Fraxinus excelsior*. Forest Pathology, 42: 69-74

McNeill J, Barrie FR, Burdet HM, Demoulin V, Greuter W, Hawksworth DL, Herendeen PS, Knapp S, Marhold K, Prado J, Prud'homme van Reine WF, Smith GF, Wiersema JH, Turland NJ. 2012. International Code of Nomenclature for algae, fungi and plants (Melbourne Code). Regnum Vegetabile, 154: 1-208

Mougeot JB. 1846. Considérations générales sur la végétation spontanée du Département des Vosges. Epinal p. Gley: 1-356

Müller E, Dorworth CE. 1983. On the discomycetous genera *Ascocalyx* Naumov and *Gremmeniella* Morelet. Sydowia, 36: 193-203

Nannfeldt JA. 1932. Studien über die Morphologie und Systematik der nicht-lichenisierten inoperculaten Discomyceten. Nova Acta Regiae Societatis Scientiarum Upsaliensis, 8(2): 1-368

Naumov NA. 1925. Mikologicheskie zametki. O neskol'kikh novykh ili maloizvestnykh vidakh. Bolezni Rastenij, 14: 137-149

Nograsek A, Matzer M. 1991. Nicht-pyrenokarpe Ascomyceten auf Gefässpflanzen der Polsterseggenrasen. I. Arten auf *Dryas octopetala*. Nova Hedwigia, 53: 445-475

O'Donnell K, Cigelnik E, Weber NS, Trappe JM. 1997. Phylogenetic relationships among ascomycetous truffles and the true and false morels inferred from 18S and 28S ribosomal DNA sequence analysis.

Mycologia, 89: 48-65

O'Donnell K, Lutzoni FM, Ward TJ, Benny GL. 2001. Evolutionary relationships among mucoralean fungi (Zygomycota): Evidence for family polyphyly on a large scale. Mycologia, 93: 286-297

Ogris N, Hauptman T, Jurc D, Floreancig V, Marsich F, Montecchio L. 2010. First report of *Chalara fraxinea* on common ash in Italy. Plant Disease, 94: 133

Ou SH. 1936. Additional fungi from China. IV. Sinensia, 6: 668-685

Ouellette GB, Korf RP. 1979. Three new species of *Claussenomyces* from Macaronesia. Mycotaxon, 10: 255-264

Ouellette GB, Pirozynski KA. 1974. Reassessment of *Tympanis* based on types of ascospore germination within asci. Canadian Journal of Botany, 52: 1889-1917

Overeem C van. 1926. Heft XIII. Dermateaceae. In: Overeem C van, Weese J. Icones Fungorum Malayensium. Holland: Wien, 13: 1-3

Pascoal C, Marvanová L, Cássio F. 2005. Aquatic hyphomycete diversity in streams of Northwest Portugal. Fungal Diversity, 19: 109-128

Patouillard N. 1890. Quelques champignons de la Chine rëcoltë par M. l'abble Delavay. Revue Mycologique, 12: 133-136

Pegler DN, Roberts PJ, Spooner BM. 1999. New British records. Mycologist, 13: 19-22

Peláez F, Collado J, Platas G, Overy DP, Martín J, Vicente F, González Del Val A, Basilio A, De La Cruz M, Tormo JR, Fillola A, Arenal F, Villareal M, Rubio V, Baral HO, Galán R, Bills GF. 2011. Phylogeny and intercontinental distribution of the pneumocandin-producing anamorphic fungus *Glarea lozoyensis*. Mycology, 2: 1-17

Petrak F, Sydow H. 1923. Kritisch-systematische Original-untersuchungen über Pyrenomyzeten, Sphaeropsideen und Melanconieen. Annales Mycologici Editi in Notitiam Scientiae Mycologicae Universalis, 21: 350-384

Petrak F. 1921. Mykologische Notizen. II. Annales Mycologici Editi in Notitiam Scientiae Mycologicae Universalis, 19(1-2): 17-128

Petrini O. 1982. Notes on some species of *Chloroscypha* endophytic in Cupressaceae of Europe and North America. Sydowia, 25: 206-222

Phillips WA. 1887. A manual of the British Discomycetes with descriptions of all the species of fungi hitherto found in Britain, included in the family, and illustrations of the genera. Kegan Paul, Trench & Co. London: 1-462

Pirozynski KA, Morgan-Jones G. 1968. Notes on microfungi III. Transactions of the British Mycological Society, 51: 185-206

Queloz V, Grünig CR, Berndt R, Kowalski T, Sieber TN, Holdenrieder O. 2010. Cryptic speciation in *Hymenoscyphus albidus*. Forest Pathology, 40: 1-14

Queloz V, Grünig CR, Berndt R, Kowalski T, Sieber TN, Holdenrieder O. 2011. Cryptic speciation in *Hymenoscyphus albidus*. Forest Pathology, 41: 133-142

Raitviir A, Bogacheva AB. 2007. New species of Helotiales fungi from the Moneron Island. Mikologiya i Fitopatologiya, 41(2): 135-138

Raitviir A, Kutorga E. 1992. A new and some interesting species of *Crocicreas* from Lithuania. Eesti Teaduste Akadeemia Toimetised Bioloogia, 41: 162-165

Raitviir A, Schneller J. 2007. Some new Helotiales on ferns from South Africa. Sydowia, 59: 255-265

Raitviir A, Shin HD. 2003. New and interesting inoperculate discomycetes from Korea. Mycotaxon, 85: 331-340

Raitviir A. 2004. Revised synopsis of the Hyaloscyphaceae. Tartu: Institute of Zoology and Botany: 1-133

Raja HA, Schoch CL, Hustad VP, Shearer CA, Miller AN. 2011. Testing the phylogenetic utility of MCM7 in the ascomycota. MycoKeys, 1: 63-94

Rehm H. 1892. Rabenhorst's Kryptogamen-Flora. Pilze – Ascomyceten, 1(3): 609-720

Rehm H. 1909. Ascomycetes exs. Fasc. 44. Annales Mycologici Editi in Notitiam Scientiae Mycologicae Universalis, 7(5): 399-405

Rehm H. 1912. Zur Kenntnis der Discomyceten Deutschlands, Deutsch-Österreichs und der Schweiz. Berichte der Bayerischen Botanischen Gesellschaft, 13: 102-206

Ren F, Zhuang WY. 2014a. A new species of the genus *Chlorencoelia* (Helotiales) from China. Mycoscience, 55: 227-230

Ren F, Zhuang WY. 2014b. The genus *Chlorociboria* in China. Mycosystema, 33: 916-924

Ren F, Zhuang WY. 2016a The genus *Cenangiopsis* (Helotiaceae) from China. Mycosystema, 35: 241-245

Ren F, Zhuang WY. 2016b. New taxa and new records of Helotiaceae in China. Mycosystema, 35: 511-522

Ren F, Zhuang WY. 2016c. *Sinocalloriopsis guttulata* gen. et sp. nov. from Hainan, China. Mycosystema, 35: 901-905

Roll-Hansen F, Roll-Hansen H. 1979. *Neobulgaria premnophila* sp. nov. in stems of living *Picea abies*. Norwegian Journal of Botany, 26: 207-211

Saccardo PA. 1889. Discomycetean et Phymatosphaeriacearum. Sylloge Fungorum, 8: 1-1143

Samuels G, Rogerson C. 1990. Some ascomycetes (fungi) occurring on tropical ferns. Brittonia, 42: 105-115

Santesson R. 1951. Om forekomsten av sporangier och gametangier hos lavgonidier. Svensk Botanisk Tidskrift, 45: 299-300

Schläpfer-Bernhard E. 1969. Beitrag zur Kenntnis der Discomycetengattungen *Godronia*, *Ascocalyx*, *Neogodronia* und *Encoeliopsis*. Sydowia, 22(1-4): 1-55

Schulzer S. 1881. Mykologisches. Österreichische Botanische Zeitschrift, 31(10): 313-315

Seaver FJ, 1930. Photographs and descriptions of cup-fungi X. *Ascotremella*. Mycologia, 22(2): 51-54

Seaver FJ. 1931. Photographs and descriptions of cup-fungi: XIV. A new genus. Mycologia, 23: 247-251

Seaver FJ. 1936. Photographs and descriptions of cup-fungi-XXIV. *Chlorociboria*. Mycologia, 28: 390-394

Seaver FJ. 1938. Photographs and descriptions of cup-fungi: XXIX. *Chloroscypha*. Mycologia, 23: 247-251

Seaver FJ. 1945. Photographs and descriptions of cup-fungi XXXIX. The genus *Godronia* and its allies. Mycologia, 37: 333-359

Seifert KA, Carpenter SE. 1987. *Bisporella resinicola* comb. nov. and its *Eustilbum* anamorph. Canadian Journal of Botany, 65: 2196-2201

Sharma M P. 1985. Himalayan Heliotiales: New combinations and record. Portugaliae Acta Biologica Ser. B, 14: 34-36

Sharma MP, Thind KS, Rawla GS. 1980. A new species of *Phialea* from India. The Journal of the Indian Botanical Society, 59: 336-337

Sharma MP, Thind KS. 1983. Some new combinations proposed in the Helotiales from India. Bibliotheca Mycologica, 91: 187-194

Sharma MP. 1983. Helotiales: New combinations and records. Nova Hedwigia, 36(2-4): 709-714 [1982]

Sharma MP. 1991. Diversity in the Himalayan *Hymenoscyphus* S.F. Gray: An overview. In: Khullar SP,

Sharma MP. Hemalayan Botanical Researches. New Delhi: Ashish Publishing House: 107-211

Sharma R, Korf RP. 1982. Two new species of Helotiales from the Eastern Himalayas. Mycotaxon, 16: 326-330

Sivichai S, Jones EBG, Hywel-Jones NL. 2002. Fungal colonisation of wood in a freshwater stream at Tad Ta Phu, Khao Yai National Park, Thailand. Fungal Diversity, 10: 113-129

Sivichai S, Jones EBG, Hywel-Jones NL. 2003. Lignicolous freshwater Ascomycota from Thailand: *Hymenoscyphus varicosporoides* and its *Tricladium* anamorph. Mycologia, 95: 340-346

Spooner BM, Yao YJ. 1995. Notes on British taxa referred to *Aleuria*. Mycological Research, 99: 1515-1518

Spooner BM. 1981. New records and species of British microfungi. Transactions of the British Mycological Society, 76: 265-301

Stone JK. 2005. A reassessment of *Hemiphacidium, Rhabdocline,* and *Sarcotrochila* (Hemiphacidiaceae). Mycotaxon, 91: 115-126

Sydow H, Sydow P. 1917. Beitrag zur Kenntnis der Pilzflora der Philippinen-Inseln. Annales Mycologici editi in notitiam scientiae mycologicae universalis, 15: 254

Tedersoo L, Partel K, Jairus T, Gates G, Poldmaa K, Tamm H. 2009. Ascomycetes associated with ectomycorrhizas: Molecular diversity and ecology with particular reference to the Helotiales. Environmental Microbiology, 11: 3166-3178

Teng SC. 1934. Notes on discomycetes from China. Sinensia, 5: 431-465

Teng SC. 1938. Additional fungi from China VIII. Sinensia, 9: 219-258

Terrier C. 1952. Deux ascomycètes nouveaux. Berichte der Schweizerischen Botanischen Gesellschaft, 62: 419-428

Tewari VP, Singh RN. 1975. Two new species of *Neobulgaria* from India. Mycologia, 67: 1052-1058

Thind KS, Cash EK, Singh P. 1959. The Helotiales of the Mussoorie Hills – II. Mycologia, 51: 833-839

Thind KS, Saini SS. 1967. The Helotiales of India—VI. Mycologia, 67(1-6): 467-474

Thind KS, Singh H. 1969. The Helotiales of India—IX. The Journal of the Indian Botanical Society, 48: 392-397

Thines E, Anke H, Steglich W, Sterner O. 1997. New botrydial sesquiterpenoids from *Hymenoscyphus epiphyllus*. Zeitschrift Fur Naturforschung C-a Journal of Biosciences, 52: 413-420

Tode HJ. 1790. Nova Fungorum genera complectens. Fungi Mecklenburgenses Selecti, 1: 1-98

Torkelsen AE, Eckblad FE. 1977. Encoelioideae (Ascomycetes) of Norway. Norwegian Journal of Botany, 24: 133-149

Triebel D, Baral HO. 1996. Notes on the ascus types in *Crocicreas* (Leotiales, Ascomycetes) with a characterization of selected taxa. Sendtnera, 3: 199-218

Tubaki K. 1966. An undescribed species of *Hymenoscyphus*, a perfect stage of *Varicosporium*. Transactions of British Mycological Society, 49: 345-349

Tzean SS, Hsieh WH, Chang TT, Wu SH, Ho HM (eds). 2015. Mycobiota Taiwanica. Taipei: Ministry of Science and Technology: 1-4405

Velenovský J. 1934. Monographia Discomycetum Bohemiae. Vol. I & Vol. II. Prague: Published by the author: 1-436

Velenovský J. 1939. Novitates Mycologicae. Prague: Praha: 1-208

Verkley GJM. 1992. Ultrastructure of the apical apparatus of asci in *Ombrophilia violacea, Neobulgaria pura* and *Bulgaria inquinans*. Persoonia, 15: 3-22

Verkley GJM. 1993. Ultrastructure of the ascus apical apparatus in *Hymenoscyphus* and other genera of the Hymenoscyphoideae. Persoonia, 15: 303-340

Verkley GJM. 1995. Ultrastructure of the ascus apical apparatus in species of *Cenangium*, *Encoelia*, *Claussenomyces* and *Ascocoryne*. Mycological Research, 99: 187-199

Verkley GJM. 1999. A monograph of the genus *Pezicula* and its anamorphs. Studies in Mycology, 44: 1-180

Vijaykrishna D, Hyde KD. 2006. Inter and intra stream variation of lignicolous freshwater fungi in tropical Australia. Fungal Diversity, 21: 203-224

Walker WF, Doolittle WF. 1982. Nucleotide sequences of 5S ribosomal-RNA from 4 Oomycete and Chytrid Water Molds. Nucleic Acids Research, 10: 5717-5721

Wang YZ. 2002. Two species of *Crocicreas* new to Taiwan. Fungal Science, 17: 83-86

Wang Z, Binder M, Scoch CL, Johnston PR, Spatafora JW, Hibbett DS. 2006a. Evolution of helotialean fungi (Leotiomycetes, Pezizomycotina): A nuclear rDNA phylogeny. Molecular Phylogenetics and Evolution, 41: 295-312

Wang Z, Johnston PR, Takamatsu S, Spatafora JW, Hibbett DS. 2006b. Toward a phylogenetic classification of the Leotiomycetes based on rDNA data. Mycologia, 98: 1065-1075

Wang Z, Pei KQ. 2001. Notes on discomycetes in Dongling Mountains (Beijing). Mycotaxon, 79: 307-313

White TJ, Bruns T, Slee, Taylor J. 1990. Amplification and direct sequencing of fungal ribosomal RNA genes for phylogenetics. In: Innis MA, Gelfand DH, Sninsky JJ, White TJ(eds). PCR protocols: A guide to methods and applications. New York: Academic Press: 315-322

White WL. 1942. Studies in the genus *Helotium*. I. A review of the species described by Peck. Mycologia, 34(2): 154-179

White WL. 1943. Studies in the genus *Helotium*. III. History and diagnosis of certain European and North American foliicolous species. Farlowia, 1: 135-170

White WL. 1944. Studies in the genus *Helotium*. IV. Some miscellaneous species. Farlowia, 1: 599-617

Whitton SR, Mckenzie EC, Hyde KD. 2012. Teleomorphic Microfungi Associated with Pandanaceae. In: Whitton S R, Mckenzie E C, Hyde K D. Fungi Associated with Pandanaceae. Fungal Diversity Research Series 21. Dordrecht: Springer. 23-124

Whitton SR. 1999. Microfungi on Pandanaceae. Hong Kong: University of Hong Kong. Ph.D Thesis: 1-624

Wieschollek D, Helleman S, Baral HO, Richter T. 2011. *Roseodiscus formosus* – a new taxon in *Roseodiscus*. Zeitschrift für Mykologie. 77: 161-174

Yao YJ, Spooner BM. 1996. Notes on British species of *Tympanis* (Leotiales) with *T. prunicola* new to Britain. Kew Bulletin, 51: 187-191

Zhang YH, Zhuang WY. 2002a. New species and new Chinese records of *Hymenoscyphus* (Helotiales). Mycosystema, 21: 493-496

Zhang YH, Zhuang WY. 2002b. Re-examinations of *Helotium* and *Hymenoscyphus* (Helotiales, Helotiaceae): specimens on deposit in HMAS. Mycotaxon, 81: 35-43

Zhang YH, Zhuang WY. 2004. Phylogenetic relationships of some members in the genus *Hymenoscyphus* (Ascomycetes, Helotiales). Nova Hedwigia, 78: 475-484

Zheng HD, Zhuang WY. 2011. Notes on the genus *Hymenoscyphus* from tropical China. Journal of Fungal Research, 9: 212-215

Zheng HD, Zhuang WY. 2013a. Four new species of the genus *Hymenoscyphus* (fungi) based on morphology and molecular data. Science China Life Sciences, 56: 90-100

Zheng HD, Zhuang WY. 2013b. Four species of *Hymenoscyphus* (Helotiaceae) new to China. Mycosystema, 32(Suppl): 152-159

Zheng HD, Zhuang WY. 2013c. Three new species of *Hymenoscyphus* from tropical China. Mycotaxon, 123: 19-29

Zheng HD, Zhuang WY. 2013d. A new species of *Roseodiscus* (Ascomycota, Fungi) from tropical China. Phytotaxa, 105 (2): 51-57

Zheng HD, Zhuang WY. 2014. *Hymenoscyphus albidoides* sp. nov. and *H. pseudoalbidus* from China. Mycological Progress, 13: 625-638

Zheng HD, Zhuang WY. 2015a. A new species and a new record of *Hymenoscyphus* from China. Mycosystema, 34: 961-965

Zheng HD, Zhuang WY. 2015b. Five new species of *Hymenoscyphus* (Helotiaceae, Ascomycota) with notes on the phylogeny of the genus. Mycotaxon, 130(4): 1017-1038

Zheng HD, Zhuang WY. 2015c. Four new species of *Crocicreas* (Helotiales, Leotiomycetes) from China. Ascomycete.org, 7: 394-402

Zheng HD, Zhuang WY. 2016a. *Allophylaria* (Helotiales), a newly recorded genus from China. Mycosystema, 35: 802-806

Zheng HD, Zhuang WY. 2016b. Two new species of *Crocicreas* revealed by morphological and molecular data. Phytotaxa, 272: 149-156

Zhuang WY. 1987. Notes on some inoperculate discomycetes in Jamaica. Mycotaxon, 30: 393-397

Zhuang WY. 1988a. A monograph of the genus *Unguiculariopsis* (Leotiaceae, Encoelioideae). Mycotaxon, 32: 1-83

Zhuang WY. 1988b. The genus *Parencoelia* (Leotiaceae, Encoelioideae). Mycotaxon, 32: 85-95

Zhuang WY. 1988c. Studies on some discomycete genera with an ionomidotic reaction: *Ionomidotis*, *Poloniodiscus*, *Cordierites*, *Phyllomyces* and *Ameghiniella*. Mycotaxon, 31: 261-298

Zhuang WY. 1988d. A new species of *Dencoeliopsis* and a synoptic key to the genera of the Encoelioideae (Leotiaceae). Mycotaxon, 32: 97-104

Zhuang WY. 1990. *Calycellinopsis xishuangbanna* gen. et sp. nov. (Dermateaceae), a petiole-inhabiting fungus from China. Mycotaxon, 38: 121-124

Zhuang WY. 1995. Some new species and new records of discomycetes in China. V. Mycotaxon, 56: 31-40

Zhuang WY. 1996. The genus *Lambertella* and *Lanzia* (Sclerotiniaceae) in China. Mycosystema, 8-9: 15-38 [1995-1996]

Zhuang WY. 1998a. A list of discomycetes in China. Mycotaxon, 69: 365-390

Zhuang WY. 1998b. Notes on discomycetes from Qinghai Province, China. Mycotaxon, 66: 439-444

Zhuang WY. 1999. Fungal flora of tropical Guangxi, China: Discomycetes of tropical China. IV - More fungi from Guangxi. Mycotaxon, 72: 325-337

Zhuang WY. 2000. Two new species of *Unguiculariopsis* (Helotiaceae, Encoelioideae) from China. Mycological Research, 104: 507-509

Zhuang WY. 2001. A list of discomycetes in China. Supplement I. Mycotaxon, 79: 375-381

Zhuang WY. 2003. A list of discomycetes in China. Supplement II. Mycotaxon, 85: 153-157

Zhuang WY. 2004. Notes on *Humarina xylariicola*. Mycosystema, 23: 434-436

Zhuang WY, Bau Tolgor. 2008. A new inoperculate discomycete with compound fruitbodies. Mycotaxon, 104: 391-398

Zhuang WY, Korf RP. 1987. *Xeromedulla*, a new genus of foliicolous discomycetes (Leotiaceae). Mycotaxon, 30:189-192

Zhuang WY, Korf RP. 1989. Some new species and new records of discomycetes in China. III. Mycotaxon, 35: 297-312

Zhuang WY, Luo J, Zhao P. 2010. The fungal genus *Calycellinopsis* belongs in Helotiaceae not Dermateaceae. Phytotaxa, 3: 54-58

Zhuang WY, Wang Z. 1998a. Some new species and new records of discomycetes in China VIII. Mycotaxon, 66: 429-438

Zhuang WY, Wang Z. 1998b. Discomycetes of tropical China. II. Collections from Yunnan. Mycotaxon, 69: 339-358

Zhuang WY, Yu ZH, Wu WP, Cynthia L, Nathalie F. 2000. Preliminary notes on phylogenetic relationships in the Encoelioideae inferred from 18S rDNA sequences. Mycosystema, 19(4): 478-484

Zhuang WY, Yu ZH. 2001. Non-lichenized discomycetes. In: Zhuang WY. Higher Fungi of Tropical China. Ithaca, New York: Mycotaxon Ltd: 45-63

Zhuang WY, Zheng HD, Ren F. 2017. Taxonomy of the genus *Bisporella* (Helotiales) in China. Mycosystema, 36: 401-420

Ziller WG, Funk A. 1973. Studies of Hypodermataceous Needle Diseases. 3. Association of *Sarcotrochila macrospora* n. sp. and *Hemiphacidium longisporum* n. sp. with pine needle cast caused by *Davisomycella ampla* and *Lophodermella* concolor. Canadian Journal of Botany, 51: 1959-1963

索　引

真菌汉名索引

A

暗被盘菌属　8, 85
暗柔膜菌属　3, 8, 177

B

白胶被盘菌　69
白蜡树膜盘菌　105, 121
半杯菌　40, 41
半杯菌属　8, 40, 42
半杯菌属一未定名种　40, 41, 42
薄盘菌　5, 43, 44, 45, 46
薄盘菌属　1, 3, 8, 45
杯状胶被盘菌　68, 75, 76
杯紫胶盘菌　14, 15
贝克斯特罗盘菌　189, 190
变色膜盘菌　103, 165, 166
波托绿杯菌　54, 59
波状膜盘菌　104, 169

C

苍白膜盘菌　104, 159, 160
侧柏绿胶杯菌　60, 63
长白山拟爪毛盘菌　199, 200
长孢盘菌属　8, 98
成堆暗被盘菌　85, 86, 87
橙黄膜盘菌　104, 107
簇生散胞盘菌　90, 92, 93

D

大孢绿散胞盘菌　48, 49
大孢小双孢盘菌　20, 28
大胞膜盘菌　103, 143
大龙山散胞盘菌　90, 91, 92
大明山拟爪毛盘菌　199, 200, 201
大膜盘菌　104, 139, 140
单隔膜盘菌　103, 164
德氏膜盘菌　105, 116, 117
灯芯草小地锤菌（参照）　88, 89
碘蓝小双孢盘菌　20, 27
短胞膜盘菌　105, 108, 109
椴芽孢盘菌　192, 198
对称膜盘菌　104, 161
盾膜盘菌　104, 152, 153
多隔拟散胞盘菌　96, 97

F

缝裂类缝裂菌　204
弗里斯膜盘菌　104, 170
复柄盘菌属　4, 8, 65
复柄盘菌族　65
复聚盘菌　4, 172, 173

G

干髓盘菌属　2, 7, 207
古巴散胞盘菌　90, 91
冠胶被盘菌　69, 71, 73, 74

H

海南膜盘菌　104, 128
海南芽孢盘菌　192, 197
河南新胶鼓菌　174, 175, 176

· 223 ·

壶形长孢盘菌　98, 99
湖北小双孢盘菌　20, 25, 26
华蜂巢菌属　5, 7, 187
华胶垫菌　5, 8, 184, 185
华胶垫菌属　3, 183, 184
华胶垫菌属一未定名种　184, 185, 186
黄散胞盘菌　90, 95
黄色胶被盘菌　69, 79, 80
混杂芽孢盘菌　192, 197
霍氏盘菌日本亚种　101
霍氏盘菌属　8, 100

J

假地舌菌　99, 100
假地舌菌属　5, 7, 99
假竹生胶被盘菌　69, 82, 83
胶被盘菌属　2, 8, 67, 68
胶盘菌属　5, 7, 18
近白小双孢盘菌　20, 38
晶被膜盘菌　105, 130, 131
井冈膜盘菌　103, 135
橘色小双孢盘菌　20, 21
聚盘菌属　8, 171
卷边盘菌　12, 13
卷边盘菌属　8, 12
蕨生小双孢盘菌　20, 30, 31

K

糠麸散胞盘菌　90, 94
柯夫胶被盘菌　68, 78, 79

L

拉氏拟爪毛盘菌钩亚种　199, 203
泪滴暗被盘菌　85, 86
冷杉芽孢盘菌　192, 196
栎干髓盘菌　207, 208
栎果膜盘菌　102, 105, 123, 124
螺旋胶被盘菌　68, 77

落叶松芽孢盘菌小囊变种　192, 193
绿杯菌　54, 57
绿杯菌属　1, 8, 54
绿胶杯菌属　8, 60, 63
绿散胞盘菌　48, 51, 52
绿散胞盘菌属　6, 8, 47, 48
绿散胞盘菌属一未定名种　48, 53

M

毛柄膜盘菌　103, 136, 137
玫红盘菌属　8, 103, 181
膜盘菌属　1, 2, 9, 102, 103
木荷芽孢盘菌　192, 198

N

难变膜盘菌　103, 133, 134
拟白膜盘菌　105, 106
拟薄盘菌属　3, 8, 42, 43
拟盾膜盘菌　104, 154
拟黄杯菌　38, 39
拟黄杯菌属　5, 7, 38
拟散胞盘菌属　8, 96, 97
拟爪毛盘菌属　2, 3, 8, 198, 199
扭曲绿散胞盘菌　48, 50

Q

桤芽孢盘菌缝裂变种　192, 197
桤芽孢盘菌原变种　192, 197
青海膜盘菌　104, 150
青海拟薄盘菌　43
球胞膜盘菌　103, 126, 127

R

日本薄盘菌　5, 45, 47
柔膜菌科　1, 2, 3, 4, 5, 6, 7, 19, 38, 40, 48, 65, 90, 99, 100, 101, 184, 187
肉色暗柔膜菌　177, 178
肉质紫胶盘菌　14, 16, 17

S

三隔小双孢盘菌　20, 35, 36
散胞盘菌属　1, 8, 89, 90
山地暗柔膜菌（参照）　177, 180
山地暗柔膜菌　177, 179, 180
山地小双孢盘菌　20, 29, 30
山毛榉胶盘菌　18, 19
山楂膜盘菌（参照）　104, 114, 115
双极毛膜盘菌　104, 124, 125
丝绒盘菌　204, 205
丝绒盘菌属　8, 204
丝绒盘菌属一未定名种　204, 206
斯氏复柄盘菌　65, 66, 67
斯特罗盘菌属　3, 8, 189
斯特罗盘菌属一未定名种　189, 190, 191
四孢膜盘菌　103, 162, 163
四孢小双孢盘菌　20, 34, 35
松芽孢盘菌　192, 194

T

土黄膜盘菌（参照）　103, 138, 139
椭孢膜盘菌　104, 118, 119

W

晚生膜盘菌　104, 155, 157
尾膜盘菌　105, 112, 113
无须膜盘菌　104, 132

X

西沃绿胶杯菌　60, 61
喜叶膜盘菌　103, 149
线孢小双孢盘菌　20, 24, 25
香地小双孢盘菌　20, 31, 32
象牙膜盘菌　104, 117, 118
小孢胶被盘菌　68, 81
小孢绿杯菌　54, 56
小孢异型盘菌　9, 10, 11
小地锤菌属　8, 88
小胶盘菌属　7, 64
小膜盘菌　104, 110, 111
小双孢盘菌属　8, 19
小双孢盘菌属一未定名种　20, 36, 37
小晚膜盘菌　105, 145, 147
小尾膜盘菌　104, 144, 145
新疆胶被盘菌　68, 83, 84
新疆绿胶杯菌　60, 62
新胶鼓菌　5, 174
新胶鼓菌属　7, 173, 174
性孢芽孢盘菌　192, 195, 196
雪白胶被盘菌　68, 84
雪松膜盘菌　103, 169

Y

芽孢盘菌属　3, 7, 192
叶产膜盘菌　104, 148
叶生膜盘菌　104, 120
异型盘菌属　8, 9
硬膜盘菌　103, 151
油滴膜盘菌　104, 141, 142
余氏膜盘菌　104, 166, 167
云南膜盘菌　104, 168
云杉芽孢盘菌　192, 198

Z

中国小双孢盘菌　20, 33, 34
中华玫红盘菌　182
中华膜盘菌　105, 157, 158
皱裂拟爪毛盘菌　199, 201, 202
紫胶盘菌　3, 7, 14

真菌学名索引

A

Allophylaria 8, 9
Allophylaria atherospermatis 9, 10
Allophylaria minispora 10, 11, 12
Allophylaria subliciformis 9
Ameghiniella 4, 172
Ameghiniella australis 4, 172
Ascocalyx 3, 8, 12
Ascocalyx abietis 12, 13
Ascocoryne 3, 7, 14, 173
Ascocoryne cylichnium 14, 15, 17
Ascocoryne sarcoides 14, 16, 17
Ascomycota 1
Ascotremella 5, 7, 18
Ascotremella faginea 18, 19
Ascotremella turbinata 18, 174
Ascoverticillata 67

B

Belonidium fuscum 85
Belonidium lasiopodium 136
Belonidium sect. *Podobelonium* 67
Belonioscypha 67
Belonium sect. *Scelobelonium* 67
Belospora 102
Bisporella 3, 8, 19, 20, 25, 27, 31, 37
Bisporella claroflava 22, 23
Bisporella discedens 23, 24
Bisporella filiformis 24, 25
Bisporella hubeiensis 25, 26
Bisporella iodocyanescens 27
Bisporella magnispora 28
Bisporella monilifera 19
Bisporella montana 29, 30

Bisporella pteridicola 30, 31
Bisporella shangrilana 31, 32, 33
Bisporella sinica 33, 34
Bisporella sp. 3999, 20, 36, 37
Bisporella subpallida 38
Bisporella tetraspora 29, 34, 35
Bisporella triseptata 35, 36
Bloxamia 3
Bothrodiscus 3
Bothrodiscus pinicola 12
Bulgaria frondosa 172
Bulgaria ophiobolus 100
Bulgariaceae 101

C

Calloriopsis 184
Calycella 19
Calycella citrina 21, 180
Calycellinopsis 5, 7, 38
Calycellinopsis xishuangbanna 38, 39
Calycina 8, 40, 41, 42, 181, 182
Calycina herbarum 40, 41
Calycina sp. 3931, 40, 41, 42
Cenangiopsis 3, 4, 8, 42, 43, 44
Cenangiopsis atrofuscata 43
Cenangiopsis qinghaiensis 43
Cenangiopsis quercicola 43
Cenangiopsis rubicola 44
Cenangium 1, 3, 5, 8, 45
Cenangium abietis 45
Cenangium ferruginosum 5, 45, 46, 47
Cenangium furfuraceum 94
Cenangium japonicum 5, 47
Cenangium juniperi 204
Cenangium populneum 45, 92, 94
Cenangium tahitense 90

Cenangium xylariicola   90

Chalara fraxinea   121

Chlorencoelia   6, 8, 47, 48, 53

Chlorencoelia indica   47

Chlorencoelia sp. ZXQ8357   48, 53

Chlorencoelia torta   50, 52, 54

Chlorencoelia versiformis   47, 51, 52

Chlorociboria   1, 3, 8, 54

Chlorociboria aeruginascens   54, 56

Chlorociboria aeruginosa   54, 57

Chlorociboria poutouensis   59, 60

Chloroscypha   8, 60, 63, 173

Chloroscypha alutipes   63

Chloroscypha cedrina   60, 63

Chloroscypha chamaecyparidis   63

Chloroscypha chloromela   63

Chloroscypha cryptomeriae   63

Chloroscypha enterochroma   63

Chloroscypha fitzroyae   63

Chloroscypha jacksonii   63

Chloroscypha juniperina   63

Chloroscypha limonicolor   63

Chloroscypha pilgerodendri   63

Chloroscypha platycladus   63

Chloroscypha sabinae   63

Chloroscypha seaveri   60, 61, 63

Chloroscypha thujopsidis   63

Chloroscypha xinjiangensis   62, 63

Chlorosplenium aeruginascens   54

Chlorosplenium aeruginosum   54, 57

Ciboriella   102

Ciborioideae   4

Claussenomyces   3, 7, 64

Claussenomyces cf. *dacrymycetoideus*   64

Claussenomyces jahnianus   64

Conchatium   67

Cordieriteae   65

Cordierites   4, 8, 65, 90

Cordierites boedijnii   65

Cordierites frondosa   65, 172

Cordierites guianensis   65

Cordierites sprucei   65, 66, 67

Coryne   3, 14

Coryne sarcoides   16

Coryne urnalis   14

Crinula   3, 100

Crocicreas   2, 8, 67, 68, 70, 78, 82

Crocicreas albidum   69, 70

Crocicreas bambusae   81

Crocicreas bambusicola   82

Crocicreas boreosinae   70, 71

Crocicreas coronatum   71, 73, 74

Crocicreas cyathoideum   75, 76, 77, 141

Crocicreas cyathoideum var. *pteridicola*   141

Crocicreas dolosellum   70

Crocicreas dryadis   68

Crocicreas epitephrum   82

Crocicreas fuscum   85

Crocicreas gramineum   67, 68

Crocicreas helios   77

Crocicreas korfii   78, 79

Crocicreas luteolum   79, 80

Crocicreas minisporum   81

Crocicreas nigreofuscum var. *nigrofuscum*   84

Crocicreas nivale   84

Crocicreas pallidum   81

Crocicreas pseudobambusae   82, 83

Crocicreas quinqueseptatum   82

Crocicreas xinjiangensis   83, 84

Crumenula sororia   86

Crumenulopsis   3, 8, 85, 98

Crumenulopsis atropurpurea   85

Crumenulopsis lacrimiformia   85, 86

Crumenulopsis pinicola   85

Crumenulopsis sororia   86, 87

Cudoniella   3, 8, 88

Cudoniella cf. *junciseda*   88, 89

Cudoniella junciseda   88

Cudoniella queletii 88
Cyathicula 9, 67, 68
Cyathicula coronata var. *nuda* 74
Cyathicula stipae 67, 68

D

Davincia 67, 77
Davincia helios 77
Deltosperma 3, 199
Dendrostilbella 3
Dermatea mycophaga 90
Dermateaceae 38
Dicephalospora rufocornea 171
Digitosporium 3, 85
Dothiorina 3
Durelloideae 4

E

Eencoelioideae 4
Encoelia 1, 3, 4, 6, 8, 45, 89, 90
Encoelia cubensis 90, 91
Encoelia dalongshanica 91, 92
Encoelia fascicularis 92, 93, 94
Encoelia fimbriata 5
Encoelia furfuracea 89, 94
Encoelia helvola 95
Encoelia himalayensis 92
Encoeliella 4
Encoelioideae 4, 65
Encoeliopsis 4, 8, 96
Encoeliopsis bresadolae 97
Encoeliopsis ericae 97
Encoeliopsis multiseptata 96, 97
Encoeliopsis oricostata 97
Encoeliopsis rhododendri 96, 97
Eutypa 90
Exotrichum 67

G

Geoglossaceae 100
Godronia 3, 8, 98
Godronia muehlenbeckii 98
Godronia sororia 86, 98
Godronia urceolus 98, 99
Godronia zelleri 98
Grahamiella 68
Gremmeniella juniperina 12

H

Haematomyces fagineus 19
Helotiaceae 1
Helotiales 1, 170
Helotidium 9
Helotioideae 4
Helotium 5, 7, 88, 102
Helotium caudatum 112
Helotium citrinum 20
Helotium doedarum 169
Helotium epiphyllum 120
Helotium friesii 170
Helotium fructigenum 123
Helotium immutabile 133
Helotium lividofuscum 170
Helotium phyllogenum 148
Helotium repandum 170
Helotium serotinum 155
Helotium subserotinum 171
Helvella aeruginosa 57
Hemiglossum 5, 7, 99
Hemiglossum yunnanense 99, 100
Hemiphacidiaceae 6, 48
Heterosphaerioideae 4
Holwaya 3, 4, 8, 100, 101, 102
Holwaya mucida 101, 102
Holwaya mucida subsp. *nipponica* 101
Holwaya ophiobolus 100, 101

Humaria 5
Humarina xylariicola 90, 91
Hyaloderma bakeriana 189
Hymenoscypha 102
Hymenoscyphus 1, 2, 5, 9, 102, 124, 148, 149, 165, 171, 177, 182
Hymenoscyphus adlasiopodium 136
Hymenoscyphus albopunctus 114, 151, 162
Hymenoscyphus aurantiacus 107, 108
Hymenoscyphus brevicellulosus 108, 109, 162
Hymenoscyphus calyculus 110, 111
Hymenoscyphus caudatus 112, 113
Hymenoscyphus crataegi 161, 169
Hymenoscyphus cf. *crataegi* 114, 115
Hymenoscyphus cremeus 108
Hymenoscyphus cf. *himalayensis* 129, 130
Hymenoscyphus cf. *lutescens* 138, 139
Hymenoscyphus dehlii 116, 117
Hymenoscyphus deodarum 169
Hymenoscyphus eburneus 117, 118
Hymenoscyphus ellipsoideus 118, 119
Hymenoscyphus epiphyllus 120
Hymenoscyphus fagineus 144
Hymenoscyphus fraxineus 121, 122, 123
Hymenoscyphus friesii 170
Hymenoscyphus fructigenus 102, 123, 124
Hymenoscyphus fucatus 124, 125
Hymenoscyphus fucatus var. *badensis* 126
Hymenoscyphus ginkgonis 148
Hymenoscyphus globus 126, 127
Hymenoscyphus hainanensis 128
Hymenoscyphus hyaloexcipulus 130, 131, 132
Hymenoscyphus imberbis 132
Hymenoscyphus immutabilis 133, 134, 144, 161
Hymenoscyphus jinggangensis 135, 165
Hymenoscyphus lasiopodius 136, 137
Hymenoscyphus lividofuscus 170
Hymenoscyphus macrodiscus 139, 140
Hymenoscyphus macroguttatus 116, 141, 142

Hymenoscyphus magnicellulosus 143
Hymenoscyphus malawiensis 165
Hymenoscyphus menthae 141, 170
Hymenoscyphus microcaudatus 144, 145
Hymenoscyphus microserotinus 145, 147, 156
Hymenoscyphus nitidulus 108
Hymenoscyphus phyllogenus 148, 169
Hymenoscyphus phyllophilus 149
Hymenoscyphus pseudoalbidus 121
Hymenoscyphus pteridicola 141, 142
Hymenoscyphus qinghaiensis 150, 168
Hymenoscyphus repandus 169
Hymenoscyphus rhodoleucus 183
Hymenoscyphus rufescens 129
Hymenoscyphus sclerogenus 151
Hymenoscyphus scutula 124, 141, 152, 153, 171
Hymenoscyphus scutula var. *fucatus* 124
Hymenoscyphus scutula var. *solani* 141, 171
Hymenoscyphus scutuloides 154, 155
Hymenoscyphus serotinus 155, 157
Hymenoscyphus sharmae 163
Hymenoscyphus sinicus 141, 157, 158
Hymenoscyphus subpallescens 144, 159, 160
Hymenoscyphus subserotinus 171
Hymenoscyphus subsymmetricus 161
Hymenoscyphus tamaricis 144
Hymenoscyphus tetrasporus 162, 163
Hymenoscyphus uniseptatus 164, 165
Hymenoscyphus vacina 156
Hymenoscyphus varicosporoides 136, 165, 166
Hymenoscyphus vernus 171, 181
Hymenoscyphus yui 166, 167
Hymenoscyphus yunnanicus 168
Hypoxylon 90

I

Idriella 114
Ionomidotis 3, 4, 8, 66, 171, 172, 187
Ionomidotis chilensis 4, 172

Ionomidotis frondosa 65, 172, 173
Ionomidotis irregularis 3, 171
Isosoma 88

L

Lachnellula 201
Lanzia microserotina 145
Lanzia serotina 155
Leotiaceae 4
Leotiomycetes 1
Leptobelonium 189

M

Midotiopsis 4
Midotis versiformis 51
Mollisia obconica 90
Myrioconium 3, 39

N

Neobulgaria 5, 7, 173, 175, 176
Neobulgaria henanensis 175, 176
Neobulgaria premnophila 177
Neobulgaria pura 5, 18, 173, 174

O

Octospora citrina 20
Ombrophila verna 171, 181
Ombrophiloideae 4

P

Parencoelia 4
Patinellaria cubensis 90
Pezicula 9
Peziza aeruginascens 54
Peziza calyculus 110
Peziza carnea 177
Peziza caudata 112
Peziza citrina 20
Peziza cyathoidea 75
Peziza cylichnium 14
Peziza eburnea 117
Peziza epiphylla 120
Peziza fructigena 123
Peziza helvola 89, 95
Peziza heterosperma 189
Peziza hysterigena 201
Peziza imberbis 132, 133
Peziza phyllophila 149
Peziza rhodoleuca 183
Peziza rufo-olivacea 205
Peziza scutula 152
Peziza sect. *Allophylaria* 9
Peziza serotina 155
Peziza torta 50
Peziza trib. *Hymenoscypha* 102
Peziza urceolus 98
Peziza versiformis 51
Pezizella 9
Pezizomycotina 1
Phaeohelotium 3, 8, 102, 171, 177
Phaeohelotium carneum 177, 178, 179
Phaeohelotium cf. *monticola* 180, 181
Phaeohelotium flavum 177
Phaeohelotium monticola 179, 181
Phaeohelotium premnophila 177
Phaeohelotium subcarneum 177, 178, 179
Phaeohelotium vernum 171
Phialea 5, 68
Phialea cyathoidea 75
Phialea nivalis 84
Phialea tetraspora 34
Phialeoideae 4
Pithyella hamata 203
Poculum firmum 112
Podobelonium 67
Polydesmioideae 4
Pseudocenangium 14

Pseudospiropes   3, 189
Psilocistella   40

R

Rhizoscyphus   1, 4, 102
Rhytidhysteron hysterinum   199, 204
Rhytidhysteron rufulum   199, 202, 203
Roseodiscus   8, 103, 181, 182, 183
Roseodiscus rhodoleucus   181, 183
Roseodiscus sinicus   182
Roseodiscus subcarneus   183
Rutstroemia firma   112

S

Scelobelonium   67
Scleroderidoideae   4
Septatium   102
Sinocalloriopsis   3, 5, 8, 183, 184, 185, 186
Sinocalloriopsis guttulata   184, 185
Sinocalloriopsis sp. 1132   184, 185, 186
Sinofavus   5, 7, 187, 188
Sinofavus allantosporus   187, 188
Sirodothis   3
Sphinctrina cubensis   90
Sporonema   3
Stamnaria   182
Strosmayeria basitricha   189
Strossmayeria   3, 8, 189, 190, 191
Strossmayeria bakeriana   189, 190
Strossmayeria sp. 1683   189, 190, 191

T

Trichoscyphelloideae   4
Tricladium   3
Tympanis   3, 5, 7, 98, 192, 195
Tympanis abietina   192, 196
Tympanis alnea   197

Tympanis alnea var. *alnea*   192, 197
Tympanis alnea var. *hysterioides*   192, 197
Tympanis hainanensis   192, 197
Tympanis juniperina   194, 195
Tympanis laricina   194
Tympanis laricina var. *parviascigera*   192, 193
Tympanis piceina   192, 198
Tympanis pithya   192, 194
Tympanis schimis   192, 198
Tympanis spermatiospora   192, 195, 196
Tympanis tiliae   192, 198

U

Unguiculariopsis   2, 3, 4, 8, 198, 199
Unguiculariopsis adirondacensis   201
Unguiculariopsis changbaiensis   199, 200
Unguiculariopsis damingshanica   199, 200, 201
Unguiculariopsis hysterigena   199, 201, 202
Unguiculariopsis ilicincola   199
Unguiculariopsis parasitica   199
Unguiculariopsis ravenelii   203
Unguiculariopsis ravenelii subsp. *hamata*   199, 203, 204
Unguiculariopsis ravenelii subsp. *ravenelii*   204

V

Velutarina   4, 8, 204, 206, 207
Velutarina rufo-olivacea   204, 205
Velutarina sp. 4115   204, 206, 207
Xylaria   90

X

Xeromedulla   7, 207, 208
Xeromedulla leptospora   207
Xeromedulla quercicola   207, 208
Xylaria   90

(Q-4245.01)
ISBN 978-7-03-057738-2

定价：180.00 元